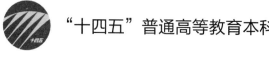

"十四五"普通高等教育本科部委级规划教材

U0392670

食品安全学

Shipin Anquanxue

白艳红 相启森◎主编

中国纺织出版社有限公司

内 容 提 要

本书从教学、科研和生产实际出发，引用最新的法规与标准，参考国内外相关领域的先进技术和最新研究成果，详细阐述了与食品安全有关的危害因素、评估方法和法规与管理体系方面的基础知识。全书十二章，内容涉及食品安全基本概念、发展历史和现状，生物性污染、天然有毒物质、农业化学品、有害元素、有害有机物、食品添加剂与非法添加、食品接触材料及制品对食品安全的影响，加工食品安全性和食品安全管理和保障体系等。本书既可作为高等院校食品科学与工程、食品质量与安全、食品营养与健康、生物工程、包装工程等专业的教学用书，也可供食品生产、科研和技术管理的从业人员参考。

图书在版编目（CIP）数据

食品安全学/白艳红，相启森主编 . --北京：中国纺织出版社有限公司，2023.5

"十四五"普通高等教育本科部委级规划教材

ISBN 978-7-5229-0324-8

Ⅰ.①食…　Ⅱ.①白…②相…　Ⅲ.①食品安全—高等学校—教材　Ⅳ.①TS201.6

中国国家版本馆 CIP 数据核字（2023）第 023146 号

责任编辑：毕仕林　国　帅　　责任校对：楼旭红
责任印制：王艳丽

中国纺织出版社有限公司出版发行
地址：北京市朝阳区百子湾东里 A407 号楼　邮政编码：100124
销售电话：010—67004422　传真：010—87155801
http://www.c-textilep.com
中国纺织出版社天猫旗舰店
官方微博 http://weibo.com/2119887771
三河市宏盛印务有限公司印刷　各地新华书店经销
2023 年 5 月第 1 版第 1 次印刷
开本：787×1092　1/16　印张：16.75
字数：384 千字　定价：68.00 元

凡购本书，如有缺页、倒页、脱页，由本社图书营销中心调换

普通高等教育食品专业系列教材
编委会成员

主 任　夏文水　江南大学

　　　　郑伟良　中国纺织出版社有限公司

副主任（按姓氏笔画排序）

　　　刘恩岐　徐州工程学院

　　　李先保　安徽科技学院

　　　赵丽芹　内蒙古农业大学

成 员（按姓氏笔画排序）

王朝宇	淮阴工学院	白艳红	郑州轻工业大学
巩发永	西昌学院	朱双杰	滁州学院
任广跃	河南科技大学	刘书成	广东海洋大学
刘恩岐	徐州工程学院	齐　斌	常熟理工学院
孙尚德	河南工业大学	杜传来	安徽科技学院
李先保	安徽科技学院	李　菁	中国纺织出版社有限公司
李凤林	吉林农业科技学院	杨振泉	扬州大学
余有贵	邵阳学院	余晓红	盐城工学院
张有强	塔里木大学	张丽媛	黑龙江八一农垦大学
张　忠	西昌学院	张锐利	塔里木大学
陈梦玲	常熟理工学院	纵　伟	郑州轻工业大学
武　龙	大连海洋大学	国　帅	中国纺织出版社有限公司
周建中	新疆农业大学	周　峰	南京晓庄学院
郑伟良	中国纺织出版社有限公司	赵丽芹	内蒙古农业大学
赵　珺	长春大学	钟瑞敏	韶关学院
夏文水	江南大学	郭元新	江苏科技大学
唐　洁	西华大学	桑亚新	河北农业大学
黄峻榕	陕西科技大学	常世敏	河北工程大学
崔竹梅	常熟理工学院	裴世春	通化师范学院
冀　宏	常熟理工学院		

编 委 会

主 编

白艳红　郑州轻工业大学

相启森　郑州轻工业大学

副 主 编

林德慧　陕西师范大学

蓝蔚青　上海海洋大学

参 编（按姓氏笔画排序）

马云芳　郑州轻工业大学

冯紫艳　许昌学院

孙琳珺　上海中侨职业技术大学

李光辉　许昌学院

李　璐　塔里木大学

杨洁茹　信阳农林学院

贾洋洋　河南科技学院

贾　敏　山东师范大学

前　言

国以民为本，民以食为天，食以安为先。食品是人类赖以生存和发展的最基本的物质条件，涉及人类最基本权利的保障。食品安全是重大民生工程和民心工程，关系到人民的身体健康和生命安全，更关系到经济发展和社会和谐。我国始终将食品安全作为国家治理和社会发展的重大问题，其战略地位和重要意义得到不断重申和提升。食品安全学已成为各本科、大专院校食品相关专业的核心专业课程。为进一步适应食品科学与工程类专业人才培养要求和教学需要，针对食品安全学课程特点，依托河南省本科高校课程思政样板课程建设，我们组织编写了本教材，主要供食品科学与工程、食品质量与安全、食品营养与健康及相关专业的本科生学习使用。

本书从教学、科研和生产实际出发，详细介绍了食品安全有关的危害因素、评估方法和法规与管理体系方面的基础知识。阐述了食品安全基本概念、发展历史和现状，食品中生物性、化学性和物理性危害因子的来源、对人体健康的影响和预防控制措施；部分食品添加剂存在的安全问题及非法添加物对健康的危害；部分加工食品存在的安全问题；食物成瘾、转基因食品安全性等新问题；食品安全监管体系和保障体系。本书既重视学生学科基础理论和知识的系统学习，又融入课程思政的教学内容，将价值引领与专业知识相结合，同时也注重与时俱进，吸收目前食品安全领域的最新研究成果，理论讲述与案例相结合，重点培养学生解决复杂工程问题的综合能力。本教材内容丰富，知识点完整，结构层次分明，反映了本学科国内外科学研究和教学研究的先进成果，有利于学生全面了解和掌握食品安全学的知识体系。

本书由白艳红和相启森主编，林德慧和蓝蔚青任副主编。第一章由白艳红编写，第二章由孙琳珺编写，第三章由杨洁茹编写，第四章由蓝蔚青编写，第五章和第七章由林德慧编写，第六章由马云芳编写，第八章由贾洋洋编写，第九章由贾敏编写，第十章由李光辉和冯紫艳编写，第十一章由相启森编写，第十二章由李璐编写。

由于食品安全学为多学科交叉的综合性应用技术科学，所涉及的知识内容非常广泛，加之编者知识水平有限，书中不免存在疏漏与不妥之处，敬请使用单位师生和有关同行批评指正，以便再版时更正和完善，不胜感谢！

编　者

2022 年 11 月

目　录

第一章　绪论

民以食为天，食以安为先。食品安全关乎人民群众的健康和生命。为实现食品安全的长效治理、守护百姓"舌尖上的安全"，必须充分认识影响食品安全的多方面因素，探讨食品不安全事件频发的深层原因及形成机制，探寻保障食品安全的科学评价指标体系、组织机构、制度规制与管理体系。

本章课件

【学习目标】

（1）掌握食品安全的概念、内涵、特征以及主要研究内容。

（2）了解国内外食品安全现状及发展趋势。

（3）了解目前我国食品安全存在的突出问题。

第一节　概述

一、食品安全的概念及内涵

（一）食品安全的基本概念

1974 年 11 月联合国粮农组织（Food and Agriculture Organization，FAO）第一次正式提出食品安全的概念：食品安全指的是人类的一种基本生存权利，即"保证任何人在任何地方都能得到为了生存与健康所需要的足够食品"。1996 年，世界卫生组织（World Health Organization，WHO）在《加强国家级食品安全性计划指南》中把食品安全与食品卫生作为两个概念加以区别；其中，食品安全被解释为"对食品按其原定用途进行制作和（或）食用时不会使消费者受害的一种担保"；食品卫生则指"为确保食品安全性和适用性在食物链的所有阶段必须采取的一切条件和措施"。

食品安全完整的概念和范围应包括两个方面：一是食品的充足供应，即解决人类的贫穷和饥饿问题，保证人人有饭吃。二是食品的安全与营养，即人类摄入的食品不含有可能引起食源性疾病的污染物，无毒、无害，并能够提供人体所需要的营养元素。

《中华人民共和国食品安全法》规定，"食品安全"是指食品无毒、无害，符合应当有的营养要求，对人体健康不造成任何急性、亚急性或者慢性危害。该法所规定的"食品安全"主要内容包括三个方面：一是从食品安全性角度看，要求食品应当"无毒无害"。"无毒无害"是指正常人在正常食用情况下摄入可食状态的食品，不会造成对人体的危害；无毒无害也不是绝对的，允许少量含有，但不能超过国家的限量标准。二是符合应有的营养

《中华人民共和国
食品安全法》

要求。营养要求不但应包括人体所需要的蛋白质、脂肪、碳水化合物、维生素、矿物质等营养素的含量，还应包括食品的消化吸收率和对人体维持正常生理功能应发挥的作用。三是对人体健康不造成任何危害，包括急性、亚急性或慢性危害。

纵观食品安全概念的产生与变化，可以看出食品安全是一个发展的概念，甚至在同一国家的不同发展阶段，由于食品安全系统的风险程度不同，食品安全的内容和目标也不同。

（二）食品安全的内涵

从目前的研究情况来看，在食品安全概念的理解上，国际社会已经基本形成如下共识。

1. 食品安全是个综合概念

作为概念，食品安全包括食品卫生、食品质量、食品营养等相关方面的内容和种植、养殖、加工、包装、贮藏、运输、销售、消费等环节，而作为属概念的食品卫生、食品质量、食品营养等（通常被理解为部门概念或者行业概念）均无法涵盖上述全部内容和全部环节。

2. 食品安全是个社会概念

与卫生学、营养学等学科概念不同，食品安全是个社会治理概念。不同国家以及不同时期，食品安全所面临的突出问题和治理要求有所不同。在发达国家，食品安全所关注的主要是因科学技术发展所引发的问题，如转基因食品对人类健康的影响；而在发展中国家，主要是市场经济发育不成熟所引发的问题，如非法生产经营假冒伪劣、有毒有害食品等。

3. 食品安全是个政治概念

无论是发达国家还是发展中国家，食品安全都是政府和企业对社会最基本的责任和必须做出的承诺。食品安全与生存权紧密相连，具有唯一性和强制性，通常属于政府保障或者政府强制的范畴。食品质量与发展权有关，具有层次性和选择性，通常属于商业选择或者政府倡导的范畴。近年来，国际社会逐步以食品安全的概念替代食品卫生、食品质量的概念，更加突显了食品安全的政治责任。

4. 食品安全是个法律概念

20 世纪 80 年代以来，一些国家以及有关国际组织从社会系统工程建设的角度出发，逐步以食品安全综合立法替代卫生、质量、营养等要素立法。1990 年英国颁布了《食品安全法》，2000 年欧盟颁布了具有指导意义的《食品安全白皮书》，2003 年日本制定了《食品安全基本法》。综合型的《食品安全法》逐步替代要素型的《食品卫生法》《食品质量法》《食品营养法》等，反映了时代发展的要求。

5. 食品安全是个经济学概念

在经济学上，"食品安全"指的是有足够的收入购买安全的食品。如今假冒伪劣食品出现的频率高、流通快、范围广；不法商人制假售假的手段和形式也更高明、更隐蔽；消费者的自我保护意识不强，维权能力较弱。

在食品安全概念的理解上，国际社会已经基本形成共识：即食品的种植（食物）、养殖、加工、包装、贮藏、运输、销售、消费等活动符合国家强制标准和要求，不存在可能损害或威胁人体健康的有毒有害物质致消费者病亡或者危及消费者及其后代的隐患。食品安全既包括生产安全，也包括经营安全；既包括结果安全，也包括过程安全；既包括现实安全，也包括未来安全。

（三）食品安全的特征

食品安全具有历史性特征。同一时期的不同国家或同一国家的不同历史发展阶段，由于自然条件、经济条件以及社会发展所面临的主要矛盾差异，所表现的食品安全问题具有不同特征。

1. 食品安全具有绝对性和相对性

食品安全问题将伴随人类社会的各个发展阶段，不存在"零风险"和绝对的食品安全。在某一区域的特定历史发展阶段，食品安全具有明确的科学内涵，安全与不安全之间有明确的界限，因而食品安全具有绝对性。但食品安全的内涵又是不断发展的，食品安全只是相对于一定文化背景、科技水平和具体经济发展阶段而言的，所以食品安全又具有相对性。

2. 食品安全具有现实性和潜在性

食品安全问题具有危害社会公共安全与人类生命健康的直接性，决定了食品安全具有很强的现实性。但一些不安全的食品对个体健康造成的危害，需在较长时间才能显现，甚至不被发觉。因此，食品安全问题的治理既要面对已暴发的食品安全危害，又要预防食品安全问题潜在威胁。

3. 食品安全具有系统性和区域性

食品安全是一个涉及经济、社会、政治等多因素、多环节的复杂系统。但随着食品贸易的全球化，世界食品安全是一个大系统，各国家和地区是子系统。因此，食品安全具有区域性，在不同经济区域、不同行政范围的食品安全特征表现各异又相互交叉关联。

二、食品安全面临的新问题

食品安全问题的产生与其自身属性与外部环境的变化密不可分，并且受到政府监管能力的影响，近年来，新的经济形势给食品安全带来了新的挑战。

（一）信任品特征属性比重的增加导致安全信息的不对称与不完全

食品具有搜寻品、经验品和信任品三重性。对于搜寻品，消费者在购买之前即能完全了解产品的信息；对于经验品，消费者只有在购买后才能了解产品的真实信息；而对于信任品，即使在购买甚至消费后，消费者也不清楚产品的信息。就食品来说，部分特征具有搜寻品与经验品的属性，如外观、滋味等，但食品的安全状况却在很大程度上归属信任品的属性。食品安全的这一属性特征决定了食品安全信息获取的难度，造成了食品交易过程中的信息不完全。一方面，如生产方式、加工条件等与安全相关的信息在食品供给者与消费者之间存在着信息不对称，从而导致食品安全问题的产生。另一方面，更为严重的是，如农产品农药残留或是食品在生产过程中非故意的污染等食品安全信息对于生产者和消费者都是不完全的，这就更进一步增加了食品安全问题控制的难度。另外，随着食品产业、工艺以及技术的发展，食品深加工率越来越高，加工工艺越来越复杂，经过了一系列的物理及化学变化，单纯以感官辨别食品安全变得越来越不可靠，食品作为信任品的特征比重进一步增加，给食品安全的控制造成越来越大的挑战。

（二）外部环境变化使食品安全问题的发生面临更大的不确定性

20世纪以来，特别是"二战"后，世界经济、政治以及科学技术等各领域发生了巨大的变化，对食品形态、食品产业以及农产品种植环境都造成了巨大的影响，也给食品安全带来前所未有的挑战。

1. 生物技术带来食品安全的不确定性

分子生物学技术，特别是基因技术工程领域的突破，给食品安全造成了不确定性。从1994年美国第一例转基因番茄被批准商业化种植以来，转基因作物的商业化进程发展很快；到2019年，全球29个国家种植了1.904亿公顷的转基因作物。在美国，已经有超过60%的加工食品含有转基因成分。然而，迄今为止的科学研究，并不能否定转基因食品存在潜在风险。

2. 食品新型营销方式带来诸多安全隐患

随着生活方式的改变，消费者的采购习惯发生巨大变化，食品电商市场迅猛发展。但由于互联网的虚拟性，网络食品交易过程更加隐蔽，导致食品质量监督不到位，网络市场规范化经营管理不细致等。此外，网络餐饮服务食品平台准入门槛低、对商户的资质审查把关不严，致使许多没有任何餐饮卫生资质，甚至没有《食品经营许可证》的商家进入订餐平台，由此带来的食品安全问题成为食品安全监管的新挑战。

3. 自然环境和气候变化对食品安全造成影响

食品中真菌毒素的形成、土壤中重金属污染等都与自然环境和气候密切相关。随着工业化进程的加速，全球生态环境遭到严重破坏，土壤、水源、大气受到过度污染，直接影响了食品安全。除此之外，如地表温度的上升等气候的变化，不但给粮食数量安全造成重大影响，而且给食品安全带来了挑战。

4. 市场全球化背景下产业链的复杂性增加了食品安全控制的难度

全球化给消费带来众多的利益，但也增加了食品安全管理的难度。对于发展中国家来说，全球化促进了工业的发展及城市化的进程，也给食品产业卫生及安全的加工能力带来了挑战。对于发达国家，进口原产于食品安全条件较差国家的食品增加了食用安全风险。

(三) 食品安全新风险亟须监管模式跟进完善

随着外界环境的变化，相应的食品安全规制与监管政策却往往滞后于现实需求。特别是对于发展中国家，应对食品安全的规制能力往往不能与食品安全形势变化相匹配，是造成发展中国家食品安全问题的主要原因之一。食品安全问题的诱因越来越呈现出多样性，虽然各国政府都加大食品安全监测与预警的力度，但还是难以控制食品安全问题的发生。同时，食品安全问题发生后，相应政策的出台也是各种利益团体博弈的结果，往往存在滞后性。此外，即使政策出台，在监管执行方面，也难以做到完全有效。因此，随着食品安全影响因素的日益复杂，亟须完善食品安全监管模式。

三、影响食品安全的因素

食品加工中影响食品安全的危害因素包括生物性危害、化学性危害以及物理性危害等，这些危害可能来自原料本身、环境污染或加工过程。

(一) 生物性危害

生物性危害主要指生物（尤其是微生物）自身及其代谢过程、代谢产物（如真菌毒素）对食品原料、加工过程和产品的污染，主要包括细菌及其毒素、霉菌及其毒素、食源性病毒、寄生虫、鼠害等。

（二）化学性危害

化学性危害是指食用后能引起急性中毒或慢性积累性伤害的化学物质。食品中的化学危害包括食品原料本身含有的、在生产加工过程中污染、添加以及由化学反应产生的各种有害化学物质，主要包括天然毒素及过敏原、农药、兽药、激素、重金属、非法添加以及食品接触材料中化学物质的溶出/迁移等。此外，也包括由于原料受环境污染及加工方法不当带来的化学污染物，如二噁英、苯并芘、杂环胺等。

（三）物理性危害

物理性危害通常指食品生产加工过程中的杂质超过规定的含量，或放射性核素所引起的食品质量安全问题，如粮食中的外源性锐利物质对人体造成的危害，粮食收获过程中夹杂的石块、木屑，粮食加工时从加工器具中脱落产生的金属片等。

除以上三类常见污染外，随着新的食品资源的不断开发，食品品种的不断增多，生产规模的扩大，加工、贮藏、运输等环节的增多，消费方式的多样化，使人类食物链变得更为复杂以及新技术和新食品原料等带来新的食品安全问题。

第二节　食品安全的发展历史和现状

一、食品安全发展历史

（一）食品安全发展

人类对食品安全性的认识，有一个历史发展过程。孔子在《论语·乡党》提出"八不食"原则。东汉张仲景所著《金匮要略》、唐朝的《唐律》和孙思邈编著的《千金食治》、元朝的《饮膳正要》等著作中都有关于食品卫生安全方面的论述。在西方文化中，产生于公元前1世纪的《圣经》中也有许多关于饮食安全与禁规的内容，其中著名的摩西饮食规则中出于食品安全性的考虑，凡非来自反刍偶蹄类动物的肉不得食用，至今仍为犹太人和穆斯林所遵循的传统习俗。古代人类对食品安全性的认识，大多与食品腐坏、疫病传播等问题有关，各民族都有许多建立在广泛生存经验基础上的饮食禁忌、警语、禁规，作为生存守则流传保持至今。总的来说，古代人类对于食品安全性的认识和理解只停留在感性认识和对个别现象的总结阶段。

生产的发展促进了社会的产业分工、商品交换、阶级分化，以及利欲与道德的对立，食品的安全问题出现了新的因素和变化。食品交易中出现了制伪、掺假、掺毒、欺诈现象，在古罗马帝国时代已逐渐成为社会公害。当时的罗马民法中规定假冒食品、污染食品者可以判处流放或者是劳役。1202年，英国颁布《面包法》，严禁在面包里掺入豌豆或蚕豆粉。1860年，英国国会出台新的《食品法》，再次强化食品安全。由于食品检验缺乏有效的手段，制伪掺假掺毒技术层出不穷，而食品安全的法律法规滞后，使食品安全问题长期存在于欧洲食品市场。在19世纪初，为巩固资本主义商品经济和保障消费者健康，西方各国相继开始立法。1851年法国颁布《取缔食品伪造法》，1860年英国颁布《防止饮食掺假法》，美国于1890年制定了《肉品监督法》，1906年美国国会通过了第一部对食品安全、诚实经营和食品标签进行管理的国家立法《纯净食品和药品法》，1938 年颁布了《联邦食品、药物和化妆品法案》，1947 年日本制定《食品卫生法》等。

联合国粮农组织和世界卫生组织于 1962 年成立了食品法典委员会（Codex Alimentarius Commission，CAC），负责协调各国政府间食品标准化工作。《食品法典》规定了各种食物添加剂、农药及某些污染物在食品中允许的残留限量，供各国参考并借以协调国际食品贸易中出现的食品安全性标准问题。

20 世纪以后，食品工业应用的各类添加剂种类日趋增多，农药、兽药在农牧业生产中的重要性被广泛认可，工矿、交通、城镇"三废"对环境及食品的污染不断加重，农产品和加工食品含有害有毒化学物质的问题越来越突出。此外，化学检测手段及其精度不断提高，农产品及其加工产品在地区之间流通规模日增，国际食品贸易数量越来越大。现代食品安全问题逐渐从食品不卫生、掺杂制伪等转向某类化学品对食品的污染及对消费者健康的潜在威胁。例如，滴滴涕、六六六等合成农药在 20 世纪 50—60 年代获得广泛应用。但随后人们发现滴滴涕等农药因难以被生物降解而在食物链和环境中蓄积，造成农作物和土壤的长期污染，危及整个生态系统和人类的健康，至今仍然是最普遍、最受关注的食品安全课题。

20 世纪末，世界范围内食品安全事件不断出现。1985 年英国疯牛病和全球范围的口蹄疫等事件，表明食品安全问题随着工业化程度的提高、新技术的采用以及贸易全球化趋势的加快而进一步恶化。兽药使用不当、饲料中过量添加抗生素及激素对食品安全性的影响，逐渐突出起来。近年来世界范围的核试验、核事故已构成对食品安全性的新威胁。1986 年发生于苏联境内切尔诺贝利的核事故使几乎整个欧洲都受到核沉降的影响，牛羊等草食动物首当其冲。

（二）食品安全监督管理

食品安全事件时有发生，监督管理成为世界各国和国际组织的工作重点。如美国在 1906 年成立食品药品监督管理局，瑞典在 1973 年设立了食品安全管理局。美国、日本、欧盟等发达国家近年来对食品实行越来越严格的卫生安全标准。以农药残留限量标准为例，国际食品法典委员会已颁布了 200 多种农药、100 种农产品的 3100 项最高残留量标准。美国 1998 年成立了总统食品安全委员会，欧盟于 2000 年 1 月发布了《食品安全白皮书》并组建欧洲食品安全权威机构，建立快速预警系统，使欧盟委员会对可能发生的食品安全问题能采取迅速有效的反应。同时，食品质量安全的控制技术也得到了不断地完善和进步，良好生产规范（good manufacturing practice，GMP）、卫生标准操作程序（sanitation standard operating procedures，SSOP）、危害分析和关键控制点（hazard analysis critical control point，HACCP）等成为食品安全生产的有效控制手段。

我国于 1982 年制定了《中华人民共和国食品卫生法（试行）》并于 1995 年由全国人大常务委员会通过，成为具有法律效力的食品卫生法规。在工业生产和市场经济加速发展、人民生活水平提高和对外开放条件下，食品安全状况面临着更高水平的挑战。国家相继制定和强化了以《食品卫生法》为主体的有关食品安全的一系列法律法规，初步形成了以卫生管理部门、工商管理部门和技术监督部门为主体的管理体制。2009 年颁布《中华人民共和国食品安全法》，随后进行了一次修订和两次修改。

《中共中央　国务院
关于深化改革加强
食品安全工作的意见》

二、国内外食品安全现状

（一）我国食品安全现状

1. 粮食安全有保障，但存在粮食进口增加和区域不平衡问题

我国食用农产品产量逐年增长，粮食、蔬菜、水果、肉类和水产品的人均产量均达到或超过世界平均水平，不仅解决了温饱的问题，也满足了人民对食物多层次、多元化的消费需求，但也存在粮食进口数量逐年增加，部分品类对外依存度提高的问题。20 世纪中期以来，我国已由粮食净出口国转为净进口国，尤其在大豆、肉制品和乳制品等方面贸易逆差逐渐拉大，刚性需求依然逐年增长。

2. 食品安全保障体系基本建成，食品质量安全不断提高

在食品安全法规方面，形成以《中华人民共和国食品安全法》为主，《中华人民共和国消费者权益保护法》《中华人民共和国产品质量法》《农产品质量安全法》以及相关地方规章及司法解释等为辅的食品安全法律法规体系。截至 2022 年 8 月 29 日我国已发布食品安全国家标准 1455 项，基本完成了食品安全标准体系的构建。从监测数据来看，我国食用农产品和加工食品安全水平得到显著提升，食源性疾病暴发率明显减少。2021 年，全国市场监管部门完成食品安全监督抽检 6954438 批次，总体合格率为 97.31%。

3. 食品质量安全的基础工作得到增强，食品安全水平不断提高

首先是食品安全国家标准化工作正在不断完善，形成了包括通用标准、产品标准、生产经营规范标准和检验方法标准四大类的食品安全国家标准。其次是食品质量安全检验检测体系逐步健全，目前已初步形成了包括国家级食品检验中心，省、地市及县级食品检验机构以及有关行业部门设置的食品检验机构等比较完备的食品质量安全检验网络。再次是食品生产加工企业的技术、工艺设备以及质量管理水平取得较大提高，已有上万家食品企业通过了 ISO 9000 或 HACCP 质量体系认证，为提升我国食品质量安全整体水平发挥了积极的带动作用。

4. 食品营养安全风险逐渐显现，"健康中国"上升为国家战略

近年来，营养过剩或膳食结构不合理引发的肥胖、高血压、糖尿病等慢性疾病发病率逐渐升高。《中国居民营养与慢性病状况报告（2020 年）》显示，我国 18 岁及以上居民超重率和肥胖率分别为 34.3% 和 16.4%，6~17 岁儿童青少年超重率和肥胖率分别为 11.1% 和 7.9%。国务院于 2016 年发布《"健康中国 2030"规划纲要》，引导居民形成科学的膳食习惯，推进健康饮食文化建设。随着城镇化和人口老龄化，食品的营养安全已经成为影响国家富强和民族振兴的重大问题。

（二）我国食品安全存在的问题

现阶段我国食品安全虽然表现出趋稳向好的态势，但由于源头污染严重、食品产业基础薄弱、科技支撑度不足、社会环境等不利因素的影响，使食品仍然存在安全风险。

1. 微生物污染

据世界卫生组织估计，全世界每年有数以亿计的食源性疾病患者，其中 70% 是由于各种致病性微生物污染的食品和饮用水引起的。另外，食品供应链中的传染性疾病也严重威胁食品安全供应以及民众健康。2021 年食品因微生物污染超标抽检不合格占不合格样品总

量的 22.40%；2022 年前三季度食品因微生物污染超标抽检不合格占不合格样品总量的 22.22%。

2. 种植业和养殖业的源头污染

化肥、农药、兽药等滥用或使用不当是当前一段时期最突出的食品安全问题。2021 年食品因农药、兽药残留超标抽检不合格占不合格样品总量的 36.38%；2022 年前三季度食品因农药、兽药残留超标抽检不合格占不合格样品总量的 39.62%。化肥和农药的滥用造成土壤和水等自然环境的污染，进而影响到了植物性食品的安全性；兽药滥用以及饲料质量和安全问题则直接威胁到动物性食品的安全。

3. 环境污染

由于工业"三废"和城市垃圾的不合理排放，使水、土壤和空气等自然环境受到污染，有毒有害物质就会在动物和植物体内蓄积，引发食品安全问题。市场监管部门抽查数据表明，2021 年食品因重金属等污染抽检不合格占不合格样品总量的 8.36%。

4. 食品加工过程污染

目前我国食品加工类企业绝大多数规模偏小，有些不具备生产合格产品的人员、技术、工艺、设备、厂房和环境等基本条件，假冒、掺假、伪劣食品屡禁不止。监测数据表明，2021 年食品因食品添加剂超范围、超量使用抽检不合格占不合格样品总量的 12.24%；2022 年前三季度食品因食品添加剂超范围、超量使用抽检不合格占不合格样品总量的 9.42%。

5. 新技术、新产品给食品安全带来不确定性

近年来，我国大量出现和应用很多新食品原料，新的辅料，如一些新型食品添加剂和加工助剂、新型包装材料、新防霉保鲜剂等。这些新食品原料、新辅料、新包装材料等对人类健康的影响需要毒理学研究来评估。转基因技术的应用虽然给食品行业的发展带来了较好的机遇，但转基因食品的安全性仍不确定。

6. 动物防疫检验体系不健全

我国畜牧业生产较为分散，集约化程度不高，加之防疫机构不健全、防疫设施和防疫手段落后，畜牧疫病时有发生，同时禽流感等新疫病也不断出现。动物疫病严重影响畜禽产品的质量安全，并给消费者带来安全隐患，甚至直接威胁人类身体健康和生命安全。

(三) 国外发达国家的食品安全现状

1. 生物性污染是食品安全监管高度关注的重点

2018 年，美国疾病预防控制中心数据显示，美国有 7600 万人食物中毒，造成 32 万人次住院和 5000 人死亡，造成食物中毒的主要原因是弧菌、李斯特菌、大肠杆菌等；沙门氏菌每年在美国造成约 120 万例疾病，23000 例住院治疗和 450 例死亡。欧洲食品安全局认为近三分之一的食源性疾病是由沙门氏菌引起。多种食品中由于生物性污染引发的食品安全事件反映出其加工环境、加工过程等方面存在严重的安全控制缺陷，也是食品安全监管仍需高度关注的重点。

2. 原料、水源和加工等过程中的化学性污染成为解决食品安全的难题

2018 年 8 月，美国检测了 45 款燕麦产品，在 43 份样品中发现了具有潜在危害的除草剂成分草甘膦，其中 31 种燕麦产品草甘膦超标。2019 年 3 月法国多品牌瓶装水检出药物或杀

虫剂残留。2019 年 7 月，泰国消费者基金会报道在 46 个市售食米样本中，发现 34 个样本含有杀虫药溴甲烷残留。

3. 恶意造假、掺伪、掺腐等引起的食品安全问题仍然层出不穷

2017 年 3 月，立陶宛查获大批量假冒的德国版爱他美奶粉。根据欧盟知识产权办公室监测机构的数据，欧盟在农产品、食品行业每年因假货问题损失数十亿欧元。2019 年欧洲发生"马肉风波"，该事件涉及瑞典、英国、法国、德国、爱尔兰、荷兰和罗马尼亚等欧洲多国，是一起典型的以假乱真、消费欺诈案例。

三、食品安全学研究内容

食品安全学是研究人类食物供应过程中的危害因素，提出并采取相应的风险预防和控制措施，从而保障人类健康的学科。食品安全学的主要目标是保障人类健康，其研究的主体对象是食品，研究的核心内容是风险预防与控制。

（一）食品安全评价的科学基础

食品毒理学安全性评价原理和食品安全风险分析，是研究食品安全问题首先应掌握的科学基础。通过毒理学试验，可以评价某种物质安全与否，对人体是否有害，在食品中可以添加或允许残留多少的量，为食品安全的控制和管理提供科学依据。风险分析可以评估食品中各种因素的潜在风险，综合考虑政治、经济、文化等因素，采取相应管理措施进行预防和控制，为食品安全监管提供一个科学框架。

（二）影响食品安全的因素

造成食品安全风险的因素包括环境、经济、社会和科技等多方面，涉及食品的原料种类、加工、储藏、流通、销售和消费等所有环节。根据危害物的来源和属性，可以分为天然有毒物质、理化因素、生物性因素以及其他相关因素，具体包括生物性污染、农用化学品、非法添加物、环境污染物、食品接触材料、食品新技术等对食品安全的影响。

（三）食品安全管理和保障

由于食品安全问题的复杂性，从政府监管的角度，不仅需要研究有效运行的食品安全相关法律、标准和监管体系，还需要剖析存在的突出问题，调动社会各方力量，综合运用经济学、传播学、管理学手段，以改善食品安全状况。从食品生产经营者的角度，需要研究食品生产各行业、各环节对食品安全的管理与控制措施，包括食品生产经营、配套行业和专项食品安全管理，以及食品安全相关认证。

四、食品安全展望

食品安全关系到每个人的切身利益，是社会经济发展的重要考量指标。现阶段，我国食品安全治理水平亟待提高，需要从全局和战略高度进行全面协调治理，基于风险分析的科学决策机制，完善食品安全法律、法规、标准和监管体系，加强源头污染治理，强化科技支撑，形成多方参与的社会共治格局，全面建立食品安全保障体系，从而推动我国食品安全水平提升，全面保障我国从农田到餐桌的食品安全，不仅有利于促进食品产业转型升级，也有利于维护社会的和谐稳定，保证国家的长治久安。

【本章小结】

（1）食品安全是全球共同面临的重大挑战。广义的食品安全是一个动态发展的综合性概念，在不同时期、不同区域、不同经济社会条件下有着不同的内涵。

（2）食品安全学是研究人类食物供应过程中的危害因素，提出并采取相应的风险预防和控制措施，从而保障人类健康的学科。

（3）现阶段，我国食物供应充足，食品安全保障体系基本建成，食品安全表现出趋稳向好的态势，但重大食品安全事件仍时有发生，营养失衡问题逐渐显现，食品安全形势依然严峻。

【思考题】

（1）食品安全有哪些内涵？
（2）食品安全有哪些特征？
（3）我国食品安全存在的突出问题有哪些？

参考文献

［1］HOFFMANN S，HARDER W. Food safety and risk governance in globalized markets ［J］. Health Matrix，2010，20（1）：5-54.

［2］ORTEGA D L，WANG H H，WU L P，et al. Modeling heterogeneity in consumer preferences for select food safety attributes in China ［J］. Food Policy，2011，36（2）：318-324.

［3］MIRAGLIA M，MARVIN H J P，KLETER G A，et al. Climate change and food safety：An emerging issue with special focus on Europe ［J］. Food and Chemical Toxicology，2009，47（5）：1009-1021.

［4］SELGRADE M K，BOWMAN C C，LADICS G S，et al. Safety assessment of biotechnology products for potential risk of food allergy：Implications of new research ［J］. Toxicol Science，2009，110（1）：31-39.

［5］王常伟，顾海英. 食品安全：挑战、诉求与规制 ［J］. 贵州社会科学，2013，280（4）：148-154.

［6］朱明春，何植民，蒋宇芝. 食品安全发展的阶段性及我国的应对策略 ［J］. 中国行政管理，2013，（2）：21-25.

［7］谢明勇，陈绍军. 食品安全导论 ［M］. 3版. 北京：中国农业大学出版社，2021.

［8］庞国芳，孙宝国，陈君石，等. 中国食品安全现状、问题及对策战略研究（第二辑）［M］. 北京：科学出版社，2022.

［9］王常伟. 基于生产经营主体激励视角的食品安全问题研究信息不对称条件下的理论与实证分析 ［D］. 上海：上海交通大学，2014.

［10］王晓辉，廖国周，吴映梅. 食品安全学 ［M］. 天津：天津科学技术出版社，2018.

［11］侯红漫. 食品安全学 ［M］. 北京：中国轻工业出版社，2014.

［12］王际辉．食品安全学［M］.2 版．北京：中国轻工业出版社，2020.

［13］腾月．中国食品安全规制与改革［M］.北京：中国物资出版社，2011.

［14］钟耀广．食品安全学［M］.3 版．北京：化学工业出版社，2022.

［15］苏来金．食品质量与安全控制［M］.北京：中国轻工业出版社，2020.

思政小课堂

第二章 食品安全性评价与风险分析

随着消费者对食品营养与健康问题的重视，近年来食品安全问题受到广泛关注。食品安全性评价与风险分析是预测并降低食品安全风险的重要手段。本章介绍食品毒理学概念及研究内容、我国食品安全性毒理学评价程序建立和评价方法、食品安全风险评估、食品安全风险管理和食品安全风险交流等内容。

本章课件

【学习目标】

（1）了解食品毒理学基本概念，掌握表示毒性大小的常用指标和常见的安全限值。

（2）了解我国的食品安全性毒理学评价程序的建立、程序和方法。

（3）了解风险评估、风险管理以及风险交流的定义。

（4）掌握食品安全风险评估的步骤和方法。

第一节 食品安全性毒理学评价概述

一、食品毒理学概念及研究内容

（一）食品毒理学基本概念

1. 食品毒理学

毒理学（toxicology）是指从生物医学角度研究化学物质对生物机体的损害作用及其机制的科学。随着科技的发展，毒理学的研究范围逐渐由化学物质扩展到了更多对机体有害因子，例如物理因子、化学因子、生物因子、辐射等。食品毒理学是指研究食品中有毒有害化学物质的性质、来源及其对人体的损害作用和机制，评价其安全性，并确定其安全限值，以及提出预防措施的一门学科。

2. 毒物

毒物（toxicants）是指在一定条件下，较小剂量就能引起生物体损害的有害因子。毒物与非毒物的界限比较模糊，在一定条件作用下，任何可能对机体有害的因子只要达到一定的剂量水平都可能对机体产生损害。因此，有害因子是否判定为毒物的标准常以引起生物体损害的剂量大小进行相对区分。按来源和用途，毒物可分为环境污染毒物、工业化学毒物、农用化学品毒物、医用化学品毒物、日用化学品与嗜好品毒物、生物毒素、军事毒物、放射性元素以及食品中存在的有害物质。按毒性危害等级，毒物可分为极毒、剧毒、中等毒、低毒和实际无毒等。按毒理作用部位（靶器官）和生物学效应，毒物可分为肝毒物、肾毒物、神经毒物、致癌物、生殖毒物、致突变物等。

3. 毒性

毒性是指毒物引起生物体损害的能力。反应剂量是衡量毒物的指标。如果毒物的相对剂量越小，对机体的损害却越大，则可认为其毒性就越大。此外，接触途径、接触期限频率等也影响化学物对生物体的毒性。

4. 毒性作用

毒性作用也称毒性效应，是指外源毒物引起生物体发生生理生化机能异常或组织器官结构病理性变化的反应，该反应可在机体各个系统、组织或器官中出现。毒性作用可根据其影响大小、范围及速度等分为功能性或器质性损伤作用、可逆与不可逆作用、局部与全身作用、速发与迟发作用和特异性体质反应与变态反应等。

5. 表示毒性大小的常用指标

为了定量描述或比较外源化学物毒性的大小，在毒理学中，常以一些毒性参数作为评价的指标。根据实验动物体内试验，可以将毒性参数分为两类：一类为毒性上限参数，是指在急性毒性试验中以死亡为终点的各项毒性参数，即致死剂量，这是由于死亡比非致死的许多效应都便于准确观察。另一类为毒性下限参数，是指未观察到有害作用剂量，可从急性、亚急性、亚慢性、慢性毒性试验中得到。

（1）半数致死剂量　半数致死剂量（median lethal dose，LD_{50}）是指给予单次剂量的受试物后，预期引起半数实验动物死亡的剂量水平，单位为 mg/（kg·bw）。半数致死剂量是毒理学中表征毒物毒性强弱最常用的参数。毒物的半数致死剂量数值越小，其毒性越强，反之其毒性越弱（表 2-1）。

表 2-1　急性毒性 LD_{50} 剂量分级表

毒性	大鼠口服 LD_{50}/（mg/kg 体重）	相当于人的致死量	
		mg/kg 体重	g/人
极毒	<1	稍尝	0.05
剧毒	1~50	500~4000	0.5
中等毒	51~500	4001~30000	5
低毒	501~5000	30001~250000	50
实际无毒	>5000	250001~500000	500

（2）未观察到损害作用剂量　未观察到损害作用剂量（no observed adverse effect level，NOAEL），简称无作用剂量，是指某种外源化学物在一定时间内按一定方式或途径与机体接触后，根据目前现有认知水平，用最为灵敏的试验方法和观察指标，未能观察到对机体造成任何损害作用或使机体出现异常反应的最高剂量。无作用剂量与所选择的动物种系和数目、观察指标的敏感性、暴露时间的长短等多种因素有关，在现有技术水平条件下，无作用剂量并不意味着完全的零风险。

（3）基准剂量　基准剂量（bench mark dose，BMD）是指依据动物试验剂量—反应关系的结果，用一定的统计学模型求得的受试物引起一定比例（定量资料为 10%，定性资料为 5%）动物出现阳性反应剂量的 95% 可信限区间下限值。基准剂量是依据临界效应的剂量—反应关系的全部数据推导出来的，增加了其可靠性和准确性。

6. 安全限值

安全限值（safety limit）是指对包括食品在内的各种环境介质中的化学、物理和生物有害因素规定的限量要求，是国家颁布相关法规的重要组成部分。在低于此种浓度或暴露时间内，可忽略其对个体或群体健康造成的风险。

（1）每日容许摄入量（acceptable daily intake，ADI） 每日容许摄入量是指允许正常成年人每日由外环境摄入体内的特定化学物质的总量，即终生每日摄入该剂量的物质不会对人体健康造成任何可测量出的健康危害，单位为 mg/（kg·bw）。

（2）最高容许浓度（maximum allowable concentration，MAC） 最高容许浓度是指在劳动环境中、车间内或工作地点的空气中某种化学物质不可超越的浓度，即工人长期在此浓度下从事生产劳动，不会引起任何急性或慢性的职业危害；在生活环境中，最高容许浓度是指基于大气、水体、土壤等介质中有毒物质浓度的限量标准，即接触人群中最敏感的个体即刻暴露或终生接触最高容许浓度的化学物质，机体及其后代不会因此产生有害影响。由于接触的具体条件及人群的不同，即使是同一化学物质，其在生活或生产环境中的最高容许浓度也会发生变化。

（3）参考剂量（reference dose，RFD） 参考剂量是指环境介质中化学物质的日平均接触剂量的估计值。人群在终生接触该剂量水平化学物质的条件下，预期一生中发生非致癌或非致突变有害效应的危险度可低至不能检出的程度。

（4）暂定每日最大耐受摄入量（provisional maximum tolerable daily intake，PMTDI） 暂定每日最大耐受摄入量适用于无蓄积作用的食品污染物，是指人类允许暴露的食品和饮用水中天然污染物的水平。对于既是必需营养素又是食物成分的微量元素，则以一个范围来表示，下限代表机体的必需水平，上限就是暂定每日最大耐受摄入量。由于通常缺乏人类低剂量暴露的实验结果，因此耐受摄入量一般被称为"暂定"。

（5）暂定每周耐受摄入量（provisional tolerable weekly intake，PTWI） 暂定每周耐受摄入量，适用于有蓄积作用的食品污染物，是指人类暴露于这些不可避免的污染物时，每周允许的暴露量。

（6）暂定每月耐受摄入量（provisional tolerable monthly intake，PTMI） 暂定每月耐受摄入量适用于有蓄积作用且在人体内有较长的半衰期的食品污染物，是指人类暴露于这些不可避免的污染物时，每月允许的暴露量，具体参见《食品安全国家标准 健康指导值》（GB 15193.18—2015）。

（二）食品毒理学安全性评价研究内容

食品毒理学安全性评价是指通过毒理学实验和对人群的观察，阐明食品中的某种物质（含食品固有物质、添加物质或污染物质等）的毒性及潜在危害，对该物质能否投入市场做出安全性方面的评估或提出人类安全的接触条件，即将对人类食用这种物质的安全性做出评价的研究过程。世界各国普遍采用毒理学安全性评价作为食品安全管理的依据。管理部门以化学品危险度评定结果为基础，结合其他有关因素和实际情况，制定有关管理毒理学的法规，对化学品进行卫生管理。

二、我国食品安全性毒理学评价程序的建立

我国对化学物质的毒理鉴定及毒理学实验开始于 20 世纪 50 年代，有关部门陆续出台并发布了化学物质的毒性鉴定程序和方法的相关法规。1994 年，颁布了《食品安全性毒理学评价程序》（GB 15193.1—1994），该标准于 2003 年进行修订，直到 2014 年，该标准再次修订正式变为目前正在施行的《食品安全国家标准　食品安全性毒理学评价程序》（GB 15931.1—2014），与此同时，其他相关法规条例也逐步出台；1992 年，颁布《食品毒理学试验操作规范》并于 1994 年首次列为国标性文件实施；2003 年，颁布《保健食品检验与评价技术规范》和《保健食品安全性毒理学评价程序和方法》；2008 年，国家标准化管理委员会颁布《实验室质量控制规范食品毒理学检测》；2014 年，原国家卫计委发布《食品毒理学实验室操作规范》。

三、我国食品安全性毒理学评价程序和方法

在毒理学安全性评价时，需根据待评价物质的种类和用途来选择相应的程序。目前，我国食品安全性毒理学评价主要参照《食品安全国家标准　食品安全性毒理学评价程序》（GB 15931.1—2014）。毒理学评价采取分阶段进行的原则，将各种毒性试验按一定顺序进行。通常先行安排试验周期短、费用低、预测价值高的试验，不同种类物质的评价程序对毒性试验划分的阶段性有不同的要求。

（一）食品安全性毒理学评价程序适用范围

食品安全性毒理学评价范围主要涉及食品生产、加工、保藏、运输和销售过程中可能对健康造成危害的化学、生物和物理因素的安全性，其检验对象包括食品及其原料、食品添加剂、新食品原料、辐照食品、食品相关产品（用于食品的包装材料、容器、洗涤剂、消毒剂和用于食品生产经营的工具、设备）以及食品污染物。

（二）食品安全性毒理学评价的前期准备工作

食品安全性毒理学评价的前期需做如下准备：

（1）应提供受试物的名称、批号、含量、保存条件、原料来源、生产工艺、质量规格标准、性状、人体推荐（可能）摄入量等有关资料。

（2）对于单一成分的物质，应提供受试物（必要时包括其杂质）的物理、化学性质（包括化学结构、纯度、稳定性等）。对于混合物（包括配方产品），应提供受试物的组成，必要时应提供受试物各组成成分的物理、化学性质（包括化学名称、化学结构、纯度、稳定性、溶解度等）有关资料。

（3）若受试物是配方产品，应是规格化产品，其组成成分、比例及纯度应与实际应用的相同。若受试物是酶制剂，应该使用在加入其他复配成分以前的产品作为受试物。

（三）食品安全性毒理学评价不同阶段的毒理学项目

食品安全性毒理学评价是通过实验毒理学方法对受试物进行毒性鉴定，得出该毒力因子对实验动物的一般毒性作用和其他特殊毒性作用，从而评价和预测对人体可能造成的危害。《食品安全国家标准　食品安全性毒理学评价程序》（GB 15931.1—2014）按照国家规定的程

序可以划分为 10 个阶段的试验研究，根据各个阶段的试验结果并结合人群流行病学资料即可以进行食品安全性毒理学评价（图 2-1）。

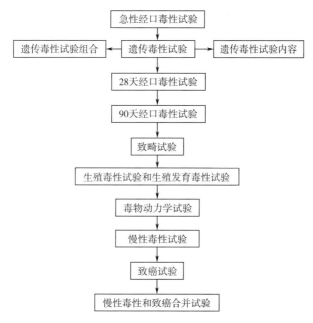

图 2-1　食品毒理学安全性评价不同阶段的毒理学项目

（四）评价程序分阶段试验具体内容

1. 急性经口毒性试验

（1）试验目的　求出致死剂量及其他急性毒性参数；观察中毒表现、毒性作用强度和死亡情况，初步评价毒物的毒性效应特征；为其他毒理试验提供接触剂量和选择观察指标的依据；为毒理学机制研究提供线索。

（2）试验方法　选用健康成年小鼠（18~22g）并对其进行 3~7 天的隔离观察，随后将动物称重、编号、随机分组，查阅与受试化学物结构及理化性质相近似的其他化学物毒性资料（LD_{50}）进行剂量选择，受试化学物配制与稀释，对小鼠进行灌胃染毒操作后进行密切观察并详细记录。

（3）结果判定　如 LD_{50} 小于人的推荐（可能）摄入量的 100 倍，则一般应放弃该受试物用于食品，不再继续进行其他毒理学试验。

2. 遗传毒性试验

（1）试验目的　检测基因突变、染色体和染色体组畸变；检测 DNA 原始损伤；了解受试物对恶性肿瘤发展的可能影响，初步评价受试物经口的安全性，并为经口试验、致畸试验等提供依据。

（2）试验方法　一般选用细菌回复突变（Ames）试验、哺乳动物红细胞微核试验、小鼠精原细胞或精母细胞染色体畸变试验、体外哺乳类细胞 HGPRT 基因突变试验、体外哺乳类细胞 TK 基因突变试验、体外哺乳类细胞染色体畸变试验、啮齿类动物显性致死试验、体外哺乳类细胞 DNA 损伤修复（非程序性 DNA 合成）试验、果蝇伴性隐性致死试验等试验。

（3）结果判定　①如遗传毒性试验组合中两项或以上试验阳性，则表示该受试物很可能具有遗传毒性和致癌作用，一般应放弃该受试物应用于食品。②如遗传毒性试验组合中一项试验为阳性，则再选两项备选试验（至少一项为体内试验）。如再选的试验均为阴性，则可继续进行下一步的毒性试验；如其中有一项试验阳性，则应放弃该受试物应用于食品。③如三项试验均为阴性，则可继续进行下一步的毒性试验。

3. 28 天经口毒性试验

（1）试验目的　确定在 28 天内经口连续接触受试物后引起的毒性效应，了解受试物剂量反应关系和毒作用靶器官，确定 28 天经口最小观察到有害作用剂量和未观察到有害作用剂量，初步评价受试物经口的安全性，并为下一步较长期毒性和慢性毒性试验剂量、观察指标、毒性终点的选择提供依据。

（2）试验方法　在 28 天经口毒试验中，受试物剂量组至少包含 3 个，其中一个剂量组为高剂量组，必要时增设未处理对照组，原则上高剂量应使部分动物出现比较明显的毒性反应，但不引起死亡；第二个剂量组为低剂量组，即不宜出现任何观察到毒效应，且高于人的实际接触水平；第三个剂量组为中剂量组，其介于两者阴性对照组和低剂量组之间，可出现轻度的毒性效应，以得出最小观察到有害作用剂量。根据实验步骤对实验动物进行为期 28 天的各项指标观察，最后将临床观察、生长发育情况、血液学检查、血生化检查、尿液检查、大体解剖、脏器重量和脏体比值、病理组织学检查等各项结果，结合统计结果进行综合分析，在综合分析的基础得出 28 天经口最小观察到有害作用剂量和未观察到有害作用剂量。初步评价受试物经口的安全性，并为进一步的毒性试验提供依据。

（3）结果判定　对只需要进行急性毒性、遗传毒性和 28 天经口毒性试验的受试物，若试验未发现有明显毒性作用，综合其他各项试验结果可做出初步评价；若试验中发现有明显毒性作用，尤其是有剂量-反应关系时，则考虑进行进一步的毒性试验。

4. 90 天经口毒性试验

（1）试验目的　确定在 90 天内经口重复接触受试物引起的毒性效应，了解受试物剂量-反应关系、毒作用靶器官和可逆性，得出 90 天经口最小观察到有害作用剂量和未观察到有害作用剂量，初步确定受试物的经口安全性，并为慢性毒性试验剂量、观察指标、毒性终点的选择以及获得"暂定的人体健康指导值"提供依据。

（2）试验方法　选用合适的试验动物，对动物进行环境适应和检疫观察，按照规定进行饲养。在 90 天经口毒试验中，受试物剂量组至少包含 3 个，其中一个剂量组为高剂量组，必要时增设未处理对照组，原则上高剂量应使部分动物出现比较明显的毒性反应，但不引起死亡；第二个剂量组为低剂量组，即不宜出现任何观察到毒效应，且高于人的实际接触水平；第三个剂量组为中剂量组，其介于两者阴性对照组和低剂量组之间，可出现轻度的毒性效应，以得出最小观察到有害作用剂量。根据实验步骤对实验动物进行为期 90 天的各项指标观察，最后将临床观察、生长发育情况、血液学检查、血生化检查、尿液检查、大体解剖、脏器重量和脏体比值、病理组织学检查等各项结果，结合统计结果进行综合分析。在综合分析的基础上得出 90 天经口最小观察到有害作用剂量和未观察到有害作用剂量，为慢性毒性试验的剂量、观察指标的选择提供依据。

（3）结果判定　根据试验所得的未观察到有害作用剂量进行评价，原则是：①未观察到有害作用剂量小于或等于人的推荐（可能）摄入量的 100 倍表示毒性较强，应放弃该受试物用于食品；②未观察到有害作用剂量大于 100 倍而小于 300 倍者，应进行慢性毒性试验；③未观察到有害作用剂量大于或等于 300 倍者则不必进行慢性毒性试验，可进行安全性评价。

5. 致畸试验

（1）试验目的　应用试验动物鉴定外来化合物致畸性的标准试验；通过在致畸敏感期（器官形成期）对妊娠动物染毒，在妊娠末期观察胎仔有无发育障碍与畸形来评价受试物安全性评价；通过致畸试验检测受试物导致胚胎死亡、结构畸形及生长迟缓等毒作用。

（2）试验方法　将性成熟的大鼠或小鼠进行交配，以雌鼠阴道发现阴栓或涂片发现精子作为受孕 0 天，将孕鼠随机分组。致畸试验通常设 3 个剂量组和 1 个对照组，每组 20 只孕鼠。高剂量组应使母鼠产生明显的毒性反应，但母体死亡率不应超过 10%；低剂量组应无明显的毒性反应。在胚胎发育的器官形成期（大鼠为受孕第 6~15 日，小鼠为受孕第 5~14 日）给以受试物进行试验，并在自然分娩前 1~2 日，剖腹取出子宫内胎仔，记录活胎、死胎及吸收数，检查活胎仔的外观、骨骼及内脏畸形。处理组数据以母体数为单位计算母体畸胎发生率，以胎仔数为单位计算胎仔畸形率和单项畸形率，并与对照组进行比较。

（3）结果判定　根据试验结果评价受试物是不是实验动物的致畸物。若致畸试验结果阳性则不再继续进行生殖毒性试验和生殖发育毒性试验。在致畸试验中观察到的其他发育毒性，应结合 28 天和（或）90 天经口毒性试验结果进行评价。

6. 生殖毒性试验和生殖发育毒性试验

（1）生殖毒性试验目的　为了揭示一种或多种活性物质对哺乳动物生殖功能的任何影响，是药物非临床安全性评价的重要内容。在药物开发的过程中，生殖毒性研究的目的是通过动物试验考察受试物对哺乳动物生殖功能和发育过程的影响，预测其可能产生的对生殖细胞、受孕、妊娠、分娩、哺乳等亲代生殖机能的不良影响，以及对子代胚胎-胎儿发育、出生后发育的不良影响。

（2）生殖毒性试验方法　生殖毒性试验通常设置三个剂量组和一个对照组。最高剂量组剂量应该超过预期人类实际接触水平，能使亲代动物出现轻度中毒，但不出现死亡或死亡率不超过 10%，也不能完全丧失生育能力；低剂量组的亲代动物不应观察到任何中毒症状；中间剂量组应仅能出现极为轻微的中毒症状。大鼠断奶或出生 8 周后，生殖毒性试验开始进行，共进行 8~12 周，即直到性发育成熟，相当出生后 4 个月左右。将雌雄亲代动物（F_0）同笼交配，雌雄比例为 1:1 或 2:1，直到受孕或进行 3 周为止。将发现阴栓或检出精子的时间，作为受孕 0 日，也有作为受孕第 1 日。雌鼠受孕后即单笼饲养，继续接触受试物。亲代动物（F_0）所生仔鼠成为第一代（F_1）。出生后应检查每窝幼仔数、死亡数以及肉眼可见幼仔畸形。出生后第 4 天和第 21 天逐个称取重量，仔鼠断奶后，母鼠休息 10 天，再与雄鼠交配一次，并生出第二窝仔鼠，亲代共生出仔鼠两窝，分别为 F_{1a} 和 F_{1b}。F_{1b} 出生后，将雄性亲鼠淘汰，雌性亲鼠继续喂受试物，直至 F_{1b} 出生后 21 天断奶为止。F_{1a} 断奶后观察其发育情况，不再喂受试物。F_{1b} 断奶后，继续接触受试物 8~12 周，直到性发育成熟，选出雌雄各 16~20 只，按前法进行交配。F_{1b} 所产第一窝幼仔为 F_{2a}，F_{2a} 断奶后，其母鼠 F_{1b} 休息 10 天，再次交配，所生幼仔为 F_{2b}，F_{2b} 断奶后，将 F_{1b} 淘汰。F_{2b} 交配处理方法与 F_{1b} 相同。但 F_{2b} 也可只交配一次，所产仔鼠为F_{3a}，不再进行第二次交配，试验结束。通过受孕率、正常分娩率、幼崽出生存活率以及幼仔哺乳成活率作为试验指标，说明受试物对动物繁殖功能有损害作用。

（3）生殖发育毒性试验目的　通过计数胚胎或胎仔吸收或死亡数，测量胎仔的重量和性别比，检查外观、内脏和骨骼的形态，来识别受试物有无对胚胎或胎仔的致死、致畸或其他毒性作用。

（4）生殖发育毒性试验方法　本试验包括三代（F_0、F_1和F_2代）。F_0和F_1代给予受试物，观察生殖毒性，F_2代观察功能发育毒性。提供关于受试物对雌性和雄性动物生殖发育功能影响，如性腺功能、交配行为、受孕、分娩、哺乳、断乳以及子代的生长发育和神经行为情况等。受试物应按照受试物处理原则对其进行适当处理，实验动物的选择应符合国家标准和有关规定，按照实验需要准备实验动物数目，并在试验前对实验动物进行3~5天的环境适应和检疫观察，饲养期间对饲养环境有特定的要求，将动物按体重随机分为至少设3个剂量组和1个对照组，在受试物理化和生物特性允许的条件下，最高剂量应使F_0和F_1代动物出现明显的毒性反应，但不引起动物死亡；中间剂量可引起轻微的毒性反应；低剂量应不引起亲代及其子代动物的任何毒性反应，如果受试物的毒性较低，1000mg/（kg·bw）的剂量仍未观察到对生殖发育过程有任何毒副作用，则可以采用限量试验，即试验不再考虑增设受试物其他剂量组。按照实验步骤进行期间并对试验动物进行各项指标观察和分析统计。生殖毒性试验检验动物经口重复暴露于受试物产生的对F_0和F_1代雄性和雌性生殖功能的损害及对，F_2代的功能发育的影响，并从剂量-效应和剂量-反应关系的资料，得出生殖发育毒性作用的最小观察到有害作用剂量和未观察到有害作用剂量。

（5）生殖毒性试验和生殖发育毒性试验结果判定　根据试验所得的未观察到有害作用剂量进行评价，原则是：①未观察到有害作用剂量小于或等于人的推荐（可能）摄入量的100倍表示毒性较强，应放弃该受试物用于食品。②未观察到有害作用剂量大于100倍而小于300倍者，应进行慢性毒性试验。③未观察到有害作用剂量大于或等于300倍者则不必进行慢性毒性试验，可进行安全性评价。

7. 毒物动力学试验

（1）试验目的　对一组或几组试验动物分别通过适当的途径一次或在规定的时间内多次给予受试物，然后测定体液、脏器、组织、排泄物中受试物和（或）其代谢产物的量或浓度的经时变化，进而求出有关的毒物动力学参数，探讨其毒理学意义。

（2）试验内容　选择受试物并对受试物进行适当处理，选用合适的试验动物，对动物进行环境适应和检疫观察，并按照规定进行饲养。试验中至少需要选用两个剂量水平，每个剂量水平应使其受试物或受试物的代谢产物足以在排泄物中测出，然后按照试验步骤进行试验并对血中受试物浓度-时间线、吸收、分布、代谢、排泄等指标进行观察分析。最后根据试验结果，对受试物进入机体的途径、吸收速率和程度，受试物及其代谢产物在脏器、组织和体液中的分布特征，生物转化的速率和程度，主要代谢产物的生物转化通路，排泄的途径、速率和能力，受试物及其代谢产物在体内蓄积的可能性、程度和持续时间做出评价。

8. 慢性毒性试验

（1）试验目的　检测受试物长期染毒对实验动物所产生的毒性作用，确定其最小观察到有害作用剂量，最大未观察到有害作用剂量及毒性作用的靶器官。

（2）试验方法　选择受试物并对受试物进行适当处理，选用合适的试验动物，试验一般选用刚离乳的大鼠，对动物进行环境适应和检疫观察，并对实验动物按照规定进行饲养。将实验动物随机分成 3 个剂量组和 1 个阴性对照组，最高剂量组剂量应该超过预期人类实际接触水平，能使亲代动物出现轻度中毒，但不出现死亡或死亡率不超过 10%，也不能完全丧失生育能力；低剂量组的亲代动物不应观察到任何中毒症状；中间剂量组应仅能出现极为轻微的中毒症状。按照操作程序对实验动物进行为期 6 个月的观察，必要时可延长至 2 年，最后比较各剂量组与对照组观察指标的变化。在试验结束时，每个剂量组每种性别的动物应不少于 10 只。

（3）结果判定　根据慢性毒性试验所得的未观察到有害作用剂量进行评价的原则是：①未观察到有害作用剂量小于或等于人的推荐（可能）摄入量的 50 倍者，表示毒性较强，应放弃该受试物用于食品。②未观察到有害作用剂量大于 50 倍而小于 100 倍者，经安全性评价后，决定该受试物可否用于食品。③未观察到有害作用剂量大于或等于 100 倍者，则可考虑允许使用于食品。

9. 致癌试验

（1）试验目的　识别对动物的潜在致肿瘤性，从而评价对人体的相关风险。

（2）试验方法　选择受试物并对受试物进行适当处理，选用合适的试验动物，按照规定进行饲养。将实验动物长期处于最大耐受剂量 90 天经口毒性实验确定的剂量下进行观察，并且此剂量应使动物体重减轻不超过对比组的 10%。通过 18~24 个月的观察，获得中毒体征、死亡情况、肿瘤状态等指标。

（3）结果判定　凡符合下列情况之一，可认为致癌试验结果阳性；若存在剂量反应关系，则判断阳性更可靠：①肿瘤只发生在试验组动物，对照组中无肿瘤发生。②试验组与对照组动物均发生肿瘤，但试验组发生率高。③试验组动物中多发性肿瘤明显，对照组中无多发性肿瘤，或只是少数动物有多发性肿瘤。④试验组与对照组动物肿瘤发生率虽无明显差异，但试验组中发生时间较早。

毒性试验的选用原则

（五）进行食品安全性评价时需要考虑的因素

1. 试验指标的统计学意义、生物学意义和毒理学意义

对实验中某些指标的异常改变，应根据试验组与对照组指标是否有统计学差异、其有无剂量−反应关系、同类指标横向比较、两种性别的一致性及与本实验室的历史性对照值范围等，综合考虑指标差异有无生物学意义，并进一步判断是否具毒理学意义。此外，如在受试物组发现某种在对照组没有发生的肿瘤，即使与对照组比较无统计学意义，仍要给予关注。

2. 人的推荐（可能）摄入量较大的受试物

应考虑给予受试物量过大时，可能影响营养素摄入量及其生物利用率，从而导致某些毒理学表现，而非受试物的毒性作用所致。

3. 时间−毒性效应关系

对由受试物引起实验动物的毒性效应进行分析评价时，要考虑在同一剂量水平下毒性效应随时间的变化情况。

4. 特殊人群和易感人群

对孕妇、乳母或儿童食用的食品，应特别注意其胚胎毒性或生殖发育毒性、神经毒性和免疫毒性等指标。

5. 人群资料

由于存在着动物与人之间的物种差异，在评价食品的安全性时，应尽可能收集人群接触受试物后的反应资料，如职业性接触和意外事故接触等。在确保安全的条件下，可以考虑遵照有关规定进行人体试食试验，志愿受试者的毒物动力学或代谢资料在动物试验结果推论到人方面具有重要意义。

6. 动物毒性试验和体外试验资料

本章所列出的各项动物毒性试验和体外试验系统是目前管理（法规）毒理学评价水平下所得到的最重要的资料，也是进行安全性评价的主要依据，在试验得到阳性结果，而且结果的判定涉及受试物能否应用于食品时，需要考虑结果的重复性和剂量—反应关系。

7. 不确定系数

将动物毒性试验结果外推到人时，鉴于动物与人的物种和个体之间的生物学差异，不确定系数通常为100，但可根据受试物的原料来源、理化性质、毒性大小、代谢特点、蓄积性、接触的人群范围、食品中的使用量和人的可能摄入量、使用范围及功能等因素来综合考虑其安全系数的大小。

8. 毒物动力学试验的资料

毒物动力学试验是对化学物质进行毒理学评价的一个重要方面，因为不同化学物质、剂量大小，在毒物动力学或代谢方面的差别往往对毒性作用影响很大。在毒性试验中，原则上应尽量使用与人具有相同毒物动力学或代谢模式的动物种系来进行试验。研究受试物在实验动物和人体内吸收、分布、排泄和生物转化方面的差别，对于将动物试验结果外推到人以及降低风险的不确定性具有重要意义。

9. 综合评价

在进行综合评价时、应全面考虑受试物的理化性质、结构、毒性大小、代谢特点、蓄积性、接触的人群范围、食品中的使用量与使用范围、人的推荐（可能）摄入量等因素，对于已在食品中应用了相当长时间的物质，对接触人群进行流行病学调查具有重大意义，但往往难以获得剂量-反应关系方面的资料；对于新的受试物质则只能依靠动物试验和其他试验研究资料。然而，即使有了完整和详尽的动物试验资料和一部分人类接触的流行病学研究资料，由于人类的种族和个体差异，也很难做出能保证每个人都安全的评价，所谓绝对的食品安全实际上是不存在的。在受试物可能对人体健康造成的危害以及其可能的有益作用之间进行权衡，以食用安全为前提，安全性评价的依据不仅仅是安全性毒理学试验的结果，还与当时的科学水平、技术条件以及社会经济、文化因素有关。因此，随着时间的推移、社会经济的发展、科学技术的进步，已通过评价的受试物有必要进行重新评价。

第二节　食品安全风险分析

风险分析通常包括风险评估、风险管理和风险交流三个部分。在功能上，三者互相独立，但在组成上，三者相互补充，缺一不可，形成一个高度统一的整体。在典型的食品安全风险分析过程中，管理者和评估者需要几乎持续不断地以风险交流为特征的环境中进行互动交流。作为整个风险分析的核心和基础，风险评估是进行风险管理，制定、修订食品安全标准和食品安全实施监督管理的科学依据，其结果将会直接影响食品安全标准及其监管的质量。而风险管理则是根据风险评估在实际生产当中进行控制与分析的举措（图2-2）。

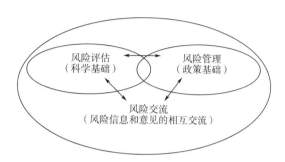

图2-2　风险交流、风险评估以及风险管理的关系

一、食品安全风险评估

食品安全风险评估是以分析评估食品和食品添加剂中生物性、化学性和物理性危害对人体健康和食品贸易可能造成的不良影响为主要内容的学科。食品安全风险评估是一种利用科学技术消息及其不确定性消息来预测或回答关于健康风险的具体问题的评估方法。食品安全风险评估可分为包括化学性风险评估和微生物风险评估，其评估目的及程序等也存在差异。

化学性风险评估和
微生物风险
评估的比较

（一）食品安全风险评估的程序

食品安全风险评估包括危害识别、危害特征描述、暴露评估和风险特征描述。

1. 危害识别

危害识别是确定一种因素能引起人体或（亚）人群发生不良作用的类型和属性的过程，其主要内容是根据现有毒性和毒作用模式研究数据，在证据权重的基础上对不良健康效应进行评价。危害识别主要解决两个问题，其一是识别任何可能引起人体健康危害的因素特征，其二是明确可能出现危害的条件。危害识别应基于对多方面数据的分析，这些数据大多来源于人群流行病学调查及意外事故调查、动物试验和体外试验研究、化学物的构效关系分析等。危害识别的主要内容包括：识别危害因子的性质，并确定其所带来的危害的性质和种类等；确定这种危害对人体的影响结果；检查对于所关注的危害因子的检验和测试程序是否适合、有效；确定什么是显著危害。

危害识别是基于对多种来源的研究数据的综合分析，可用于危害识别的数据资料按所提供的证据强度从高到低，依次包括人群流行病学研究、动物试验研究、体外试验研究、结构-活性关系研究等。

2. 危害特征描述

危害特征描述是对一种因素引起的不良作用进行定性或定量描述，一般应包括剂量-反应评估及其伴随的不确定性评估。通过剂量-反应试验的结果，危害特征描述通常可得出化学物的健康指导值，例如添加剂和残留物的每日容许摄入量和污染物的每日可耐受摄入量等。在危害特征描述过程中，可采用动物试验、体外试验，或人群流行病学数据资料来进行剂量-反应关系评估，并且运用数学模型拟合剂量-反应关系曲线。危害特征描述的核心内容是获得安全剂量的起始点（或参考点），如未观察到有害作用剂量、基准剂量下限值等参数。

3. 暴露评估

暴露评估是对特定（亚）人群暴露于某因素物质及其衍生物的实际情况进行的评价。通常情况下，暴露评估可得出一系列（如针对一般消费者和高端消费者）暴露量的估计值，也可以根据不同人群（如婴儿、儿童、成人、老年人等）进行分组评估。

开展暴露评估主要考虑的因素包括：污染的频率和程度；有害物质的作用机制；有害物质在特定食品中的分布情况。对于食品中的化学物，膳食暴露评估时要考虑该化学物在膳食中是否存在、存在的浓度、含有该化学物的食物的消费模式、大量食用问题食物的高消费人群以及食物中含有高浓度该物质的可能性等多方面的因素。另外，上述所讲的有害化学物在食品加工或储藏等过程中只发生很小的变化，可以不考虑其动态变化。然而，对于食品中的有害微生物，由于它们是活体，在时间变化里会产生十分明显的升高或降低。因此，除了上面考虑的因素外，还需要考虑食品中微生物的生态、微生物生长需求、食品微生物的初始污染量、动物性食品病原菌感染的流行状况、生产、加工、储藏、配送和最终消费者的使用等对微生物的影响、加工过程的变化和加工控制水平、卫生水平、屠宰操作、动物之间的传播率、污染和再污染的潜在性、食品包装、配送及储藏方法等因素。

4. 风险特征描述

风险特征描述旨在阐明某种因素对特定（亚）人群在确定的暴露情况下产生的已知或潜在不良健康影响的可能性及其相关的不确定性进行定性，并尽可能进行定量描述。风险特征描述能给出不同暴露情形下可能发生的人类健康风险的估计值，包括所有的关键假设以及描述任何健康风险的特征、相关性和程度。

风险特征描述主要是显示风险评估的结果，即通过对前述危害识别、危害特征描述和暴露评估三个环节进行综合分析、判定、估算获得评估对象对接触评估终点中引起的风险概率为基础，最后以明确的结论、标准的文件形式和可被风险管理者理解的方式表述出来，最终为风险管理部门和政府的食品安全管理提供科学的决策依据。

（二）食品安全风险评估实例

基于食品安全风险评估相关知识，本节简要介绍国家食品安全风险评估专家委员会发布的《中国居民反式脂肪酸膳食摄入水平及其风险评估》，请查看该风险评估报告全文。

《中国居民反式脂肪酸膳食摄入水平及其风险评估》（摘要）

二、食品安全风险管理

风险管理是在风险评估的基础上，选择和实施适当的管理措施，尽可能有效控制食品风险，从而保障公众健康，保证我国进出口食品贸易在公平的竞争环境下顺利进行。风险管理的原则是在进行风险管理时要考虑到风险评估以及保护消费者健康和促进公平贸易行为等其他相关因素，如果有必要，还应选择适当的防御和控制措施。

所有可能被风险管理决策影响的利益攸关者都有权利参与风险管理过程。这些利益攸关者包括消费者组织、食品工业和贸易代表、教育及研究单位、法规管理者等。他们参与咨询过程有多种形式，如参加公众会议、对公众文件提出参考意见等。利益攸关者可以在风险管理政策形成过程的任何一个阶段介入进行风险管理。

（一）食品安全风险管理的程序

风险管理可分为风险评价、风险管理策略、风险管理措施实施和监督与评议4个部分。

1. 风险评价

风险评价的主要任务是对风险进行评价，是风险管理的先期预备工作，其结果直接影响风险管理策略的质量和风险管理措施实施的效果。风险评价包括以下步骤：确认食品安全问题、描述风险概况、就风险评估和风险管理的优先性对危害进行排序、为进行风险评估制定风险评估政策、决策进行风险评估、风险评估结果的审议等内容。

2. 风险管理策略

风险管理策略的主要任务包括针对风险评估的结果评估可采用风险管理的措施、选择最佳的风险管理措施以及形成管理决定等。其程序包括确定现有的管理选项、选择最佳的管理选项（包括考虑一个合适的安全标准），以及最终的管理决定。

3. 风险管理措施实施

风险管理措施实施是食品安全风险管理者将风险管理策略所确定的最近风险管理措施付诸实施。风险管理的措施主要包括制定最高限量、制定食品标签准则、实施公众教育计划、通过使用替代品或改善农业或生产规模以减少某些化学物质的使用等。

4. 监督与评议

监督与评议是指邀请各利益相关方、学者和管理者经常性地对风险评价和风险管理过程及其所作出的决定进行监督和评议，即对实施措施的有效性进行评估以及在必要时对风险管理和/或评估进行审查。监督与评议主要包括两个步骤：评价决策的有效性以及风险管理和风险评价审查。为了有效管理风险，风险评价过程的结果应该与现有风险管理选择的评价相结合。为实现这一点，保护人类健康应该成为风险管理的主要目标，而经济成本、利润、技术可行性、预期风险等也都应恰当予以考虑，可以进行费用-效益分析。执行管理决定后，应当对控制措施的有效性进行监督，同时也要监督风险对消费者暴露人群的影响。

（二）食品工业中常见的风险管理方法

1. 危害分析和关键控制点体系

危害分析和关键控制点（hazard analysis critical control point，HACCP）体系是目前用于控制食品安全的一种经济、高效的系统，由最初的微生物安全监控扩展到了对化学和物理危险的安全控制。HACCP体系的最大优势是通过对潜在危险进行预防控制，取代基于最终产品的检测，成为国际上公认的食品安全管理系统。

2. 良好生产规范

良好生产规范（good manufacturing practice，GMP）是以保证产品质量安全为目的，制定的一系列技术要求、措施和方法。该系统具有严密的检验与质量监控，能够对食品生产过程中的各种问题进行正确的辨识与处理，及时发现生产过程中存在的问题并加以改善。

3. 卫生标准操作程序

卫生标准操作程序（sanitation standard operating procedures, SSOP）是为保证食品安全对食品的加工和卫生环境而采取的特定操作规范。SSOP着重于防止人员、环境、生产车间和与食物有联系的设备和器具可能危害因子的产生。例如在乳制品加工过程中，与乳制品接触表面的清洁、卫生与安全、交叉污染的防控、操作人员的消毒以及卫生间的设施维护等都需要卫生标准操作程序的支持。

三、食品安全风险交流

风险交流是在风险分析全过程中，风险评估人员、风险管理人员、消费者、企业、学术界和其他利益相关方就某项风险、风险所涉及的因素和风险认知相互交换信息和意见的过程。

（一）食品安全风险交流的作用

1. 有利于科学理解风险信息

风险交流的首要作用是帮助公众科学理解风险信息。消费者容易误解一些专业信息，易出现过度反应或者其他非理性态度和行为。风险交流就是用通俗的语言解释专业问题，让公众科学地了解食品安全风险信息，弥补认知差异，架构起科学家、管理者、媒体和公众之间的桥梁。

2. 有利于食品安全风险管理措施的制定与施行

有效的风险交流有利于食品安全风险管理措施的制定与施行。一方面，当管理者拿到评估结论时能通过各利益相关方及时交换信息和意见，来提高风险管理水平及决策的可行性、合理性。另一方面，有效的风险交流可使生产经营者、消费者和其他利益相关方充分了解决策的依据及管理措施的意义，有利于这些措施的顺利施行。

3. 有利于提高政府的公信力

各食品安全监管部门间的风险交流有利于提高政府的公信力。政府之于民众，是传达权威信息的窗口。如果在处理食品安全事件的时候发生因信息不对称而导致的发布信息错误或者产生立场冲突，都会大大降低相关部门的公信力，影响政府形象，从而导致民众对有关部门的不满。有效的风险交流就可以很好地规避这一点，如果各部门间在信息发布上能做好沟通交流，就能使政府立场明确、口径一致，就可以大大增强公众的认同感和信任。

4. 对食品产业、行业和食品贸易的健康发展具有重要意义

风险交流缺位会带来巨大负面影响。例如三聚氰胺事件之后，我国乳品行业受到重创。一方面，国外乳制品企业大量涌入国内市场，挤压国内乳制品企业份额，使国内乳品企业元气大伤；另一方面，消费者对国内乳品失去信心。因此，有效的风险交流能够有效阻止恶性循环，促进食品产业和食品贸易的健康发展。

5. 对重建消费信心具有关键作用

当前食品安全舆情现状很大程度上是因为公众对食品安全和监管部门失去信心和缺乏信任。风险交流作为监管部门和消费者之间的桥梁，能起到重建信心、重塑形象的作用。只有通过长期信息公开透明信息，且持之以恒肩负责任感和使命感，才能更好重建消费者对食品

行业的信任度和改善舆论环境。

6. 新时期机构管理方式的必然选择

新时期行政管理要求不仅要做好本职工作，更要获得群众的拥护和舆论的支持。通过风险交流，能够真正使有关食品安全监管部门和群众更加互相信任。

（二）食品安全风险交流的原则

1. 公开性原则

食品安全管理过程或风险分析过程要有一定信息公开，便于产业链上的利益相关者信息对称。

2. 透明性原则

信息的透明能加强团队凝聚力，且提高食品安全管理体系的认同感。消费者对食品的信心主要来源于对食品控制运作和行动的有效性和整体性运作的能力之上。通过信息的透明，也可获得利益相关者对食品的积极评价和建议，同时相关监管部门也可以通过反馈意见对决策进行充分解释。

3. 及时性原则

食品安全事件有时具有突发性、涉及的消费者范围广泛、媒体关注度高等特点。及时公布信息，进行风险交流能够大大降低事件的风险，降低消费者的恐慌和焦虑情绪，让消费者或涉事人员尽早知晓应采取的措施和应有的行动。

4. 应对性原则

食品安全风险交流常常针对突发性食品安全事件、公共安全政策制定或舆论担忧等。风险交流不仅需要就食品安全事件进行事件原因说明、决策依据解释及舆论背景或事实介绍，还必须考虑涉事人群的范围以及公众的接受能力或水平，据此给出相应的应对措施和指导。

【本章小节】

（1）食品毒理学安全性评价是通过毒理学实验和对人群的观察，阐明食品中的某种物质的毒性及潜在的危害，对该物质能否投入市场做出安全性方面的评估或提出人类安全的接触条件，即将对人类食用这种物质的安全性做出评价的研究过程。我国食品安全性毒理学评价主要参照《食品安全国家标准　食品安全性毒理学评价程序》（GB 15931.1—2014）。

（2）食品安全风险评估是指对食品、食品添加剂中生物性和化学性对人体可能造成的不良影响所进行的科学评估，包括危害识别、危害特征描述、暴露评估和风险特征描述。

（3）风险管理是在风险评估的基础上，选择和实施适当的管理措施，尽可能有效地控制食品风险，从而保障公众健康。

（4）风险交流是指在风险分析全过程中，风险评估者、风险管理者、消费者、产业界、学术界和其他利益相关方对风险、风险相关因素和风险感知的信息和看法，包括对风险评估结果解释和风险管理决策依据进行的互动式沟通。

【思考题】

（1）简述食品毒理学、毒物、毒性的概念。

（2）表示毒性的指标有哪些？都如何进行定义？

（3）我国食品安全毒理学评价程序包括哪些试验？

（4）简述食品安全风险评估、风险交流和风险管理的定义和关系。

（5）简述食品安全风险评估的实施程序。

参考文献

［1］国家卫生和计划生育委员会．GB 15193.3—2014 食品安全国家标准　急性经口毒性试验［S］．北京：中国标准出版社，2014.

［2］李建科．食品毒理学［M］．北京：中国计量出版社，2007.

［3］白晨，黄玥等．食品安全与卫生学［M］．北京：中国轻工业出版社，2014.

［4］中国大百科全书总委员会《环境科学》委员会．中国大百科全书，环境科学［M］．北京：中国大百科全书出版社，2002.

［5］马娇豪，周志强，郑其良，等．我国食品安全风险评估现状分析［J］．饮料工业，2021，24（3）：71-74.

［6］梁积深．我国食品安全风险评估制度实践探究［J］．现代食品，2019，（21）：142-144.

［7］张立实，李晓蒙，吴永宁．我国食品安全风险评估及相关研究进展［J］．现代预防医学，2020，47（20）：3649-3652.

［8］蒋琦，王萍，陈子慧．食品安全风险评估-暴露评估［J］．华南预防医学，2013，39（4）：91-93.

［9］东莎莎，宋烨，丛晓飞，等．HACCP 管理体系在桑葚石榴果汁生产中的应用［J］．中国果菜，2022，42（10）：5-10.

［10］徐学福，徐学梅，杨军．乳制品加工 SSOP 的要求与执行［J］．中国畜禽种业，2016，12（3）：28.

［11］FAO/WHO．食品安全风险分析-国家食品安全管理机构应用指南［M］．樊永祥，陈君石，译．北京：人民卫生出版社，2008：50.

［12］钟凯，韩蕃璠，姚魁，等．中国食品安全风险交流的现状、问题、挑战与对策［J］．中国食品卫生杂志，2012，24（6）：578-586.

［13］魏益民，魏帅，郭波莉，等．食品安全风险交流的主要观点和方法［J］．中国食品学报，2014，14（12）：1-5.

思政小课堂

第三章　生物性污染与食品安全

由有害微生物及产生的毒素、寄生虫、虫卵和昆虫等引起的食品污染称为生物性污染。生物性污染不但引起食品腐败变质，还引发食源性疾病，严重危害人类健康。本章重点介绍由细菌、真菌毒素和病毒引起的食物中毒，简要介绍寄生虫和虫鼠害引发的食品安全问题。

本章课件

【学习目标】

(1) 了解食品中主要生物危害因子的生物学特性、污染来源、引起食物中毒的原因和症状。

(2) 掌握细菌、真菌毒素和病毒对食品安全的影响。

(3) 掌握主要微生物引发的食源性疾病的预防及控制措施。

第一节　细菌与食品安全

细菌是评价食品安全的重要指标，也是食品中最常见的有害因素之一。摄入污染致病性细菌及其毒素的食品可引起细菌性食物中毒。

一、细菌污染途径

(一) 食品原料的污染

动物本身带有的微生物会导致食品的污染。如畜禽消化道、上呼吸道和体表存在大量微生物；当受到沙门氏菌、布氏杆菌、炭疽杆菌等病原微生物感染时，畜禽某些器官和组织内就会存在病原微生物，其所产的卵中也含有相应的病原菌。植物体表存在大量微生物，其表面还会附着来自人畜粪便的肠道微生物及病原菌。有研究人员从番茄组织中分离出酵母菌和假单胞菌，可能是果蔬开花期侵入并生存于果实内部的。染病后的植物组织内部会存在大量的病原微生物。

(二) 自然环境的污染

来自环境中的食品原料在生长过程中可能受到来自空气、水、土壤等环境中微生物的污染，因此在采收时表面往往附着许多细菌，尤其是表面有破损时，破损处常有大量细菌聚集。

(三) 食品加工设备及包装材料的污染

各种加工机械设备本身没有微生物所需的营养物质，但在食品加工过程中，由于食品的汁液或颗粒黏附于内表面，食品生产结束时机械设备未得到彻底的灭菌，使原本少量的微生物得以在表面大量生长繁殖，在后续使用中会通过与食品接触而造成食品微生物污染。

（四）人和动物接触污染

如果食品生产人员的身体、衣帽不经常清洗，就会附着大量的微生物，通过皮肤、毛发、衣帽与食品接触而造成污染。在食品加工、运输、贮藏及销售过程中，如果直接或间接接触鼠、蝇、蟑螂等，也会造成食品微生物污染。

（五）食品烹调加工过程中的污染

在食品烹调过程中，生熟交叉污染、食品未烧熟煮透、经长时间存储的食品食用前未彻底再加热等不良操作，都有可能使食品中已存在或污染的微生物大量生长繁殖。

二、食品中常见致病菌

（一）大肠埃希菌

大肠埃希菌（*Escherichia coli*）又称大肠杆菌，是人类和动物肠道中的正常菌群。大多数大肠杆菌不具致病性，而少数特殊类型的大肠杆菌具有较强的致病性，可引发人体腹泻等病症，其传播途径以食源传播为主。

1. 生物学特性及污染来源

大肠杆菌为革兰氏阴性、两端钝圆的短杆菌，需氧或兼性厌氧，最适生长温度为37℃，最适 pH 为 7.2～7.4；在自然界生存能力较强，在室温下可存活数周，在土壤和水中可存活数月。主要寄居于人和动物肠道中，随粪便污染水源、土壤等，进而污染食品。主要污染生禽畜肉、熟肉制品、乳与乳制品、水产品、蔬菜水果等，感染高峰出现在夏季。

2. 中毒原因及症状

致病性大肠杆菌引起食物中毒一般与人体摄入的活菌量有关，大多数菌株只有食品中菌数达 10^7 CFU/g 以上，才可使人致病。大肠杆菌 O157：H7 是致泻大肠杆菌中的典型代表菌株，其感染剂量低，且具有很强的致病性，主要表现为剧烈腹痛、严重腹泻或出血性腹泻，甚至可能导致死亡。

不同种类致泻
大肠埃希氏菌中毒

3. 预防控制措施

加强对养殖企业的监督管理和畜禽宰前宰后的卫生检验；保持环境及器皿清洁，防止肉类食品在储藏、运输、加工、烹调或销售等环节受到污染；生熟食要分开贮藏，加工后的熟肉尽快食用或低温存储；应充分加热，彻底杀灭食品中的大肠杆菌；加工后的熟制品长时间放置后应再次加热后才能食用。

（二）金黄色葡萄球菌

金黄色葡萄球菌（*Staphylococcus aureus*）为葡萄球菌属细菌，是引起食源性疾病的主要致病菌。据统计，我国有 20%～25% 的细菌性食物中毒事件由金黄色葡萄球菌引起。A 型肠毒素是引起金黄色葡萄球菌食物中毒最主要的肠毒素类型，约占食物中毒事件的 70%。

1. 生物学特性及污染来源

金黄色葡萄球菌是一种典型的兼性厌氧革兰氏阳性菌，能在较宽的温度范围（7.0～48.5℃），pH 值范围（4.2～9.3）或高渗透压条件中存活。其产生的肠毒素抗热力很强，100℃加热 30min 仍保持活力。广泛存在于鼻孔、咽喉、头发、皮肤（手指）和食品加工人员创伤感染部位等，也常出现于动物的皮肤和毛皮，可通过屠宰时的交叉污染而污染食品。金黄色葡萄球菌食物中毒多发于春夏季，主要涉及牛奶及肉蛋制品、剩饭、凉菜和糕点等。

2. 中毒原因及症状

金黄色葡萄球菌肠毒素在进入消化系统后被吸收进入血液，通过刺激中枢神经系统可引起剧烈的中毒反应，表现为恶心、呕吐、头晕、腹泻、发冷等。儿童对肠毒素比成人敏感，因此儿童发病率较高，病情也比成人严重。金黄色葡萄球菌肠毒素引起的食物中毒病程较短，且愈后良好，一般不导致死亡。

3. 预防控制措施

防止带菌人群对食品的污染和金黄色葡萄球菌对食品原料的污染；食物应冷藏或置阴凉通风的地方；食用前要彻底加热消毒；奶油糕点及其他奶制品要低温保藏，存放在冰箱里的食物要及时食用。

（三）沙门氏菌

沙门氏菌属（*Salmonella*）是肠杆菌科中一类常见的人兽共患病原菌，已被列为食品中致病菌检测的一个重要对象和指标。在我国，沙门氏菌引起的病例数占细菌性食物中毒的首位。沙门氏菌共有2600多种血清型，较流行的血清型有140多种，鼠伤寒沙门氏菌和肠炎沙门氏菌是导致世界范围内80%以上人类感染沙门氏菌的两大血清型。

1. 生物学特性及污染来源

沙门氏菌是革兰氏阴性菌，无荚膜，无芽孢，兼性厌氧，对营养的要求以及生长环境的要求比较低，最适宜生长的温度为35~37℃，最适宜生长的pH值是6.8~7.8；对热敏感，75℃加热5min即可被杀死；耐低温，在-25℃的低温环境中仍可存活数月。主要污染动物源食品，如蛋类、禽肉、猪肉、牛肉制品、乳制品等。

2. 中毒原因及症状

发病高峰集中于7~11月，因天气炎热，食物易变质，且在高温环境下人们进食生冷食品的机会多，胃肠道屏障功能会稍微减弱，导致中毒发生率高。沙门氏菌感染的主要症状为腹泻、恶心、腹痛、食欲不振、脱水、呕吐等，健康成人往往在症状持续1~7天后自行痊愈，一般不会引发死亡。

3. 预防控制措施

加强食品安全监督管理，控制传染源，如控制感染沙门氏菌的病畜肉类流入市场；加强食品采购、运输、销售、加工等环节的卫生管理，生熟分开以防交叉感染；工作人员应定期体检，发现带菌者，不能从事烹饪和其他食品加工工作。

（四）单核细胞增生李斯特菌

单核细胞增生李斯特菌（*Listeria monocytogenes*）简称单增李斯特菌，对于孕妇、婴幼儿及免疫力低下人群具有较高的致病性，是危害公众健康的主要食源性致病菌。

1. 生物学特性及污染来源

单增李斯特菌是兼性厌氧革兰氏阳性短杆菌，无荚膜；在0~45℃下均可生长，最佳生长温度范围是30~37℃；在中性至弱碱性pH范围内生长良好，最适pH为7.0~7.2；具有很强的抗干燥能力和一定的耐热性，常规巴氏消毒不能将其完全杀灭；在低温环境下也能生长，是冷藏食品的主要致病菌。广泛存在于自然界中，动物易食入该菌并通过粪口途径传播给人类。该菌可通过眼及破损皮肤、黏膜进入体内造成感染。其主要涉及即食食品、牛奶及奶制品、肉类熟食、蔬菜、沙拉及海鲜产品等。

2. 中毒原因及症状

绝大多数的单增李斯特菌病例是由于食用了被单增李斯特菌污染的食品所致。单增李斯特菌病有非侵入性和侵入性两种临床表现，前者表现为较轻的中毒症状，如发烧、头痛和腹泻；而后者主要包括脑膜炎、脑炎、败血症及围产期感染，可诱发早产、流产，甚至死胎。

3. 预防控制措施

食品加工企业应严把质量关，减少单增李斯特菌对加工设备和成品的污染；动物性食品要彻底加热，蔬菜食用前要彻底清洗；加工生食品后，要及时清洗手、刀和砧板；凉拌菜及盐腌食品要注意保藏方式，不能放置过久。

（五）副溶血弧菌

副溶血弧菌（*Vibrio parahaemolyticus*）属于弧菌属，在水生环境中普遍存在，是污染水产品的重要食源性病原菌。

1. 生物学特性及污染来源

副溶血弧菌是革兰氏阴性菌，兼性厌氧，无芽孢，嗜盐，适宜 pH 范围为 5~10，最适 pH 为 7.2~8.2；适宜生长温度范围较广，在 30~37℃生长速度最快。副溶血性弧菌广泛存在于水生环境中并污染海产品。人类感染副溶血弧菌的主要途径是食用生的或加工彻底而又重新被污染有副溶血弧菌的水产品而致病，如蛤蜊、牡蛎、贻贝等（表 3-1）。

表 3-1　副溶血弧菌在常见海产品中的检出率

海产品种类	检出率（%）
牡蛎	48.8~100
贻贝	34~68.1
蛤蜊	63.9~100
鸟蛤	7.5~62
扇贝	55~60
虾	7.1~57.8
螃蟹	20
鱼	2.9~45.1

2. 中毒原因及症状

副溶血弧菌产生致病性与其产生的溶血毒素有密切联系。感染潜伏期一般为 4~96h，症状主要是急性痢疾和腹痛，伴有腹泻、恶心、呕吐、发烧和水样便等；一些严重感染的患者会变得无意识，表现出反复惊厥，甚至导致死亡。

3. 预防控制措施

加强海产品卫生管理，严格按照规定对其进行清洗、盐渍、冷藏和运输；海产品应充分煮熟后食用，忌生食或食用烹饪不彻底的海产品；处理和加工海产品时应注意生熟分开，避免交叉感染；加工海产品的案板、刀具等器具必须严格清洗、消毒。

（六）肉毒梭菌

肉毒梭菌（*Clostridium botulinum*）产生的外毒素肉毒毒素可引发食物中毒，即肉毒中毒。肉毒中毒在世界各地时有发生，也是我国常见的食物中毒之一。

1. 生物学特性及污染来源

肉毒梭菌是革兰氏阳性厌氧菌，有鞭毛、无荚膜、可形成芽孢；适宜生长和产生毒素温度为 25~35℃，最适 pH 为 6.0~8.2，其芽孢的耐热力很强。肉毒梭菌及其芽孢在自然界中广泛存在，包括土壤、湖泊和哺乳动物的肠道以及家庭固体废物等。肉毒中毒一年四季均可发生，引起肉毒中毒的食品包括水产品、肉、奶类制品、蔬菜、水果罐头等。

2. 中毒原因及症状

食源性肉毒中毒主要由污染肉毒毒素的食物引起，是单纯性毒素中毒而非细菌感染；发病潜伏期一般为 12~36h，长者可达 8~10 天。临床主要表现为神经末梢麻痹，如腹部痉挛、恶心、呕吐、腹泻、头痛、眩晕、全身疲乏等；如治疗不及时，则很快会因呼吸衰竭、心力衰竭或继发肺炎而死亡。

3. 预防控制措施

禁止食用腐败的食物；如发现罐头鼓起或变质的，绝对不能食用，应煮沸后丢弃；腌制肉制品及家庭自制瓶装食物要煮沸 10min 后食用。

（七）志贺氏菌

志贺氏菌（*Shigella*）是一种常见的人类致病菌，可引起腹泻、细菌性痢疾等疾病。志贺氏菌在世界范围内流行，具有很强的感染力和致病力。

1. 生物学特性及污染来源

志贺氏菌为革兰阴性杆菌，无荚膜、无鞭毛、有菌毛；最适 pH 为 6.8~7.8，生长最适温度为 37℃。志贺氏菌主要存在于被感染患者或志贺氏菌携带者的排泄物中，其生存能力特别强，在食物中存活期为 15 天左右。志贺氏菌主要污染奶制品、果蔬和肉制品等食物，多发生于夏秋两季。

2. 中毒原因及症状

除痢疾志贺氏菌外，其他志贺氏菌均产内毒素。内毒素能够损伤肠道，减弱肠道对营养物质及无机离子的吸收，引起腹痛、腹泻、脱水、发烧等症状，还会侵袭人体组织及器官，如心血管和中枢神经系统，严重时甚至会导致中毒性休克。

3. 预防控制措施

对乳类、蛋类食品应加强卫生检验和管理；保持食品生产和加工环境干净卫生；动物性食品要做到煮熟、煮透并注意防止生熟交叉污染，与动物或动物制品接触后要及时洗手。

（八）蜡样芽孢杆菌

蜡样芽孢杆菌（*Bacillus cereus*）是引发食源性肠道类疾病的主要病原微生物，能产生多种毒素。

1. 生物学特性及污染来源

蜡样芽孢杆菌属于革兰氏阳性杆菌，兼性厌氧，在 15~50℃ 均能生长繁殖。营养体在 100℃加热 20min 可被杀死，其芽孢抗逆性强，一般在 100℃蒸汽加热 30min 才能被杀灭。蜡样芽孢杆菌芽孢能够在烹饪和干燥等加工处理后存活，从而引起食物中毒。蜡样芽孢杆菌主要污染米饭、乳制品、肉制品、水产品及蔬菜等。

2. 中毒原因及症状

致吐毒素是蜡样芽孢杆菌分泌的主要毒素，临床症状为呕吐、腹痛、腹泻，个别伴随头晕、乏力、食欲不振，严重可导致急性肝脏衰竭、肝性脑病并致死；症状一般在摄入致吐毒素污染的食物后 0.5~6h 内出现，持续 24h 后可自愈，中毒多发于夏秋季。

3. 预防控制措施

剩饭及其他熟食品只能在 10℃ 以下短时间储存，在食用前须彻底加热，一般应在 100℃ 加热 20min；食品企业必须严格执行食品卫生操作规范，保证个人卫生。

（九）其他细菌

1. 椰毒假单胞菌酵米面亚种

椰毒假单胞菌酵米面亚种（*Pseudomonas cocovenenans* subsp. *farinofermen-tans*）是唐菖蒲伯克霍尔德氏菌（*B. gladioli*）的一个病原型，是一种高致死性食源性致病菌。

"酸汤子"
食物中毒事件

（1）生物学特性　椰毒假单胞菌酵米面亚种为革兰氏阴性菌，需氧，能够在 28~30℃，pH 5.0~7.0 的条件下生长，可产生色素，无芽孢、有鞭毛；产生的米酵菌酸（bongkrekic acid）和毒黄素（toxoflavin）是导致食物中毒的重要因子。

（2）污染来源　易造成椰毒假单胞菌食物中毒的食品主要包括酸汤子、臭碴子、吊浆粑、汤圆、河粉等谷物发酵类食品及黑木耳、银耳等菌类。

（3）中毒症状　初期表现为胃区不适、恶心、呕吐、头痛、头晕、全身无力和心悸等症状，后期表现为肝、肾、脑、心等实质脏器受损症状。重型中毒患者常表现为多种脏器同时出现明显损伤，出现昏迷、抽搐、休克等症状。

2. 霍乱弧菌

霍乱弧菌（*Vibrio cholera*）是人类霍乱的病原体。霍乱是因摄入受到霍乱弧菌污染的食物或饮用水而引起的一种急性腹泻性传染病，其病原菌主要是 O1 群和 O139 群霍乱弧菌。

（1）生物学特性　革兰氏阴性菌，无芽孢、无荚膜；需氧菌，最适生长温度 37℃；耐碱不耐酸，最适 pH 为 7.6~8.2。

（2）污染来源　霍乱弧菌通常在河口水体环境中滋生繁殖，主要通过水源和污染的鱼、虾、甲鱼等引起食源性暴发流行。

（3）中毒症状　主要表现为剧烈的呕吐，泻出物呈"米泔水样"并含大量弧菌，能在数小时内造成腹泻、脱水甚至死亡。

三、食品腐败变质及其控制

据统计，全球因食品腐败造成的浪费约占总产量的三分之一。食品腐败变质不仅降低了食品的营养价值和卫生质量，还会危及消费者的身体健康和生命安全。

（一）食品腐败变质的原因及影响因素

食品被微生物污染后，是否会引起腐败变质，与微生物的种类和数量、食品本身的组成和理化性质、食品所在的环境条件等密切相关。

1. 微生物的种类

（1）分解蛋白质的微生物　细菌都有分解蛋白质的能力，其中芽孢杆菌属、假单胞菌属、变形杆菌属等分解蛋白质能力较强。青霉属、毛霉属、曲霉属等也具有分解蛋白质的能力。

（2）分解糖类的微生物　细菌中能强烈分解淀粉的不多，主要是芽孢杆菌属和梭状芽孢杆菌属的某些种，如枯草芽孢杆菌、巨大芽孢杆菌、蜡样芽孢杆菌等。多数霉菌都有分解简单糖类的能力；能够分解纤维素的霉菌主要有青霉属、曲霉属、木霉属等。

（3）分解脂肪的微生物　细菌中的假单胞菌属、无色杆菌属、黄色杆菌属、产碱杆菌属和芽孢杆菌属都能分解脂肪。能分解脂肪的霉菌主要包括曲霉属、白地霉、代氏根霉、娄地青霉等。酵母菌分解脂肪的菌种不多，主要是解脂假丝酵母。

2. 食品的基质特性

（1）营养成分　肉、鱼等富含蛋白质的食品，容易受到对蛋白质分解能力很强的变形杆菌、青霉等微生物的污染而发生腐败；米饭等糖类物质含量较高的食品，易受到曲霉属、根霉属、乳酸菌、啤酒酵母等的污染而发生腐败；脂肪含量较高的食品，易受到黄曲霉和假单胞杆菌等的污染而发生酸败变质。

（2）水分活度　不同类群微生物生长繁殖的最低水分活度范围如下：细菌为0.99~0.91，霉菌为0.94~0.80，嗜盐细菌为0.75，嗜旱霉菌和耐高渗透压酵母为0.65~0.60。在水分活度低于0.60时，绝大多数微生物就无法生长。水分活度降至0.91以下就可以抑制一般细菌的生长。水分活度在0.90以下时，食物的腐败主要由酵母菌和霉菌引起。

（3）渗透压　一般来说，微生物在低渗透压食品中易生长，在高渗透压食品中，微生物则因脱水而死亡。多数霉菌和少数酵母菌可耐受较高的渗透压，所以在高渗透压情况下引起食品腐败变质的微生物主要是霉菌、酵母菌和少数细菌，这部分细菌多为嗜盐细菌或耐糖细菌。食品工业中利用高浓度的盐或糖保存食品，糖的浓度通常在50%~70%，盐的浓度为5%~15%。

3. 环境条件的影响

（1）温度　每一种微生物都有其适宜的温度范围，在此范围内，温度越高，微生物代谢活动与生长繁殖越快，食品越容易发生腐败变质，反之则微生物生长发育迟缓。绝大多数微生物都是中温型的微生物，最适生长温度为20~40℃，最低生长温度10~20℃，最高生长温度40~45℃，导致食品腐败变质的微生物大多属于这一类群。

（2）氧气　一般绝大多数微生物都是好氧菌或兼性厌氧菌。有氧条件能够促进多种微生物的生长，容易引起食品腐败变质。多数兼性厌氧微生物在食品中的繁殖速度在有氧时也比缺氧时快得多。厌氧微生物种类较少，常见的厌氧菌主要有导致罐头发生腐败的肉毒梭状芽孢杆菌、嗜热梭状芽孢杆菌等。

（3）湿度　空气湿度对放线菌、霉菌等微生物的代谢活动有明显的影响。基质含水量不高和空气干燥不利于甚至可抑制真菌的代谢活动，空气湿度较大则有利于大多数微生物的生长。细菌在空气中的生存和传播也需要较大的湿度，环境干燥可使细胞失水而造成代谢停止乃至死亡，因此可采用干燥方法保存食品。

（二）食品腐败变质的鉴定

1. 感官检验

感官检验作为鉴定食品腐败变质的辅助手段，在食品腐败变质中后期已有明显腐败特征时得出的结论才较为准确、直观和便捷，其主要是利用人的感官功能进行主观鉴定，通过观察食品色泽变化，鼻闻食品是否有酸、臭等异味，触摸食品判断其是否变软、变硬或变黏，品尝食品味道是否正常来判断食品的腐败程度。感官检验具有很强的主观性，不适用于食品腐败的早期鉴定。

2. 化学鉴定

微生物的代谢可引起食品化学组成的变化，并产生多种腐败性产物，可作为判断食品质量的依据。一般氨基酸、蛋白质类含氮高的食品，如鱼、虾、贝类及肉类在需氧条件下腐败时，常以挥发性盐基氮含量作为评定的化学指标；对于含氮量少而含碳水化合物丰富的食品，在缺氧条件下腐败则经常以有机酸或 pH 作为指标。

（1）挥发性盐基氮 挥发性盐基氮是指动物性食品由于酶和细菌的作用，在腐败过程中，使蛋白质分解而产生氨以及胺类等碱性含氮物质。例如，一般在低温有氧条件下，鱼类挥发性盐基氮的量达到 30mg/100g 时，即认为是变质的标志。

（2）三甲胺 三甲胺是挥发性盐基总氮中的主要胺类，它是季胺类含氮物经微生物还原产生的。新鲜水产品（如鱼、虾等）和肉中没有三甲胺，初期腐败其含量可达 4~6mg/100g。

（3）组胺 鱼贝类可通过细菌分泌的组氨酸脱羧酶使组氨酸脱羧生成组胺而发生腐败变质。当鱼中组胺含量达到 4mg/100g 以上时，极易引发食物中毒。

（4）K 值 主要适用于鉴定鱼类早期腐败，能反映鱼体死后 ATP 降解反应进行的程度。若 K 值 ≤20%，说明鱼体绝对新鲜；K 值 ≥40% 时，鱼体开始有腐败迹象。

（5）pH 值 一般腐败开始时食品的 pH 略微降低，随后上升，因此多呈现"V"字形变动。例如牲畜和一些青皮红肉的鱼在死亡之后，肌肉中因碳水化合物被分解，造成乳酸和磷酸在肌肉中积累，引起 pH 下降；其后因腐败微生物繁殖，肌肉被分解，造成氨积累，促使 pH 上升。借助于 pH 计测定则可评价食品变质的程度。

3. 物理鉴定

物理鉴定主要是测定食品浸出物量、浸出液电导度、折光率、冰点、黏度等指标，其中肉浸液的黏度测定尤为敏感，能反映腐败变质的程度。

4. 微生物检验

微生物检验法通常是检测食品中菌落总数、大肠菌群、霉菌、酵母和致病菌的数量，一般情况下致病菌不得检出，当活菌数达 10^8 CFU/g 以上时，可初步判定其处于食品腐败变质阶段。

（三）食品腐败变质的控制

针对食品腐败变质的原因，采取不同的措施即可减少甚至消除食品的腐败变质。

1. 加热杀菌法

加热的目的在于杀死微生物，破坏食品中的酶类，可以显著控制食品腐败变质，延长保存时间。大部分微生物的营养细胞在 60℃ 处理 30min 便死亡，但细菌芽孢耐热性强，需要较高的温度和较长的时间才能杀死。由于高温杀菌对营养成分破坏较大，对鲜奶、果汁等多采用巴氏灭菌，但不能杀死全部的微生物，因此一般将巴氏灭菌产品置于低温条件下保藏。

2. 低温保藏法

低温保藏是一种最常用的食品保藏法。降低温度可以有效地抑制微生物的生长繁殖，降低酶的活性和化学反应速率，可以有效保障食品质量和安全。但一些致病菌在低温环境下仍能生长，如单增李斯特菌在冷藏温度 4℃ 下还能长时间存活，因此一般将低温保藏与其他技术联合使用。

3. 脱水干燥法

脱水干燥法是将食品水分含量降低至一定限度以下，从而抑制微生物的生长和酶的活性，防止食品腐败变质。为了延长干燥食品的贮藏时间，还需要严密的包装和适宜的环境湿度，否则干燥食品吸湿会黏结以至结块，当水分含量恢复到一定程度时，微生物的生长又会引起食品变质。

4. 提高渗透压保藏法

盐渍和糖渍就是通过提高渗透压的方式来保藏食品。食品经盐腌制后，不仅能使微生物细胞原生质浓缩发生质壁分离，还能降低水分活度，从而抑制微生物生长，同时减少水中溶解氧含量，使好氧型微生物的生长受到抑制。一般微生物在糖浓度超过 50% 时生长便受到抑制，果冻、果酱、炼乳等食品就是通过保持高浓度的糖分来进行保存的。但有些耐渗透压能力强的酵母和霉菌，在糖浓度高达 70% 以上尚可生长。因此仅靠增加糖浓度有一定局限性，但若再添加少量酸（如食醋），微生物的耐渗透力将显著下降。

5. 化学添加剂保藏法

常用的化学防腐剂主要包括苯甲酸、苯甲酸钠、山梨酸、山梨酸钾、乙酸、乳酸和丙酸等。在面包中添加山梨酸和丙酸可抑制霉菌的生长；腌肉中添加硝酸盐和亚硝酸盐可抑制某些厌氧细菌的生长。用发酵法制备的食品如酸泡菜、腌菜和动物的青贮饲料是通过微生物发酵过程中产生的乙酸、乳酸和丙酸来防止腐败。

6. 提高食品氢离子浓度

当食品 pH 在 4.5 以下时，除少数酵母、霉菌和乳酸菌属细菌等耐酸菌外，大部分致病菌可被抑制或杀死。这种方法多用来保存蔬菜，向食品中加酸或加乳酸菌进行酸发酵，如酸渍黄瓜、番茄、泡菜、腌渍酸菜等。

7. 辐照食品保藏法

辐照保鲜是利用放射源产生的 γ 射线或加速器产生的电子束对产品进行辐射处理，以达到杀虫灭菌、抑制发芽等目的，从而减少损失、延长货架期和贮存期。

食品新型非热
杀菌技术

8. 过滤

对不含病毒但含有其他微生物的液体食品可以采用过滤的方法除去微生物，从而达到除去微生物和控制食品腐败变质的目的。

第二节　真菌及真菌毒素与食品安全

真菌可造成食品腐败变质，使食品失去原有的营养和色泽、甚至完全丧失食用价值，造成巨大经济损失。真菌毒素是由产毒真菌在一定环境条件下产生的有毒次级代谢产物，广泛存在于饲料、谷物、果蔬及其制品中，具有致畸、致癌、致突变等毒性作用，严重威胁人类健康。

一、食品中常见的产毒真菌

能产生毒素的真菌主要有：

（1）曲霉菌（*Aspergillus*）　主要包括黄曲霉（*A. flavus*）、寄生曲霉（*A. parasiticus*）、杂色曲霉（*A. versicolor*）、构巢曲霉（*A. nidulans*）、赭曲霉（*A. ochraceus*）、黑曲霉（*A. niger*）、炭黑曲霉（*A. carbonarius*）和棒曲霉（*A. clavatus*）等，可产生黄曲霉毒素、赭曲霉毒素、伏马菌素、展青霉素等次生代谢产物。

（2）青霉菌（*Penicillium*）　主要包括橘青霉（*P. citrinum*）、橘灰青霉（*P. aurantiogriseum*）、展青霉（*P. patulum*）、鲜绿青霉（*P. viridicatum*）等。这些真菌可产生桔青霉素、圆弧偶氮酸、展青霉素等次生代谢产物。

（3）镰刀菌（*Fusarium*）　主要包括禾谷镰刀菌（*F. graminearum*）、串珠镰刀菌（*F. moniliforme*）、雪腐镰刀菌（*F. nival*）、三线镰刀菌（*F. tricinctum*）、梨孢镰刀菌（*F. poae*）、拟枝孢镰刀菌（*F. sporotricoide*）、尖孢镰刀菌（*F. oxysporum*）、茄病镰刀菌（*F. solani*）和木贼镰刀菌（*F. equiseti*）等，可产生单端孢霉烯族化合物、玉米赤霉烯酮、串珠镰刀菌素和丁烯酸内酯等次生代谢产物。

二、真菌毒素对食品安全的影响

（一）黄曲霉毒素

黄曲霉毒素（aflatoxin，AFT）是一类毒性极强、致癌性极高的真菌毒素，主要是由黄曲霉菌（*A. flavus*）和寄生曲霉菌（*A. parasiticus*）等产生。黄曲霉毒素有 20 多种，其中以黄曲霉毒素 B_1（AFB_1）、黄曲霉毒素 B_2（AFB_2）、黄曲霉毒素 G_1（AFG_1）、黄曲霉毒素 G_2（AFG_2）、黄曲霉毒素 M_1（AFM_1）、黄曲霉毒素 M_2（AFM_2）与人类、动物、农产品和饲料关系最为紧密（图 3-1）。

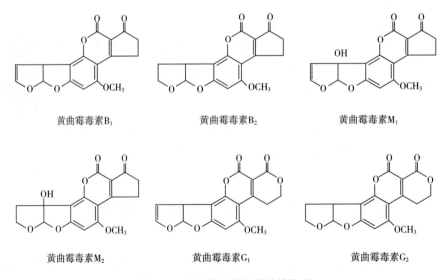

图 3-1　主要黄曲霉毒素的结构式

1. 理化性质

AFT 性质极其稳定，熔点为 200~300℃，结构只有在 268℃ 以上时才会被破坏。AFT 在 pH1.0~3.0 的酸性环境中仅有少量被分解，在中性溶液中极其稳定，但在 pH 9.0~10.0 的碱性环境中，AFT 结构中的内酯环会被破坏并转化为无毒的钠盐。AFT 对氧化剂稳定性较差，强氧化剂能迅速破坏其内酯环，分解生成酚式化合物。

2. 毒性与分布

黄曲霉毒素可损伤肝脏并引发肝癌，还具有致畸性、致癌性、免疫毒性和神经毒性，可造成生殖功能障碍和发育迟缓等并发症。AFB_1 是世界卫生组织公认的 I 级致癌物，其毒性远高于其他种类的黄曲霉毒素，约为砒霜的 68 倍、氰化钾的 10 倍，其致癌力是苯并芘的 10000 倍。黄曲霉毒素主要污染粮油及其制品，如花生、花生油、玉米、大米及棉籽等。

3. 控制方法

（1）物理防控　物理防控是利用热、光、辐照等物理手段来抑制黄曲霉等产生菌的生长或破坏黄曲霉毒素，主要包括高温加热、辐射、吸附、精油熏蒸等。高温加热可使黄曲霉毒素降解，但黄曲霉毒素耐高温性强，高于 300℃ 时才会使其裂解。所以很少采用高温加热法来降解黄曲霉毒素。紫外线和 γ 射线能够降解黄曲霉毒素；吸附法是目前最常使用的物理脱毒方法，常用的吸附剂包括蒙脱石、水合硅铝酸钙、膨润土、酯化葡甘露聚糖等。

（2）化学防控　化学防控是通过强氧化、强碱化、氨化等方法来降解或去除黄曲霉毒素。强氧化法主要使用过氧化氢、次氯酸钠、二氧化氯和臭氧等。化学脱毒法虽然能去除一定量的黄曲霉毒素，但其脱毒效果不稳定，且该方法成本较高，并对饲料的营养和感官品质造成不良影响。

（3）生物防控　主要是采用微生物降解黄曲霉毒素，具有效率高、绿色环保、不可逆、安全性高等优点。包括乳酸杆菌、枯草芽孢杆菌、伯克氏菌属等细菌和非产毒曲霉菌、木霉菌、黑曲霉、青霉菌等真菌。

食品中黄曲霉毒素
限量指标

（二）赭曲霉毒素

赭曲霉毒素（ochratoxin）是由曲霉属和青霉属产生的一类次级代谢产物，包括以异香豆素交联 L—苯丙氨酸为基本结构衍生出的 20 多种化合物，其中以赭曲霉毒素 A（ochratoxin A，OTA）分布最广且毒性最强（图 3-2）。OTA 广泛存在于各种谷物及其副产品中，主要由纯绿青霉、赭曲霉和炭黑曲霉产生。

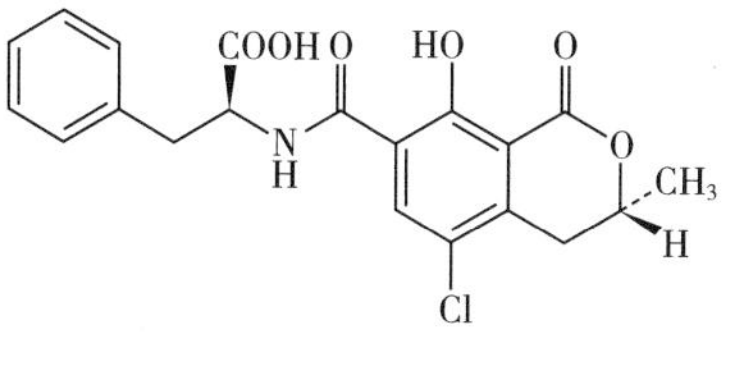

图 3-2　赭曲霉毒素 A 的结构式

1. 理化性质

OTA 可溶于极性溶剂，微溶于水，熔点为 169℃。在有机溶剂和碱水中，赭曲霉毒素 A

对空气与光不稳定，尤其在潮湿环境中，短暂的光照就能使之分解，但在乙醇溶液中低温条件下可保存 1 年。赭曲霉毒素 A 具有耐热性和化学稳定性，焙烤只能使其毒性减少 20%，蒸煮对其毒性无影响。

2. 毒性与分布

OTA 可导致人和动物发生急性、慢性肾脏损伤。肾脏和肝脏是 OTA 在体内蓄积和发挥毒性的重要靶器官。OTA 具有肠道毒性，可导致肠道细胞凋亡等。

OTA 天然存在于各种人类食物中，如谷物、谷类产品、水果、蔬菜、肉、蛋、乳制品、干制品、葡萄酒，甚至婴儿配方奶粉中。人类 OTA 摄入量的约 50% 来源于食入的谷物及相关产品（表 3-2）。OTA 在动物饲料中广泛存在，可诱发机体产生严重的免疫毒性，对动物危害严重。

表 3-2 赭曲霉毒素 A 在食品中的限量标准

食品类别（名称）	限量/($\mu g \cdot kg^{-1}$)
谷物及其制品	
谷物[a]	5.0
谷物碾磨加工品	5.0
豆类及其制品	
豆类	5.0
酒类	
葡萄酒	2.0
坚果及籽类	
烘焙咖啡豆	5.0
饮料类	
研磨咖啡（烘焙咖啡）	5.0
速溶咖啡	10.0

注：[a] 稻谷以糙米计。

3. 控制方法

控制策略可分为物理、化学和生物方法。生物脱毒主要是通过生物吸附或酶促反应降解毒素或修饰毒素分子结构而达到脱毒的目的，具有环保、无残留、效果好等优势。对于已被 OTA 污染的样品，辐照处理可显著降解 OTA。

（三）展青霉素

展青霉素（patulin）又名棒曲霉素，是一种由曲霉和青霉等真菌产生的次级代谢产物（图 3-3）。产展青霉素的微生物主要包括曲霉属（Aspergillus）、青霉属（Penicillium）、毛霉属（Mucor）、镰孢属（Fusarium）、丝衣霉属（Byssochlamys）等。大部分展青霉素产生菌能在较宽的 pH、温度及水分活度范围内代谢产毒，使得展青霉素污染非常普遍。

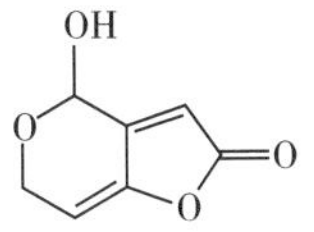

图 3-3 展青霉素的结构式

1. 理化性质

展青霉素极易溶于水和乙醇、乙酸乙酯、丙酮等有机溶剂，微溶于苯，不溶于石油醚，其最大紫外吸收波长为 276nm。展青霉素化学性质稳定，即使在超过 100℃ 高温条件下仍比较稳定，但对光和碱性条件十分敏感。

2. 毒性与分布

展青霉素对胃具有刺激作用。毒理学试验表明，展青霉素具有影响生育、致癌和致畸等毒理作用，严重时可导致呼吸和泌尿等系统的损害，甚至导致神经麻痹、肺水肿、肾功能衰竭。

展青霉素广泛存在于各种霉变水果和青贮饲料中，主要污染水果及其制品，如苹果、山楂、梨、番茄和苹果汁等。《食品安全国家标准 食品中真菌毒素限量》（GB 2761—2017）中规定水果及其制品中展青霉素限量标准为 50μg/kg。欧盟等规定果汁类产品中展青霉毒素的最大含量低于 50μg/kg，儿童和婴儿食品中展青霉素的限量更低，不得高于 10μg/kg。

3. 控制方法

对于展青霉素控制需要采取综合管理措施，包括收获前控制（选择抗性品种、平衡施肥、及时的病虫害管理）、收获控制（适时收获、降低收获机械强度）、收获后贮藏控制（干燥、通风、低温的贮藏环境）。当食品已经被展青霉素污染时，可选择合适的方法进行去除、破坏或灭活毒素以达到脱除的目的。

（1）物理方法 主要包括挑拣法、吸附法、辐照法、微波法等。硅胶、树脂等多孔的物质对展青霉素具有吸附作用，被广泛应用于液体食品（果汁、饮料）中展青霉素的脱除。辐照方法具有解毒效果好、成本低、操作简便等优点，是当前的研究热点。

（2）化学方法 包括添加巯基化合物、臭氧处理等。巯基乙酸、谷胱甘肽等巯基化合物能与展青霉素反应，从而降低其毒性。该方法具有效果明显、作用迅速等优点，但也会对食品的营养、色泽、气味、口感等造成不良影响。

（3）生物方法 包括微生物吸附和酶降解。微生物吸附通常以对人体无害的失活微生物菌体作为吸附剂，但回收困难、重复利用性差。研究证实，多种细菌、霉菌和酵母菌能够分泌降解展青霉素的酶。

（四）伏马菌素

伏马菌素（fumonisin，FB）是一类由多氢醇和丙三羧酸组成的双酯化合物，主要由串珠镰刀菌（*F. moniliforme*）、轮状镰刀菌（*F. verticlllioides*）和多育镰刀菌（*F. proliferatum*）等真菌产生。已经发现十几种伏马菌素，其中伏马菌素 B_1（FB_1）毒性最强，是伏马菌素的主要组分（图 3-4），热稳定性较强，是污染玉米及其制品的主要真菌毒素之一。

1. 理化性质

FB_1 呈白色粉末，易溶于水、甲醇及乙腈水中；在甲醇中不稳定，可降解为单甲酯或双甲酯。在 pH 3.5 和 pH 9 的缓冲液中，78℃可保存 16 周。FB_1 具有热稳定性，100℃处理 30min 也不能破坏其结构。

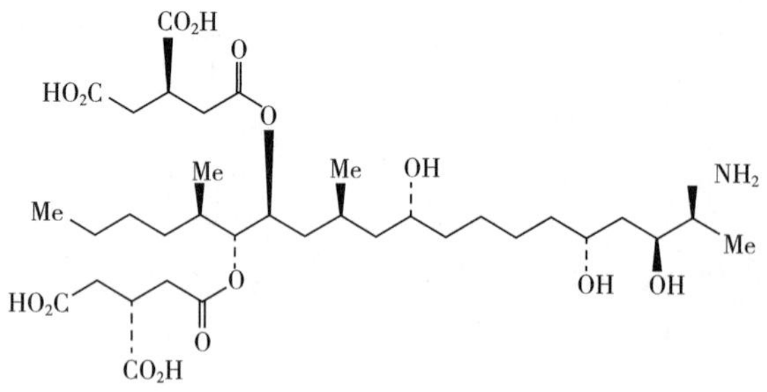

图 3-4 伏马菌素 B_1 的结构式

2. 毒性与分布

FB_1 具有神经毒性、免疫系统毒性、致癌性等，可导致猪发生肺水肿综合征，对鸡胚具有致病性和致死性，可危害啮齿动物的肝脏和肾脏，诱发人类食道癌、肝癌及胎儿神经管畸形等疾病。玉米及其制品中伏马菌素污染最为严重，其他如小麦及其制品、大米及其制品、坚果及药食同源中草药等中也有污染。FAO/WHO 食品添加剂联合专家委员会规定食品中伏马菌素（FB_1+FB_2+FB_3）每天最高耐受摄入量为 $2\mu g/(kg \cdot bw \cdot d)$（表 3-3）。我国规定，饲料原料中玉米及其加工产品、玉米酒糟类产品、玉米青贮饲料和玉米秸秆中伏马菌素（FB_1+FB_2）的限量为 60mg/kg。

表 3-3　FAO/WHO 推荐玉米及其制品中伏马菌素的最大量

食品种类	允许限量（FB_1+FB_2+FB_3）/（mg/kg）
未加工过的玉米	5
玉米、玉米面、玉米食品	2
玉米类婴儿食品	0.5
爆米花用的玉米	2
玉米类早餐等	1

3. 控制方法

（1）传统脱毒方法　包括加热法、辐照法、吸附剂法、臭氧处理法、加糖挤压膨化法、营养修饰法等方法。上述方法会导致饲料中的营养损失并影响其感官品质，制约了其在实际生产中的应用。

（2）生物吸附法　对伏马菌素具有吸附作用的多为乳酸菌等益生菌，对人体和动物无害且吸附率很高，并能够在人体和动物体内吸附后随粪便排出体外。

（五）玉米赤霉烯酮

玉米赤霉烯酮（zearalenone，ZEN）是由镰刀菌属中的各种菌株产生的次级代谢产物，主要包括禾谷镰刀菌（*F. graminearum*），黄色镰孢菌（*F. culmorum*）和禾谷镰孢菌（*F. cerealis*）等。

1. 理化性质

玉米赤霉烯酮为白色晶体（图3-5），不溶于水，可溶于碱性水溶液，易溶于甲醇、乙醇等有机溶剂，熔点为164~165℃，沸点为377℃。

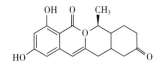

图3-5　玉米赤霉烯酮的结构式

2. 毒性与分布

（1）毒性　玉米赤霉烯酮具有遗传毒性、免疫毒性和细胞毒性。人和动物摄入玉米赤霉烯酮后最主要的毒副作用就是雌激素效应综合症状，以及一系列的生殖障碍。

（2）分布　农作物在种植过程、收获过程以及存储过程都极易受到玉米赤霉烯酮的污染。《食品安全国家标准　食品中真菌毒素限量》（GB 2761—2017）中规定小麦、小麦粉及玉米、玉米面（渣、片）中玉米赤霉烯酮的限量标准是60μg/kg。

3. 控制方法

（1）物理方法　可分为物理去除和物理降解。物理去除是通过分离、溶剂提取和吸附等方法分离被污染的谷物外皮和果皮；物理降解方法主要是通过加热、辐射或低压冷等离子体破坏ZEN的化学结构并形成新的无毒或毒性较小的化合物。物理脱毒方法通常会导致饲料和食物中营养物质的流失。

（2）化学方法　化学脱毒依赖于使用强氧化剂（臭氧）或特定化学物质（亚硫酸钠、β-环糊精聚合物）破坏霉菌毒素的化学结构。化学脱毒法可以有效地解毒玉米赤霉烯酮，但通常会破坏饲料和食品的营养成分，不适合大规模脱毒，也易造成二次污染。

（3）生物方法　生物脱毒方法主要包括微生物对玉米赤霉烯酮的吸附或分泌的酶降解玉米赤霉烯酮，具有特异性强、反应条件温和等优点。

第三节　病毒与食品安全

食源性病毒是指以食物为载体，导致人类患病的病毒，包括以粪—口途径传播的病毒，如轮状病毒、戊型肝炎病毒等，以及以畜产品为载体传播的病毒，如禽流感病毒、口蹄疫病毒、疯牛病病毒等。

一、病毒污染途径

食源性病毒在食品本身不能增殖，其污染食品的主要途径包括：携带病毒的人和动物通过粪便、尸体直接污染食品原料和水源；携带病毒的食品从业人员通过手、生产工具、生活用品等在食品加工、运输、销售等过程中对食品造成污染；动物性食品原料感染或携带病毒；蚊、蝇、鼠等病媒生物作为病毒的传播媒介造成食品污染。被病毒污染的食品主要有肉及奶制品、蔬菜和水果、海产品等。

二、病毒对食品安全的影响

(一) 诺如病毒

诺如病毒是导致全球急性胃肠炎最主要的病原体之一，其传播速度快，致病能力强。

1. 理化性质

诺如病毒 (noroviruses) 是属于杯状病毒科诺如病毒属的无包膜单股正链 RNA 病毒。根据衣壳蛋白抗原性差异，诺如病毒可分为 GⅠ~GⅦ7 个类型，其中 GI、GII 和部分 GIV 族诺如病毒可以导致人类急性肠胃炎，被称为人源性诺如病毒。诺如病毒对外界有很强的抵抗力，在 0~60℃的温度范围内均可存活，在 pH 为 2.7 的室温强酸环境下暴露 3h 或在 4℃条件下用 20%乙醚处理 18h 仍然具有感染性。诺如病毒的感染剂量低，10~100 个诺如病毒颗粒就可以导致腹泻发生。

2. 危害及污染途径

诺如病毒胃肠炎以腹痛、恶心、呕吐、发热为主要症状。人体感染诺如病毒后产生的呕吐物及排泄物会持续向外界环境释放大量病毒，其产生的气溶胶也会扩大病毒感染范围，症状消失后 1 到 2 个月还会持续向外界环境排毒。

诺如病毒可通过多种途径感染人类，包括食源性传播、水源性传播、空气传播等方式，食源性传播是通过食用被诺如病毒污染的食物进行传播，贝类等海产品、生食的蔬果是引起诺如病毒暴发的常见食品。

3. 防控措施

(1) 日常预防　饭前饭后勤洗手；不喝生水；水果蔬菜清洗干净；食物煮熟煮透；使用个人专用餐具；开窗通风，保持室内空气流通；加强体育锻炼；少去人群密集场所。

(2) 感染后防控措施　患病期间居家隔离至症状完全消失后 72h，使用独立的餐饮用具，尽量安排独立卫生间，不参与加工处理食物，避免传播给他人，同时做好呕吐物处置及环境消毒。

(二) 禽流感病毒

禽流感是典型的病毒性人畜共患病，不仅对家禽养殖业和产蛋业造成了巨大的经济损失，同时对人类健康也造成严重威胁。

1. 理化性质

禽流感病毒 (avian influenza virus) 属甲型流感病毒，甲型流感病毒根据表面的血凝素 (hemagglutinin, HA) 和神经氨酸酶 (neuraminidase, NA) 再进一步分为亚型，可将禽流感病毒分为 16 个 HA 亚型 (H1~H16) 和 9 个 NA 亚型 (N1~N9)，不同亚型对禽和人的致病性不同。在环境中，禽流感病毒的稳定性相对较差，例如极端 pH、炎热、干燥等因素都能使其失活。现在已经确认能感染人的禽流感病毒共有 9 种，包括 H5N1、H5N2、H7N2、H7N3、H7N7、H9N2、H10N7、H7N9 以及 H5N6。

2. 危害及污染途径

禽流感可感染火鸡、鸡、鸽子、珍珠鸡、鹌鹑和鹦鹉等，其中以火鸡和鸡最为易感，发病率和死亡率都很高；鸭和鹅等水禽也易感染，并终生可带毒或隐性感染，有时也会引起大量死亡，特别是雏鸭和雏鹅死亡率较高。

禽流感病毒主要借助病禽、粪便污染的饲料、分泌物、饲料槽、饮水以及空气等传播，人类感染禽流感病毒的主要途径是接触感染禽流感病毒的禽类或含病毒的排泄物。

3. 防控措施

组织制订禽流感应急预案和防治技术规范，制定禽流感控制和消杀规划，完善应急机制，做好防疫应急物资储备，有序应对疫情；及时、准确地发布防控信息，加强宣传，扩大禽流感防控常识普及面，引导公众理性消费、科学消费，并拓宽对禽类产品健康知识了解，提高公众防范意识；强化技术指导和服务，引导家禽养殖场户主动规避风险，加快推进家禽产业发展以及转型升级，提升养殖、销售、屠宰等各个环节的生物安全水平。

（三）口蹄疫病毒

口蹄疫由口蹄疫病毒引起，是一种急性、高度传染的人畜共患疾病，常爆发于偶蹄动物，少见于人类。口蹄疫病毒蔓延极快，传播途径极广，对畜牧业、动物性食品的进出口贸易乃至国家整体经济的危害极大。

1. 理化性质

口蹄疫病毒是微核糖核酸病毒科的一种单股线状 RNA 病毒，具有多型性、易变性。共有 7 个血清型（O、A、C、SAT1、SAT2、SAT3 和 Asia1）和 65 个亚型，其中 O 型最普遍。口蹄疫病毒对外界环境抵抗力较强，在自然条件下，饲料、饲具、皮毛及土壤中的病毒可存活数周到数月之久。口蹄疫病毒适于中性环境，pH 小于 6.0 或大于 9.0 时可灭活病毒。口蹄疫病毒对苯酚、乙醚、氯仿等有机溶剂具有较强的抵抗力。

2. 危害及污染途径

口蹄疫病毒易感染动物包括牛、绵羊、山羊和猪等。口蹄疫感染初期，动物表现出精神萎靡、流涎、发烧等症状；发病后，动物口腔舌头、齿龈、乳头、蹄趾等处出现大小不一的水疱，并伴随大量流涎、发烧、厌食、跛足等症状。良性口蹄疫死亡率小，但恶性口蹄疫会出现出血性胃肠炎和心肌炎，感染动物全身衰弱、心律不齐，停止反刍，行立不稳，死亡率极高。

口蹄疫病毒可通过受感染和易感动物之间的直接接触传播，接触感染动物的唾液、血液、精液、粪便、尿液、乳汁和其他体液传播。易感反刍动物低剂量吸入口蹄疫病毒即可感染，与反刍动物相比，猪对通过空气传播途径感染口蹄疫病毒的易感程度较低，但猪更容易通过空气途径传播口蹄疫病毒给其他易感动物。因此，通常空气传播口蹄疫是从猪到牛再到绵羊和山羊的传播过程。

3. 防控措施

世界动物卫生组织要求，一旦暴发口蹄疫，感染动物和接触过感染动物的动物必须扑杀后销毁，对发病农场进行彻底消毒处理，销毁疫区内的所有动物尸体、垃圾和动物产品。无口蹄疫地区不应从口蹄疫暴发地区引进动物和可能传播病毒的动物产品，对从其他地区引进的动物和动物产品应采取严格、有效的检疫和管理措施。此外，免疫的动物仍有可能感染病毒，并成为病毒携带者，仍需加强防范。目前一些国家通过接种口蹄疫灭活苗来防治口蹄疫，接种两次灭活疫苗可产生 4~6 个月的免疫力。

（四）轮状病毒

轮状病毒（rotavirus）是一种老人、儿童和多种幼龄动物（包括猪、家禽、马、牛、羊等）易感的急性肠道人畜共患传染病。轮状病毒引发的腹泻具有程度更严重，持续时间更长，致死率及致残率很高的特点。目前，轮状病毒腹泻已成为危害畜牧生产和人类健康的重要公共卫生问题。

1. 理化性质

轮状病毒属于呼肠病毒科，轮状病毒属，是一种双链的 RNA 病毒。轮状病毒分为 A、B、C、D、E 和 F 6 个群；其中 A 群最为常见，宿主包括人和各种动物，其他几个群则不常见。B 群宿主为猪、牛、大鼠和人，C 群和 E 群为猪，D 群为火鸡和鸡，F 群为禽。轮状病毒在自然界中活性较强，在粪便中可存活数日至数星期，同时耐酸、耐碱，在室温下可保持传染性达数月之久，污染的水源及土壤成为除自然宿主外重要的传染源。病毒对于乙醚、氯仿等化学物质不敏感，但对钙离子螯合剂如 EDTA 等较为敏感。

2. 危害及污染途径

轮状病毒能感染小肠上皮细胞，并产生肠毒素。人感染轮状病毒后，潜伏期 2~4 天，临床表现为急性肠胃炎、渗透性腹泻、腹痛、发热、呕吐等症状，严重时可发生致命性肠胃炎，出现脱水、体内电解质失衡等症状。该病一年四季均可发生，但多发生于晚秋、冬季和早春等寒冷季节。

患病的人、病畜和隐性患者、患畜是该病的主要传染源。病毒主要存在于肠道内，并通过粪-口途径进行传播，经消化道途径传染易感家畜。由于病畜痊愈获得的主要是细胞免疫，对病毒持续存在影响的时间不长，所以痊愈动物可再感染。轮状病毒可以从人或动物传给另一种动物，如人轮状病毒可以使仔猪和猴等感染发病。

3. 防控措施

养成良好的个人卫生习惯，饭前便后要洗手；尽量不吃生食，冷藏食品食用前要彻底加热；保持居住环境干净卫生，室内保持通风；通过接种轮状病毒疫苗进行预防。

（五）疯牛病病毒（朊病毒）

疯牛病于 1986 年首发于英国，之后在该国大规模爆发并迅速蔓延到世界各地，造成了巨大的经济损失。疯牛病是一种朊病毒疾病，朊病毒可引发多种具有高度传染性与致死性的中枢神经系统疾病，不仅影响畜牧业产业发展，而且威胁人类的生命安全。

1. 理化性质

朊病毒是一种不含有核酸、具有自我复制能力的感染性蛋白粒子，对各种理化因素抵抗力极强，对煮沸、冷冻、乙醇、双氧水、高锰酸钾、碘、氧乙烯蒸汽、有机溶剂、甲醛、紫外线、γ 射线和标准的 121℃ 高压灭菌均有抗性，但可被强碱溶液灭活。

2. 危害及污染途径

朊病毒的宿主范围较广，可感染多种哺乳动物以及人类。代表性的朊病毒疾病包括牛的疯牛病、山羊和绵羊的瘙痒病、麋鹿和驼鹿等的慢性消耗性疾病、猫的海绵状脑病、水貂的传染性脑软化病以及发生在人类中的克雅氏症、变异型克雅氏症、吉斯综合征和库鲁病等。

一些国家的牛饲料加工工艺中允许使用牛、羊等动物的骨、内脏和肉作饲料，牛食用含有疯牛病病原体的饲料后被感染。人类感染与食用被污染朊病毒的牛肉及其制品相关。

3. 防控措施

强化反刍动物及其产品进口、饲料生产使用、养殖屠宰加工等重点环节的风险管理，有效防范疯牛病传入和发生风险；加大宣传教育力度，按照国家监测方案持续开展监测工作，加强检疫监管，切实提高疯牛病监测预警水平和应急处置能力。

疯牛病病毒
感染事件

（六）肝炎病毒

肝炎病毒（hepatitis virus，HV）是指引起病毒性肝炎的病原体，其中甲型和戊型病毒可通过食品进行传播。

1. 甲型肝炎病毒

甲型肝炎是由甲型肝炎病毒（hepatitis A virus）引起的一种急性自限性疾病，人群普遍易感，在欧美国家，甲型肝炎病毒是危害最大的食源性病毒，我国也是甲型肝炎的高发区。

（1）理化性质　甲型肝炎病毒属于小核糖核酸病毒科肝病毒属，是一种没有包膜的 RNA 病毒，基因组为单股正链 RNA，对热的抵抗力较强，60℃加热 1h 仍然不能完全被杀死，但在 100℃下加热 5min 即可将其全部杀灭。紫外线照射 1~5min、有效氯含量 1mg/L 的溶液均可使其灭活。甲型肝炎病毒的感染性在食物中能保持 2 天到 4 周，大多数食源性病毒的传染性剂量很低，10~100 个传染性病毒颗粒便能引起致病。

（2）危害及污染途径　感染甲肝病毒后临床表现为伴有全身乏力、发热、黄疸、恶心、呕吐等，其传染性较强。甲肝主要通过粪-口途径传播，可经过被甲型肝炎病毒污染的食物（包括贝类、水果、蔬菜、即食食品等）、水和日常生活接触等传播。甲型肝炎病毒在贝类体内的存活时间不少于 15 天，由于食用贝类海产品和沙拉等致使甲型肝炎爆发流行的比率最高。

（3）防控措施　加强甲型病毒性肝炎防治知识健康教育，改变大众的不良卫生习惯和行为方式，切断甲肝的传播途径。另外要保护水源，提供安全清洁消毒之后的水资源，加强粪便管理，从根源上杜绝甲型病毒性肝炎的发生和传播。

2. 戊型肝炎病毒

戊型肝炎病毒（hepatitis E virus）是威胁全球公共卫生的重要病原微生物之一，主要分为四种基因型，Ⅰ型和Ⅱ型仅感染人类，而Ⅲ型和Ⅳ型则是人畜共患病。

（1）理化性质　戊型肝炎病毒是一种单股正链 RNA 病毒，无包膜，表面粗糙，有突起。戊型肝炎病毒对外界抵抗力不强，对高盐、氯化铯、氯仿和高温都比较敏感，通过煮沸可将其灭活。过氧化氢速效消毒剂、酸性乙醇消毒剂、碱性清洁剂、次氯酸钠等杀毒活性较好，可以有效预防戊型肝炎病毒传播。

（2）危害及污染途径　戊型肝炎病毒感染可分为临床型和亚临床型。临床型多发于 15~40 岁的青壮年，其主要表现与甲型肝炎相似，多表现为黄疸、发热、腹痛、恶心、呕吐、食欲减退以及肝肿大等症状；亚临床型多发于儿童，虽然儿童感染戊型肝炎病毒概率较高，但多不表现出症状。与甲肝相比，戊肝的重型肝炎发生率及死亡率更高，尤其是孕妇在妊娠 3 个月后感染戊型肝炎病毒，病死率高达 20%。

戊型肝炎病毒宿主广泛，可感染人类及猪、兔、禽、牛、羊、骆驼、猴、鼠类和蝙蝠等多种动物。戊型肝炎病毒主要通过粪口传播，被病毒污染的水源和食物传播面广，人和动物感染病毒的风险大。食源性戊型肝炎病毒传播主要与生食或食用未熟的猪肉、水产品（淡水鱼虾、海鲜、贝类）等动物制品有关。

（3）防控措施　养殖场应通过定期消毒、及时筛查、隔离或淘汰病毒阳性牲畜、严格准入准出制度等措施，确保畜禽类产品源头安全。人可以通过接种疫苗来预防戊型肝炎病毒感染。在戊型肝炎流行区，应重点防止水和食物污染，切断传播途径。

第四节　寄生虫、虫鼠害与食品安全

一、寄生虫与食品安全

常见的食源性寄生虫主要包括植物源性寄生虫、淡水甲壳动物源性寄生虫、鱼源性寄生虫、肉源性寄生虫和螺源性寄生虫。

（一）寄生虫污染途径

野生或散养动物由于在整个生长过程中不断接触、食用可能被寄生虫污染的水、食物或带虫同类，感染寄生虫的概率很大。福寿螺等水生生物生长的水体如果被带虫粪便污染，即可感染寄生虫。圈养的动物由于没有及时预防或食用不清洁的食物也会感染寄生虫。人体被寄生虫感染主要是由于某些不良的习俗或饮食习惯所致。不少地区有生吃菱角、溪蟹或鱼虾的习惯；一些不当的烹饪方法因不能全部杀死食物中的寄生虫也可引起感染，如腌、醉、焯制溪蟹、螺、虾等。此外，寄生虫污染炊具、手或饮生水也可造成感染。抚摸玩耍宠物猫、狗或食入未经彻底洗净的生鲜果蔬等均可造成感染。

（二）常见寄生虫对食品安全的影响

1. 华支睾吸虫

华支睾吸虫病俗称"肝吸虫病"，是我国最为严重的食源性寄生虫病之一。主要因生食含有华支睾吸虫幼虫（囊蚴）的淡水鱼所致。如广东、广西、辽宁三地淡水鱼感染华支睾吸虫率高达 59.66%，广东鲮鱼、鳝鱼和鲤鱼的肝吸虫囊蚴检出率分别高达 50%、40% 和 20%。华支睾吸虫感染可致多种肝胆系统疾病，是明确的肝胆管癌致癌因素。华支睾吸虫分布范围广、所致病症重、疾病负担高。受感染者病症轻微时无明显症状，表现为腹胀、腹泻等胃肠道不适，稍严重者伴有肝功能异常，晚期患者出现肝硬化，甚至诱发肝癌。

2. 带绦虫

猪带绦虫病、亚洲带绦虫病和牛带绦虫病在我国均有流行，分别因食入生的含有带绦虫幼虫（囊尾蚴，或称囊虫）的猪肉、猪肝和牛肉所致。这三种带绦虫病所致临床症状类似，主要引起腹部不适。人食入被猪带绦虫病患者排出的虫卵污染的食物和水可导致猪带绦虫囊尾蚴病（简称囊尾蚴病），该病危害较大，可导致癫痫等严重病症。

3. 并殖吸虫

并殖吸虫病俗称"肺吸虫病"，因生食或半生食含有并殖吸虫囊蚴的蟹类所致。并殖吸虫主要入侵肺部，引起肺部损伤；此外，其虫体移行至脑部可致脑型并殖吸虫病，症状较重，可引发癫痫和头疼等神经系统症状。调查表明，全国多地蟹类检出并殖吸虫囊蚴，而人体病例目前主要分布在华南和西南地区。

4. 片形吸虫

片形吸虫病是由肝片吸虫和大片吸虫引起的一种人畜共患寄生虫病。片形吸虫进入中间宿主淡水螺后形成囊蚴附着于水草或者游离于水中，牛、羊等宿主食入水草或水中的囊蚴即可感染。受到感染的动物或人表现为急性肝炎、慢性肝纤维化、胆管炎等，甚至导致死亡。

5. 弓形虫

弓形虫病常因食入生的或未煮熟的含有弓形虫包囊的肉类或被卵囊污染的水或蔬菜等而感染。山羊、绵羊等是弓形虫病传播的重要途径。弓形虫主要寄生于各种细胞内或游离于腹腔液中。此病主要经消化道感染，成人感染弓形虫大多不表现出症状，有些表现为体温升高、厌食、腹泻。反复感染会出现呼吸困难以及神经症状。母体早孕期间感染，可引起流产、早产、死胎或畸形等。

6. 螺源寄生虫

螺源寄生虫较为常见的是广州管圆线虫。广州管圆线虫是鼠类的肺线虫，可引发嗜酸性粒细胞增多性脑膜炎或脑膜脑炎。福寿螺是该寄生虫的一种中间宿主。人感染后可能引起脑膜脑炎以及头痛发热、颈部僵硬、面部神经瘫痪等症状，严重者可致痴呆，甚至死亡。广州管圆线虫病由于生食或半生食含有感染期幼虫的中间宿主（淡水螺）和转续宿主的肉而致。我国发生多起广州管圆线虫病暴发疫情，主要分布在云南、福建、浙江、广东等南方省份。

广州管圆线虫病
暴发事件

7. 其他食源性寄生虫

旋毛虫病、异尖线虫病等也是我国重要的食源性寄生虫病。旋毛虫病因食入生的或未煮熟的含有旋毛虫幼虫的猪肉、狗肉等感染所致。

（三）预防控制措施

1. 从源头上防止食品污染

大力完善农业技术推广机构，指导农业生产者科学种植、科学养殖，规范生产管理，规范生产防疫措施；推广工厂化的食品加工，及时将污染食品销毁；提高食品工业水平，扶持规模化、集约化的食品企业集团；建立统一规范的农产品质量安全标准体系，从生产源头保证食品安全。

2. 普及食品安全知识，改变不良卫生习惯

消费者应不食用野生动物，避免生食或进食未经彻底加热的家畜、家禽、鱼、虾、蟹、螺等；不喝生水，不吃不洁的蔬菜和瓜果；不用盛过生鲜品的器皿盛放其他直接入口食品；加工过鲜品的刀具及砧板必须清洗消毒后方可再使用。

二、鼠害和昆虫对食品安全的影响

老鼠、蚊子、苍蝇和蜚蠊（蟑螂）简称"四害"，是病媒传播的载体，对食品最大的危害是破坏食品的完整性，将病原微生物传播至食品中，进而影响人类健康。

（一）常见鼠害和昆虫

1. 老鼠

老鼠个体大，繁殖快，数量多，其体外寄生虫可通过啃咬，剐蹭食物时将病原体间接传染给人类；体内携带的致病微生物可通过寄生蚤、尿、粪便等污染食物或水源，将病原体传染给人类；传播的疾病主要包括流行性出血热、肠炎、鼠疫、斑疹伤寒等。

2. 苍蝇

苍蝇携带大量细菌、病毒、支原体、衣原体、寄生虫等，可通过体毛、爪垫、吃、吐等形式进行传播，传播霍乱、病毒性肝炎、菌痢等疾病。

3. 蚊子

蚊子可携带 100 多种潜在的致命病菌，可通过对人类的叮咬及吸血过程中传播疾病，也能够通过对肉类食物及液体性食物的吸食来传播疾病；可导致疟疾、登革热、乙型脑炎、黄热病等多种类型疾病的感染与传播。

4. 蟑螂

蟑螂携带副伤寒沙门菌、大肠杆菌、肝炎病毒、志贺氏菌、霉菌、蜡样芽孢杆菌、金黄色葡萄球菌等病原微生物和寄生虫，可传播多种疾病。

（二）预防控制措施

1. 虫害控制

食品厂的虫害控制应重点做好以下几方面工作：

（1）常态杀灭与突击杀灭相结合，药物与工具协同使用，以起到良好的防治效果。

（2）食品厂厂区所有的门、窗及其他与外界的开口通道均应安装防虫设施，并保持这些设施的完好性，墙面的裂缝或空洞要及时修补，避免昆虫在内部滋生。

（3）在通道口安装风幕，并确保风幕能正常工作，对于需要人工启动的风幕，员工应正确使用，以防止害虫的进入。

（4）食品厂灭虫灯安装的位置要离开有暴露产品、设备或包装材料 10m，无暴露情况下应保证距离为 3m；灭虫灯灯管应每 3 个月更换一次并定期清洗，避免有死虫堆积。

2. 鼠害控制

（1）物理防治　在车间内的原料仓库、成品仓库、配电箱等老鼠可能入侵的位置，布置粘鼠板、鼠笼等物理捕鼠设施。仓库入口处的两侧各放置一个物理捕鼠板，之后沿着墙 10m 布置一个粘鼠板，并每隔 15 天监测、检查。

（2）化学防治　外围布置诱饵箱（内置毒饵，穿孔毒饵固定在诱饵箱内），每个毒饵箱内放置 20g "雷敌"（化学成分为 0.005% 溴敌隆），放置在厂房周围，每个间隔 15m，诱饵箱布置在车间外部出入口以及车间每一个可能有老鼠活动的区域，并且上锁，每月监测检查 2 次。

【本章小节】

（1）生物性污染是食品加工中最主要的安全性威胁。食品被细菌、真菌毒素、病毒等生物污染后除引起食品腐败变质外，还能够引发食源性疾病。

（2）沙门氏菌、金黄色葡萄球菌、致病性大肠埃希氏菌、变形杆菌、副溶血性弧菌、肉毒梭菌、单增李斯特菌、蜡样芽孢杆菌、志贺氏菌等容易污染食品，引起食物中毒，要从控制传染源、加强食品卫生管理、注意低温贮存食品、彻底加热食物等进行防控。

（3）常规的加热烹调手段难以破坏真菌毒素，采用物理、化学和生物方法进行防控和脱毒是真菌毒素污染风险控制的重要手段。

（4）病毒、寄生虫、昆虫和鼠类也是影响食品安全的生物因素，要本着"防重于治"的原则，以防传播疾病危害人体健康。

【思考题】

（1）当食物被金黄色葡萄球菌污染后，经加热煮沸后食用仍能引起食物中毒，为什么？

（2）简述沙门氏菌的生物学特性、食物中毒的原因、症状和污染途径。

（3）从细菌性集体食物中毒事件中，作为食品专业人士的你得到了哪些启示？你将如何对家人和朋友进行食品安全教育？

（4）食品中常见的霉菌毒素有哪些？霉变甘蔗、腐烂水果及其制品中分别存在哪种？

（5）简述人们在日常生活中如何避免霉菌及其毒素的危害。

（6）黄曲霉毒素主要由哪些霉菌产生？主要污染什么食品？对人体有怎样的毒性？

（7）简述肝炎病毒污染食品的来源，对健康的危害及预防措施。

（8）食品中常见寄生虫有哪些？如何预防食源性寄生虫病？

参考文献

［1］何国庆，贾英民，丁立孝．食品微生物学［M］.4版．北京：中国农业大学出版社，2021.

［2］郑晓东．食品微生物学［M］．北京：中国农业出版社，2020.

［3］周德庆．微生物学教程［M］.4版．北京：高等教育出版社，2020.

［4］吴宪．我国食品沙门氏菌污染率与引起的发病率统计分析［D］．大连：大连理工大学，2021.

［5］孙锦利．致泻大肠埃希氏菌快速检测试剂盒的研发及应用研究［D］．合肥：中国科学技术大学，2019.

［6］李庆辉．食品源单增李斯特菌的分离鉴定及耐药性检测［D］．石河子：石河子大学，2019.

［7］刘慧，曾祥权，谢文东，等．食源性单增李斯特菌检测技术研究进展［J］．现代食品科技，2021，37（6）：333-344.

［8］姜晓瑜．副溶血弧菌抗药性的自动化检测方法研究与应用［D］．上海：上海海洋大学，2020.

［9］胡慧雯．浙江省贝类海产品副溶血弧菌污染的风险识别与评估［D］．杭州：浙江大学，2017.

［10］张进．显微共聚焦拉曼技术对肉毒梭菌的检验研究［D］．北京：中国人民公安大学，2022.

［11］王立娟．实时荧光定量SRCA技术检测食品中的志贺氏菌的研究［D］．保定：河北

农业大学，2020.

［12］郑开伦．广州市湿米粉生产链中蜡样芽孢杆菌污染调查［D］．广州：广州医科大学，2021.

［13］郭万财．不同食品加工企业"四害"治理前后密度调查分析［D］．福州：福建农林大学，2018.

［14］任壮壮，黄英丽，刘祺凤，等．伏马菌素检测技术的研究进展［J］．粮食与油脂，2020，33（7）：14-15.

［15］王剑英．俄罗斯与中国口蹄疫疫情的综合监测与预警［D］．上海：上海大学，2019.

思政小课堂

第四章　天然有毒物质与食品安全

天然有毒物质是指生物体本身含有的或在代谢过程中产生的某些有毒成分，主要来源于贝类、河鲀鱼、动物甲状腺、毒蕈、木薯、四季豆、黄花菜等。本章系统介绍了食品中天然有毒物质的概念、动植物及蕈菌中毒种类及预防措施。

本章课件

【学习目标】

（1）了解常见天然有毒物质的种类、毒性及危害。

（2）掌握动植物毒素引起食物中毒的预防控制措施。

（3）了解蕈菌的中毒种类及预防控制措施。

第一节　天然植物性有毒物质

一、概述

（一）食物中天然有毒物质概念

有毒物质是指机体在一定条件下摄取一定剂量便能引起生物损害的化学物质。食物中的天然有毒物质是指食品原料本身存在的某种对人体健康有害的非营养性天然物质成分，或因贮存方式不当，在一定条件下产生的某种有毒成分。

（二）食物中天然有毒物质种类

食物中的天然有毒物质主要包括天然植物性有毒物质、天然动物性有毒物质和蕈菌毒素三大类。天然植物性有毒物质包括苷类、生物碱、毒蛋白、棉酚、草酸及其盐类等，天然动物性有毒物质主要存在于水产类、两栖类和其他动物组织中。

二、苷类

苷类又称配糖体，是由糖或糖衍生物的（如糖醛酸）半缩醛羟基与另一非糖物质中的羟基以缩醛键（苷键）脱水缩合而成的环状缩醛衍生物。水解后能生成糖和非糖化合物，非糖部分称为苷元，通常为酚类、蒽醌类、黄酮类等化合物。苷类广泛分布于植物的根、茎、叶和果实中，其中皂苷、氰苷等易引起食物中毒。

（一）皂苷

1. 来源与理化性质

皂苷（saponin）是苷元为三萜或螺旋甾烷类化合物的一类糖苷，广泛存在于大豆、菜豆等植物中。皂苷具有抗菌、增强记忆力、抗疲劳、降血糖、增强机体免疫力等作用。目前根据皂苷的苷元结构类型，可把大豆皂苷分为 A、B、E、DDMP、H、I 和 J 7 种类型（图 4-1）。

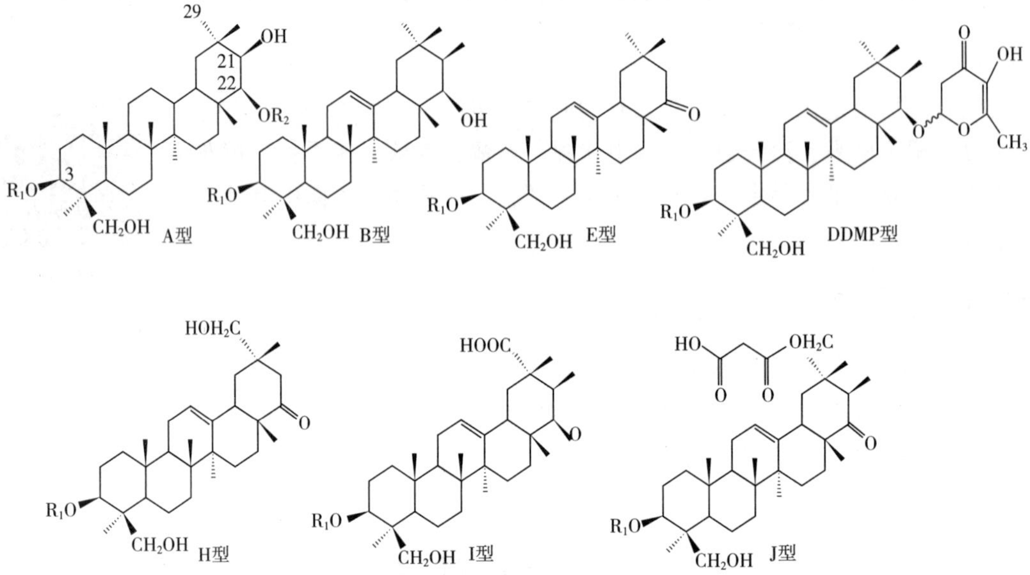

图 4-1 大豆皂苷化学结构式

2. 中毒原因与症状

皂苷进入体内，可破坏红细胞并导致溶血。同时皂苷的水解产物苷元可强烈刺激胃肠道黏膜，引起肿胀、恶心、呕吐、腹泻等症状。未煮熟菜豆、大豆及豆乳中的皂苷对消化道黏膜具有强烈的刺激作用，可产生一系列胃肠道刺激症状，引起食物中毒。人出现中毒反应的潜伏期一般为 2~4h，病程为数小时或 1~2 天。常规的烹调加热可破坏四季豆等中的皂苷。炝炒四季豆口感较好，能使其颜色外观显得更有食欲，但不能破坏其含有的皂苷。

皂苷中毒事件

3. 预防控制措施

控制皂苷毒性最有效的方法就是将菜豆等充分加热、煮熟后再食用。在制作豆乳时，要防止皂苷引起的"假沸"现象。豆浆、豆奶加工工艺中，一般采用 93℃加热 30~75min 或 121℃加热 5~10min，可破坏豆浆中的皂苷。此外，还应加强豆类食用方法的宣传教育，预防食物中毒。

（二）氰苷

1. 来源与理化性质

氰苷又名生氰糖苷，主要指具有 α-羟基腈的苷类物质（图 4-2）。氰苷通常存在于桃李、樱桃、枇杷、杏、梨、沙果等蔷薇科植物的种仁里，一旦误食，就可能产生氰化物中毒的危险。常见含有氰苷的食物还包括新鲜竹笋、木薯、银杏果、亚麻籽和一些豆类。另外，高粱、玉米、南瓜等农作物的幼苗或藤蔓里都含有氰苷，常有牲畜因误食而中毒。

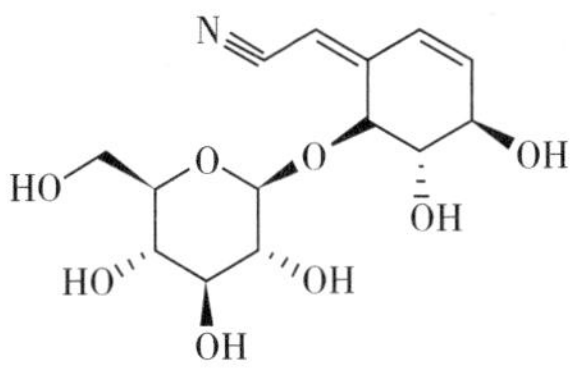

图 4-2　氰苷化学结构式

2. 中毒原因与症状

氰苷本身无毒，但当其水解时就会产生剧毒的氰化物——氢氰酸。氰离子主要抑制细胞色素氧化酶、过氧化物酶、脱羟酶等酶的活性。氰离子与氧化型细胞色素氧化酶的三价铁结合，抑制其被细胞色素还原为还原型细胞色素氧化酶，从而阻碍细胞内呼吸的进行，使机体缺氧；中枢神经系统因缺氧而表现为先兴奋后抑制。此外，氢氰酸还可麻痹呼吸和血管运动中枢，导致动物迅速死亡。木薯耐旱抗贫瘠，是三大薯类作物之一，被称为"淀粉之王"，是世界近六亿人的口粮。木薯中毒是食用未经去毒或去毒不完全的薯块而引起。曾有家庭因进食木薯引发集体中毒的案例。流行病学调查显示，木薯中毒人员，轻者临床表现为头晕、恶心、嘴唇麻木等症状，重者会导致昏迷并发生痉挛、呼吸麻痹甚至死亡。

3. 预防控制措施

生食苦杏仁和木薯时，由于牙齿的咀嚼，氰苷水解释放出大量氢氰酸，进而引起中毒。应提醒民众不要进食生苦杏仁和木薯。氰苷对热不稳定，氢氰酸沸点较低，易挥发，因此充分加热是去除氰苷的最有效方式。把含有氰苷的食用植物切成小块后用沸水烹煮，可降低90%以上的氰化物含量，降低氰化物中毒危险。浸泡、漂洗也能去除氰苷。生氰苷易溶于水，含有氰苷类食物经过反复浸泡，再用流动水漂洗后可以去除氰苷。

三、生物碱

生物碱是存在于自然界中的一类含氮的碱性有机化合物，大多数不溶或难溶于水，能溶于氯仿、乙醚、乙醇、丙酮、苯等有机溶剂，也能溶于稀酸溶液而成盐类。生物碱及其盐类多具苦味，生物碱的盐类大多溶于水。生物碱是一些中草药的主要有效成分，主要分布在高等植物，尤其是毛茛科、罂粟科、茄科、豆科等双子叶植物。

（一）龙葵碱

1. 来源与理化性质

龙葵碱是一种有毒的生物碱（图4-3），常温下均为白色针状结晶，有苦味；难溶于纯水，易溶于吡啶、乙腈、热乙醇、甲醇等少数有机溶剂。龙葵碱广泛存在于马铃薯、番茄和茄子等茄科植物中。通常情况下马铃薯中的龙葵碱含量较低（7～10mg/100g），不会引起中毒；但当马铃薯变绿或发芽时，会产生大量的龙葵碱，含量可升高至500mg/100g，易引起食物中毒。

2. 中毒原因与症状

多因食用含有大量龙葵碱的马铃薯及其制品而引发食物中毒。龙葵碱的致毒机理是抑制体内胆碱酯酶的活性、胆碱酯酶催化神经递质乙酰胆碱水解，生成胆碱和乙酸。该酶被抑制可造成乙酰胆碱积累，使神经兴奋增强，引起胃肠肌肉痉挛等一系列中毒症状。

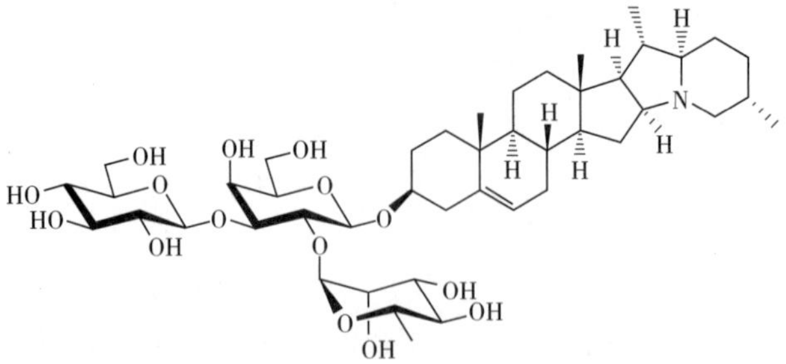

图 4-3　龙葵碱化学结构式

根据人畜中毒的程度，可将中毒症状分为 3 种类型：

（1）消化系统症状　食后咽喉部及口腔灼烧、恶心呕吐、腹痛、腹泻或口腔干燥、喉部紧缩，剧烈吐泻可致脱水、电解质失衡、血压下降等。

（2）神经系统症状　耳鸣、畏光、头痛、眩晕、发热、瞳孔散大、呼吸困难、颜面青紫、口唇及四肢末端呈黑色，严重时可致昏迷、抽搐，最后因呼吸中枢麻痹而死亡。

（3）胃肠系统症状　除引起肠源性青紫病外，还有致畸作用，导致脑畸形和脊柱裂。

3. 预防控制措施

将马铃薯储藏在干燥、通风、低温的环境下，一般储藏温度在 4℃ 左右较适宜。不能食用生芽过多或变青的马铃薯。因龙葵碱加热易被破坏、遇醋分解，下锅炒马铃薯时应放一点醋，且宜红烧、炖和煮。

中毒急救方法：中毒较轻者可大量饮用淡盐水、绿豆浊汤、甘草汤等解毒；中毒较严重者应立即用手指、筷子等刺激咽后壁催吐，然后用浓茶水或 1∶5000 高锰酸钾液、2%~5% 鞣酸反复洗胃，再口服硫酸镁 20g 导泻；适当饮用一些食醋，也有解毒作用。

（二）秋水仙碱

1. 来源与理化性质

秋水仙碱是从百合科植物秋水仙的种子和球茎中提取出来的一种有机胺类生物碱，分子式为 $C_{22}H_{25}NO_6$（图 4-4）。秋水仙碱本身毒性较小，但其在体内代谢成具有极强毒性的二秋水仙碱。一般成年人一次食入 0.1~0.2mg 秋水仙碱（相当于 50~100g 鲜黄花菜）即可引起食物中毒，摄入过多（3~20mg）可导致死亡。

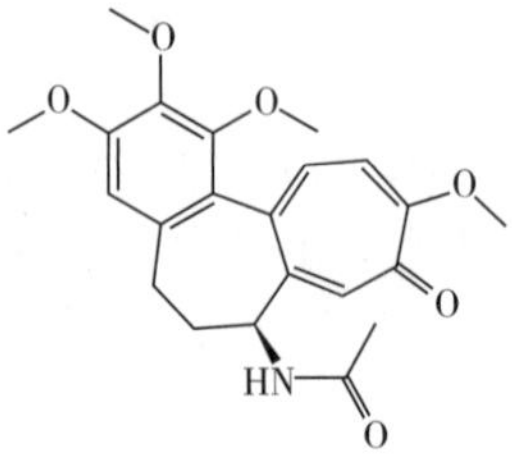

图 4-4　秋水仙碱化学结构式

2. 中毒原因与症状

秋水仙碱在机体内的作用机制主要包括：①与中性粒细胞微管蛋白的亚单位结合，从而破坏细胞膜功能，包括抑制中性白细胞的趋化、黏附和吞噬作用。②抑制磷脂酶 A2，减少单核细胞和中性白细胞释放前列腺素和白三烯。③秋水仙碱可与细胞内微管中的主要成分微管蛋白粘合，阻止微管的聚合作用，抑制纺锤体的形成，阻止有丝分裂。秋水仙碱中毒的临床过程大致分为 3 个阶段：第一阶段主要表现为恶心、呕吐、腹痛、腹泻等消化系统症状，发生率为 80% 以上；第二阶段表现为骨髓抑制，血小板进行性下降，肝肾功能损害，患者多死于多脏器功能衰竭；第三阶段表现为骨髓抑制、肝肾功能好转。

3. 预防控制措施

秋水仙碱可溶解于水，通过水焯、煮泡等过程会减少其在黄花菜中的含量。食用鲜黄花菜前应去其条柄，用沸水烫，再用清水浸泡 2~3h 后再食用；最好不食用未经处理的鲜黄花菜；控制摄入量，避免食入过多引起中毒。确定为秋水仙碱中毒后，首先应尽可能清除体内存余毒物并及时进行救治。

（三）槟榔碱和槟榔次碱

1. 来源与理化性质

槟榔是重要的中药材，亚洲热带地区广泛栽培，在中国主要分布在云南、海南及台湾等热带地区。槟榔中的有效成分是生物碱，包括槟榔碱、槟榔次碱、去甲基槟榔碱、去甲基次槟榔碱等。槟榔碱化学式为 $C_8H_{13}NO_2$，为油状液体，可与水、乙醇或乙醚以任何比例混合；槟榔次碱化学式为 $C_7H_{11}NO_2$。

2. 中毒原因与症状

槟榔碱对多种细胞有细胞毒性、遗传毒性和致畸变作用。近年来，嚼食槟榔已成为我国槟榔最重要的消费形式。但是经常嚼槟榔，除严重损害牙齿，导致牙齿变红变黑，甚至提前脱落外，还有很高的致癌风险。2003 年，国际癌症研究中心将槟榔认定为Ⅰ级致癌物。

槟榔中毒事件

3. 预防控制措施

做好"过度嚼槟榔有害口腔健康""青少年不要嚼槟榔"的宣传教育，对嗜好槟榔人群，要积极给予警示宣传；禁止槟榔加工企业的各类广告，要求生产企业在槟榔外包装上显著标识"槟榔有害健康"等警示内容。

四、毒蛋白

有毒蛋白质主要包括植物凝集素、蛋白酶抑制剂、淀粉酶抑制剂等。

（一）植物凝集素

1. 来源与理化性质

植物凝集素又名植物性血细胞凝集素，是一类可使红细胞凝集的糖结合蛋白，具有一个或多个可以与单糖或寡糖特异可逆结合的非催化结构域。其广泛存在于大豆、菜豆、刀豆、豌豆、小扁豆、花生与蚕豆等 800 多种植物的种子和荚果中。

2. 中毒原因与症状

植物凝集素可专一性结合糖类物质，当外源凝集素结合肠道上皮细胞的糖类物质时，可造成消化道对营养成分吸收能力的下降，导致动物营养素缺乏和生长迟缓。植物凝集素还具有凝聚和溶解红细胞的作用。不同植物凝集素的毒性大小存在一定差异，大豆凝集素的毒性相对较小，蓖麻凝集素毒性较高，2mg 即可使人中毒死亡，为其他豆类凝集素的 1000 倍。含有凝集素的食品在生食或烹调不充分时，不仅消化吸收率低，还会使人恶心、呕吐，造成中毒，严重时可致人死亡。

3. 预防控制措施

植物凝集素不耐热，受热易失活，因此豆类在食用前一定要彻底加热。如吃凉拌豆角时，要先将豆角切丝，在开水中浸泡 10min 后再进行加工；扁豆或菜豆在加工时要注意翻炒均匀、煮熟焖透，使其失去其原有生绿色和豆腥味。

（二）蛋白酶抑制剂

1. 来源与理化性质

蛋白酶抑制剂是一类广泛存在于植物组织中的小分子多肽或蛋白质，能抑制消化蛋白酶的水解活性。一般根据酶的活性位点及其氨基酸序列的同源性，可将蛋白酶抑制剂分为丝氨酸蛋白酶抑制剂、半胱氨酸蛋白酶抑制剂、天冬氨酸蛋白酶抑制剂和金属蛋白酶抑制剂。

植物蛋白酶抑制剂是一种贮藏蛋白，主要存在于植物的贮藏器官中，特别是在种子和球茎中含量最多，其含量占总蛋白的 1%～10%。植物蛋白酶抑制剂主要存在于豆科、茄科、葫芦科、禾本科及十字花科等植物中，如大豆、菜豆、豌豆、小麦、花生、高粱、马铃薯、甘薯等。胰蛋白酶抑制剂是一类丝氨酸蛋白酶抑制剂，主要功能是抑制胰蛋白酶的活性，广泛存在于豆类、谷类、油料作物等植物中。大豆中的胰蛋白酶抑制剂有 7～10 种，具有抑制胰蛋白酶活性的作用，影响人体对大豆蛋白质的消化吸收，导致胰脏肿大和抑制食用者的生长发育。α-淀粉酶抑制剂是一种耐热的蛋白质，可抑制动物对淀粉的吸收利用，主要存在于大麦、小麦、玉米、高粱等禾本科作物种子和大多数豆类种子中。

2. 中毒原因与症状

加热不能彻底钝化豆类中的蛋白酶抑制剂活性。因此，经热处理的含植物蛋白质成品，特别是含植物蛋白配方的婴儿食品也存在安全性问题。豆类中的胰蛋白酶抑制剂和 α-淀粉酶抑制剂是营养限制因子，可造成明显的生长迟缓或停滞。在饮食中含有大量导致胰腺过度分泌的蛋白质，会造成氨基酸的缺乏并伴随生长抑制。

3. 预防控制措施

胰蛋白酶抑制剂对热稳定性较高，在 80℃加热温度下仍残存 80%以上的活性，延长保温时间，并不能降低其活性。采用 100℃处理 20min 或 121℃处理 3min 的灭活方法，可使胰蛋白酶抑制剂丧失 90%以上的活性。

五、棉酚

（一）来源与理化性质

棉酚（gossypol）是由锦葵科棉属植物的色素腺体分泌、生成的多酚二萘衍生物，无臭、无味，不溶于水，溶于甲醇和乙醇（图 4-5）。所有棉副产品中均含有棉酚，全棉籽中棉酚的含量因棉花品种不同，存在很大差异（0.02%～6.64%）。

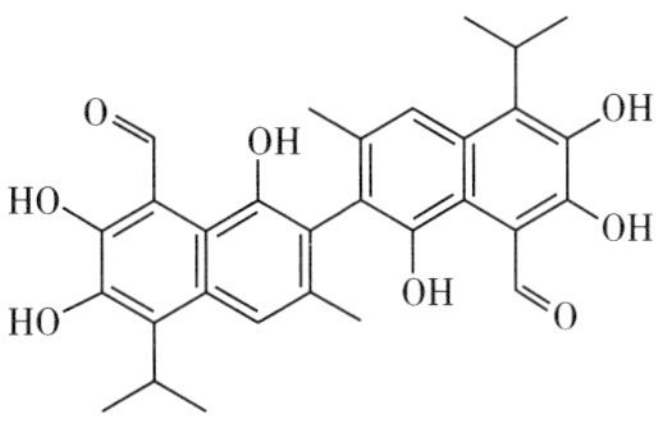

图 4-5　棉酚化学结构式

（二）中毒原因与症状

棉酚可损害人体的肝、肾、心等脏器和中枢神经系统，且长期食用可降低生育能力。产棉区食用粗制棉籽油的人群可发生慢性中毒。临床上可分为烧热型及低血钾型两型。前者以皮肤灼热为特征，可伴有头晕、乏力、烦躁、恶心、瘙痒等症状。低血钾型以肢体无力、麻木、口渴、心悸、肢体软瘫为主。部分患者心电图异常，若治疗不及时，可致死亡。

（三）预防控制措施

预防措施为在农村产棉区宣传粗制棉籽油的毒性。教育乡镇企业、个体户及农民将棉籽粉碎、蒸炒后再榨油，因加热可使游离型棉酚变成结合型，毒性降低。凡棉籽油中游离棉酚超过标准（0.02%）者，不得出售，要加碱精炼。

六、草酸及其盐类

（一）来源与理化性质

草酸（$H_2C_2O_4$）是一种简单的二元羧酸，广泛存在于马齿苋、菠菜、竹笋、茭白等蔬菜中。日常饮食中草酸过量，可在吸收前与钙形成不溶物，妨碍钙的吸收；吸收后又可与体内的钙及其他物质形成难溶性草酸盐，导致人体内钙含量下降，长此以往将会使人体骨骼结构发生改变，引起骨质疏松、慢性缺钙等疾病。由于草酸钙为晶体，难以被人体吸收代谢，会在人体内沉淀，极易导致草酸钙结石和尿路结石。

（二）中毒原因与症状

食用过多含草酸食物，通过代谢变成草酸盐等。草酸钙（图 4-6）可在不同的组织，尤其是肾脏中沉积，随时间延长造成肾脏损坏。肾功能受损后就会失去适当过滤液体的能力，增加草酸中毒的风险。草酸过多症发生后，草酸进入血液并进一步转移到骨头、肌肉和包括心脏在内的其他部位，还能够损伤消化道。此外，草酸中毒会导致心律失常、皮肤溃疡等一系列症状。

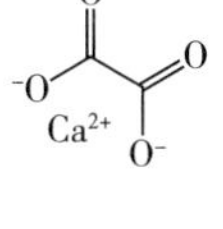

图 4-6　草酸钙化学结构式

（三）预防控制措施

水煮菠菜可去除其中所含的大部分草酸，可大大降低草酸被人体摄入的量。因此，在食用菠菜时最好先做煮沸/水煮处理。还应合理调整膳食结构，健康饮食，多摄入蔬菜和水果。

七、芥酸

（一）来源与理化性质

芥酸又名水芥油酸、芜酸、顺二十二碳-13-烯酸，是一种长链单不饱和脂肪酸（图4-7），纯品为无色针状结晶，极易溶于乙醚，溶于乙醇和甲醇，不溶于水，主要存在于菜籽油和其他十字花科植物的油脂中。

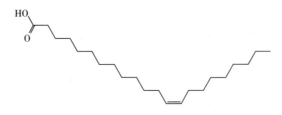

图4-7　芥酸化学结构式

土榨菜籽油未经过精炼，易造成芥酸等有害物质超标。联合国粮农组织及世界卫生组织已对菜籽油中芥酸含量做出限量规定，即菜籽油芥酸的含量一律低于5%。目前我国低芥酸菜籽油产品芥酸含量≤5%，仍高于国外菜籽油芥酸含量≤0.1%的水平。

（二）中毒原因与症状

动物实验证实，大量摄入含芥酸高的菜籽油，可致心肌纤维化引起心肌病变，会引起血管壁增厚和心肌脂肪沉积；引起动物增重迟缓，发育不良；如果试验饲料中芥酸含量达10%时，公鼠即出现睾丸变小，无成熟精子等现象，还会引起血小板下降。

（三）预防控制措施

如菜籽油未经正规专业的处理，其中的芥酸含量可高达40%。因此，在购买菜籽油时要购买正规厂家生产的包装菜籽油，远离农村自榨还有小作坊生产的菜籽油，以免长期食用对身体产生不良影响。

第二节　天然动物性有毒物质

一、水产类

（一）河鲀毒素

1. 来源与理化性质

河鲀毒素（tetrodotoxin，TTX）分子式为 $C_{11}H_{17}O_8N_3$（图4-8），是鲀鱼类及其他生物体内含有的一种生物碱，属于氨基全氢喹唑啉型化合物，由一个带有三环正酯的四环骨架和一个环胍部分组成。TTX 呈弱碱性，纯品白色晶体状，易潮解，极易溶解于稀酸水溶液中，微溶于水，在低 pH 时较稳定，碱性条件下易于降解。TTX 化学性质和热性质均很稳定，盐腌或日晒等一般烹调手段均不能将其破坏，在120℃加热30min 以上或在碱性条件下才能被分解。

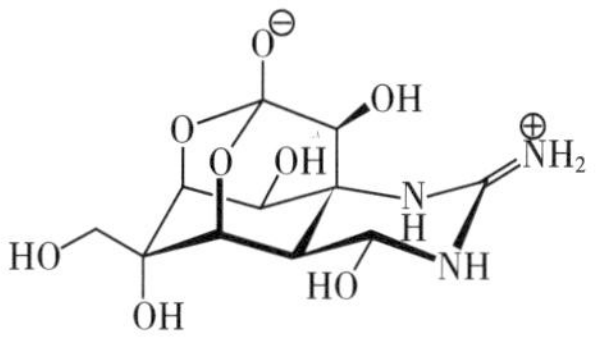

图4-8　河鲀毒素化学结构式

鲀科鱼类是最常见的含河鲀毒素的水产品，但其不仅存在于各种鲀科鱼中，还广泛分布于云斑裸颊虾虎鱼、织纹螺等生物中。TTX来源至今尚未明确，出现两个争议：外源性起源和内源性起源，是通过外界摄入毒素还是通过生物体自身合成尚未得知。河鲀体内毒素的积累和分布因不同季节和部位而异，呈现特异性、地域性、季节性等特点。河鲀通常在生殖季节毒性大，雌性毒性大于雄性毒性。TTX主要分布于鲀鱼内脏，一般卵巢、肝脏和皮肤的毒性较大，精巢毒性较低。一般肌肉中不含有河鲀毒素，但河鲀死后毒素可渗入肌肉。

2. 中毒原因与症状

TTX是典型的钠离子通道阻断剂，能选择性与肌肉、神经细胞的细胞膜表面的钠离子通道受体结合，即在很低浓度下能选择性抑制Na^+通过神经细胞膜，从而阻滞动作电位，抑制神经肌肉间兴奋的传导，导致与之相关的生理机能障碍，主要造成肌肉和神经的麻痹。TTX能通过血脑屏障进入中枢，对中枢产生明显的抑制作用，影响呼吸，造成脉搏迟缓；严重时体温和血压下降，最后导致血管运动神经和呼吸神经中枢麻痹。

中毒通常表现为：恶心、腹痛、呕吐等消化道症状；口唇、舌头、手指麻木、四肢无力、运动失调、腱反射消失等神经麻痹症状；严重者可致呼吸中枢和血管运动中枢麻痹，导致急性呼吸衰竭，危及生命。轻度中毒者一般在第1~3天症状缓解；中度中毒者在第3~7天内缓解；重度中毒在食后5h呼吸心跳停止；经治疗30天左右症状消除。河鲀毒素中毒的病死率为40%~50%，通常潜伏期在30min到6h内，中毒死亡通常发生在发病后4~6h，最快可在发病后10min内死亡。

河鲀中毒事件

3. 预防控制措施

由于河鲀毒素无抗原性，因此无抗血清，至今无特效药。目前，对河鲀毒素中毒的最好疗法是清洗和排出胃肠道中的毒素，并马上进行人工辅助呼吸。对于严重中毒者，要尽快转送到医院进行救治，对出现胸闷，呼吸困难的病人及时用气管插管，呼吸机辅助呼吸。

（二）雪卡毒素

1. 来源与理化性质

雪卡毒素又名西加毒素（ciguatoxin，CTX），最初因人们食用加勒比海一带名为"Cigug"的海软体动物引起中毒而得名。雪卡毒素是一种重要的海洋鱼类毒素，其毒性比河鲀毒素强100倍。该毒素主要分布于鱼头、内脏、生殖器官中，在内脏中含量较高，且无法被烹饪去除。

雪卡毒素主要来源于海洋中有毒的底栖甲藻，如冈比亚藻、福氏藻、利玛原甲藻、暹罗蛎甲藻，一般分布在热带、亚热带及温带水体，主要附生在大型藻类、死珊瑚或者岩石表面，是植食性鱼类的重要饵料。鱼类通过摄入这类有毒藻种，造成雪卡毒素在鱼体内蓄积，通过食物链逐级传递，最后影响海产品的食用安全。

珊瑚礁鱼类是雪卡毒素的主要载体。研究发现超过 400 多种鱼类可携带雪卡毒素，主要具有食品安全隐患的是珊瑚鱼类，如老虎斑、西星斑、东星斑、梭鱼、黑鲈等。雪卡毒素的纯物质最早是从带毒的爪哇裸胸鳝（*Gymnothorax javanicus*）肝脏中分离得到。雪卡毒素按照不同海域可分为太平洋雪卡毒素（Pacific-CTXs，P-CTXs）、印度洋雪卡毒素（Indian-CTXs，I-CTXs）和加勒比海雪卡毒素（Caribbean-CTXs，C-CTXs）3 类。

雪卡毒素是无色无味的大环聚醚类分子，脂溶性，高温加热不易破坏但易氧化，易溶于乙醇、甲醇或丙酮等极性有机溶剂，但不溶于苯和水。其主要由 13 个或 14 个连接成阶梯状的醚环组成，醚环大小从五元环到九元环不等。6 种太平洋毒素和 2 种加勒比海雪卡毒素的化学结构式如图 4-9 所示，目前已知 P-CTX-1 在所有种类雪卡毒素中毒性最强、数量最多。

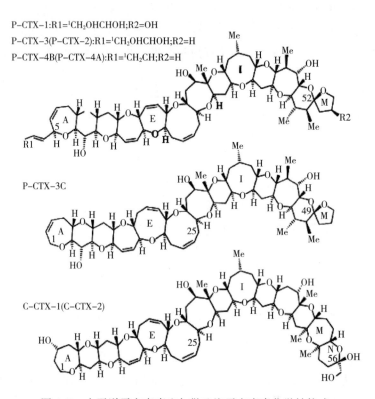

图 4-9　太平洋雪卡毒素和加勒比海雪卡毒素化学结构式

每年 1~5 月是雪卡毒素分泌高峰期，雪卡毒素对鱼类本身并无明显的毒害作用，毒素通过食物链传递，小鱼吃下有毒海藻后，大鱼吃掉小鱼，毒素随之积聚于鱼体内，一般认为体积越大的鱼，其体内含有的毒素越多。

2. 中毒原因与症状

雪卡毒素属于神经毒素，主要作用于中枢神经系统和神经末梢。由于雪卡毒素的来源并不单一，被雪卡毒素污染的海产品不易被发现，因此雪卡毒素的临床症状相当复杂。一般情况下在摄入含有毒素的鱼类 1~6h 内出现症状，严重者会在摄入数分钟后出现中毒现象。雪卡毒素中毒引起人体中毒的临床症状主要有腹泻、腹痛、恶心呕吐、头痛、全身关节痛、皮肤瘙痒等症状。同时由于雪卡毒素的生物累积性，如果长期低剂量摄入，可引致空间记忆缺陷及认知障碍症状，严重者可导致死亡，死亡率在 0.1%~4.5%。

3. 预防控制措施

（1）预防措施　尽量避免在繁殖期内（3~4 月）购买和进食珊瑚鱼等海洋鱼类；避免进食 1.5kg 重以上的珊瑚鱼（深海鱼），且勿吃鱼内脏，尤其是卵巢；在食深海鱼前应将其放养 15 天左右，以便毒素排出体外；曾有过雪卡毒素中毒的人在 3~6 个月内应避免再次食用深海鱼，防止中毒症状复发。

（2）治疗措施　一般治疗包括催吐、洗胃、补充血容量、纠正心律失常，给予大剂量维生素、钙剂、胞二磷胆碱等神经营养药物，疼痛难忍时可注射镇痛剂缓解。

（三）贝类毒素

贝类属于非选择性滤食生物，其食物主要为藻类、原生动物等浮游生物和一些有机物残渣。贝类在生长过程中极易富集环境中的有害物质，如致病菌、贝类毒素、农药残留物、重金属等。贝类毒素是一些贝类所含的能引起人类中毒的物质，一般是微型赤潮海藻类所产生，通过食物链富集作用于贝类。贝类毒素的形成与海洋中有毒藻类赤潮密切相关，属于海洋天然有机物，是海洋毒素的一种。常见引起贝类有毒的藻类主要有原膝沟藻、涡鞭毛藻、裸甲藻及其他一些未知的海藻。贝类所含毒素成分复杂，主要有石房蛤毒素及其衍生物、大田软海绵酸及其衍生物、短螺甲藻毒素等。

1. 麻痹性贝类毒素

（1）来源　麻痹性贝类毒素（paralytic shellfish toxin，PST）是一类四氢嘌呤的衍生物，来源于有毒甲藻，主要存在于软体贝类中。主要有氨基甲酸酯类毒素、N-磺酰-氨甲酰基类毒素、脱氨甲酰基类毒素与脱氧脱氨甲酰基类毒素等。PST 是世界上分布最广，事故发生频率最高，危害程度最大的一类毒素。PST 分布十分广泛，全球多国海域均有发现，包括日本、美国、加拿大等都发生过 PST 中毒事件，且其蔓延的趋势在进一步扩大。

石房蛤毒素（saxitoxin）是已知毒性最强的麻痹性贝类毒素，对人体的经口致死量为 0.5~0.9mg/（kg·bw）。石房蛤毒素是四氢嘌呤的一种衍生物，化学式为 $C_{10}H_{17}N_7O_4$，相对分子质量为 299.29，白色，易溶于水，微溶于甲醇和乙醇，其分子结构式如图 4-10 所示。石房蛤毒素实际上是由一些藻类和蓝细菌所合成，最后通过食物链聚集在贝类体内。石房蛤毒素是一种选择性的细胞膜钠离子通道阻滞剂，能够与神经元细胞膜上的钠离子通道结合，抑制钠离子通过细胞膜，从而阻止细胞电位的传导，最终导致瘫痪。

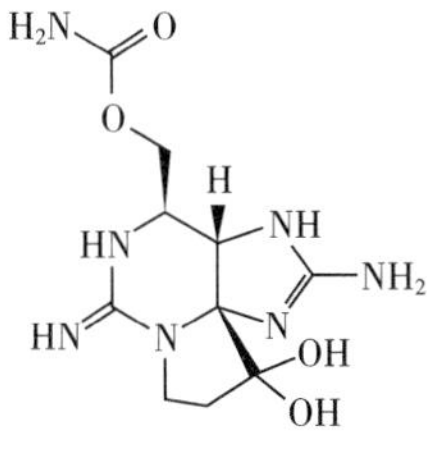

图 4-10　石房蛤毒素分子结构式

PST 是一类神经性毒素，主要通过对钠离子通道的影响而抑制神经传导。PST 分子量低，极性较高，不挥发，易溶于水，不溶于非极性溶剂。PST 在酸性条件下稳定，在碱性条件下可发生氧化，导致毒性降低甚至消失。

（2）中毒症状　PST 中毒主要是因为进食贝类的内脏、生殖腺及烹煮的汁液，PST 会引起神经系统的疾病，包括颤抖、兴奋以及嘴唇、舌头麻木，四肢麻木、走路无力，严重时可致呼吸系统麻木以致死亡，中毒潜伏期一般在 1~6h，死亡率 5%~8%。

2. 腹泻性贝类毒素

（1）来源　腹泻性贝类毒素（diarrhetic shellfish toxin，DST）是海洋中藻类或微生物产生的一类脂溶性次生代谢产物，主要包括软海绵酸、鳍藻毒素、蛤毒素等。DST 为聚醚或大环内酯化合物，在贝体内性质非常稳定，一般的烹调加热不能使其破坏。

（2）中毒症状　DST 的毒性机制主要在于其活性成分软海绵酸能够抑制细胞质中磷酸酶的活性，导致蛋白质过磷酸化，从而对生物的多种生理功能造成影响。DST 不致命，通常只会引起轻微的肠胃疾病，症状消失快速。人体 DST 中毒的症状一般表现为消化功能紊乱，如腹泻、恶心呕吐，同时伴有肠胃绞痛等类似急性肠胃炎的现象。一般在食用贝类几小时内出现症状，严重者食用后 30min 即出现症状，中毒者 3~4 日可恢复，无后遗症。

3. 神经性贝类毒素

（1）来源　神经性贝类毒素（neurotoxic shellfish toxin，NST）主要由短凯伦藻（*Karenia brevis*）产生的一类贝类毒素，主要包括短裸甲藻毒素（brevetoxins）及其同系物。有毒的短裸甲藻被贝类摄食后，其毒素在体内积累，并通过食物链传递给人类，引起食物中毒。

（2）中毒症状　短裸甲藻毒素可以和电压门控钠离子通道结合，导致通道持续激活，造成恶心、刺痛、麻木、运动能力丧失等症状。NST 可引起鱼类、软体动物、甲壳动物、海绵动物、棘皮动物及底栖藻类的大量死亡。NST 中毒一般表现为胃肠和神经紊乱。食用受短裸甲藻污染的贝类 30min 会出现恶心、呕吐、腹痛、腹痛等症状，同时可能伴有唇部周围区域的麻木，出现肌肉软弱无力、头痛、忽冷忽热等症状；NST 中毒严重者，会引发瞳孔扩张、呼吸急促和四肢抽搐，但一般很少发生。NST 中毒症状持续时间相对较短，在 10min~20h，最长中毒者在 4 天左右，根据食用贝类的数量及其毒性有所差异。

4. 失忆性贝类毒素

（1）来源　记忆丧失性贝类毒素（amnesic shellfish toxin，AST）又称健忘性贝类毒素，主要包括软骨藻酸（domoic acid）及其同分异构体（图 4-11）。软骨藻酸是由一些浮游藻类产生的可严重危害人畜健康的兴奋性神经生物毒素，分子式为 $C_{15}H_{21}NO_6$，分子量为 311.33，纯品为无色晶体，易溶于水，微溶于甲醇，不溶于石油醚。软骨藻酸已被证明是一种强烈的神经毒性物质，是谷氨酸盐的拮抗物，可作用于中枢神经系统红藻酸受体，导致去极化、钙的内流，最终导致细胞死亡。AST 可在贝类、鱼类、蟹类体内蓄积，引起 AST 中毒的贝类主要是贻贝。

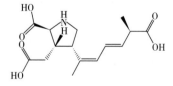

图 4-11　软骨藻酸分子结构式

（2）中毒症状　软骨藻酸含量小于20mg/kg的贝类食品可以食用。食用被软骨藻酸污染的贝类，会产生胃肠道症状，可能会对中枢神经系统海马区和丘脑区造成影响，导致记忆力下降。一般在食用3~6h后会出现恶心、呕吐、腹泻等症状，伴有头晕眼花、神智错乱、丧失方向感，出现短时间失忆症状，有些患者可能会出现记忆永久性丧失，严重时甚至可导致死亡。

5. 贝类中毒相关食品安全案例

2021年12月，漳州市发生多起由食用麻痹性贝类毒素污染泥螺引起的食物中毒事件。中毒者在小摊购买腌制泥螺食用后相继出现唇、舌、指尖麻木、呕吐、乏力等症状，漳州市疾控中心在食用后剩余的泥螺中检出高浓度麻痹性贝类毒素。自2022年4月以来，美国和危地马拉多人因食用贝类水产品中毒，34人受到感染，3名儿童和1名成人死亡。2022年福建厦门的佘女士因为食用腌泥螺一周后出现肚子疼、拉肚子的症状，经医疗检测发现佘女士的转氨酶超出正常临界值40多倍，另一位患者同样出现恶心、腹泻等症状，体内的总胆红素高出正常值的10多倍，甚至需要进行人工肝血浆置换。

6. 贝类中毒预防控制措施

贝类中毒发病快，潜伏期较短，中毒者的病死率较高，尚无特效解毒方法。其中，麻痹性贝类毒素是我国海洋赤潮毒素中最常见的毒素之一，约占藻毒素引起中毒事件的87%，引发的中毒事件有2000多起。贝类毒素含量通常在4~5月达到最高，预防贝类中毒最有效的措施就是在贝类生长的水域采取藻类显微镜检查。如发现有毒藻类大量存在，应对当时捕捞的贝类作毒素含量的测定。各经营企业、餐饮单位不得采购和销售来源不明以及禁止捕捉的贝类，消费者同时应该注意不在赤潮爆发高峰期购买食用野生贝类，在食用过程中应做好预防。在食用贝类前应去掉其内脏，严格去除其消化腺和裙边，减少毒素，每次进食较少分量的贝类食物。若如食用贝类出现不良反应，应及时停止食用，进行催吐处理，同时前往医院进行治疗，尽快排出体内毒素。

二、两栖类

（一）蟾蜍毒素

蟾蜍毒素又称蟾毒配基-3-辛二酰精氨酸酯，存在于蟾蜍（*Bufo vulgaris*）毒液中。蟾蜍分泌的毒液成分复杂，有30多种，以蟾蜍毒素为主。蟾蜍毒素水合物为针状晶体，易溶于甲醇、吡啶，微溶于无水乙醇，不溶于水，耐热，一般烹饪法不能破坏其活性。蟾蜍毒素是蟾蜍下腺及皮肤分泌物经加工后得到，具有解毒、止痛、提神、抗炎等作用，是一种强心剂，有麻醉作用。

蟾蜍毒素毒性大，最大药用内服量不超过30mg，过量摄入蟾蜍毒素可引起中毒。进食煮熟的蟾蜍，服用过量的蟾蜍药剂，或伤口遭其毒液污染均可引起中毒。蟾蜍的毒性成分一般存在于腮腺和皮肤腺，但还可能存在于肌肉、肝脏、卵巢中。蟾蜍毒素作用潜伏期短，中毒0.5~4h后出现不良反应，对机体多个系统产生影响，类似洋地黄中毒症状，可兴奋迷走神经，直接影响心肌作用并出现呕吐、腹痛等胃肠道症状，可致心律失常、胸部胀闷，在神经系统方面出现口舌麻痹、出汗、嗜睡、抽搐、视物模糊等症状，严重者可导致休克，在短时间内心跳剧

蟾蜍中毒事件

烈、呼吸急促，发病数小时后死亡。

蟾蜍毒素中毒通常是由于民间根据配方加工、服用不当引起。蟾蜍毒素毒性强，中毒死亡率较高，无特效药，因此应严格要求不食用蟾蜍，如若用于治疗，应严格遵循药用内服量，为3~5g。如若出现中毒症状，早诊断、早治疗，可用1.2%氯化钾注射液50~100mL缓慢静脉滴注，有一定的解毒作用。

（二）箭毒蛙毒素

箭毒蛙（*Dendrobates tinctorius*）又名毒箭蛙、毒镖枪蛙，是生活在中美洲与南美洲加勒比海沿岸低地森林中的一种小型陆地蛙。其本身并不含毒，毒性源自其食用的有毒昆虫，而这些昆虫则从植物里吸取毒素。箭毒蛙从食物中获取有毒的生物碱，通过血液循环分布到皮肤上。不同品种的箭毒蛙，毒素也不尽相同，其中以金色箭毒蛙的毒性最强。据报道目前箭毒蛙种类共170多种，含有剧毒的有55种。

箭毒蛙毒素（batrachotoxin）是存在于箭毒蛙中的一种甾体生物碱（图4-12），是目前已知毒性最强的非肽类神经毒素之一，小鼠的半数致死量LD_{50}为$2\mu g/(kg \cdot bw)$，0.1mg就可杀死一名成年人。箭毒蛙毒素主要通过干扰肌肉细胞和神经细胞中的电压门控钠离子通道，迫使其保持持续"开启"状态，阻止神经信号的传递，最终导致麻痹和心力衰竭，继而死亡。

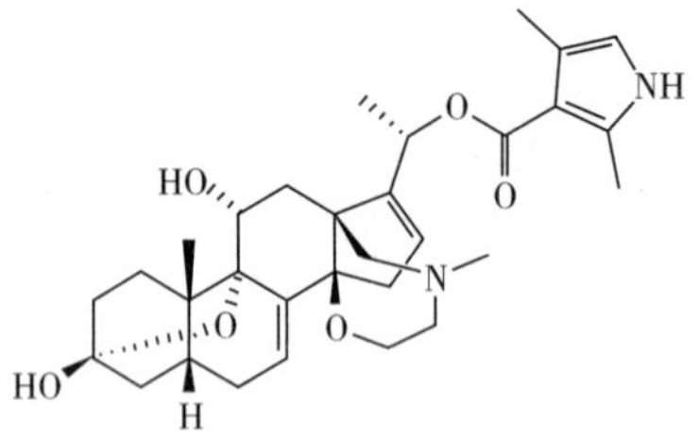

图4-12　箭毒蛙毒素分子结构式

三、其他动物组织

（一）动物肝脏

动物肝脏是肉制品加工过程中的副产物，含有丰富的蛋白质、维生素、矿物质、碳水化合物等营养物质。但动物肝脏是动物机体最大的解毒器官，进入体内的有毒、有害物质均在肝脏中进行解毒。当动物摄入过多的有毒、有害物质，有毒、有害物质就会留在肝脏，人们食用这样的动物肝脏，就可能由于胆酸、脂溶性维生素A吸收过量而出现中毒症状。此外，重金属也可在动物肝脏中蓄积，导致动物全身组织中毒。

1. 胆酸

胆酸是一种有机物，存在于牛、羊、猪、兔等动物的胆汁中。动物食品中的胆酸是胆酸、脱氧胆酸和牛磺胆酸的混合物，其中牛磺胆酸的毒性最强。肝脏中的胆酸均以胆酸钠盐或钾盐形式存在，易溶于水。动物肝脏中的胆酸是中枢神经系统抑制剂，具有溶血作用。

通常肝脏类食物中含有较少胆酸，极少出现中毒反应。但当大量食用或是处理不当时，可能会出现中毒症状，不宜大量食用，非必要时不吃。在处理动物肝脏时可用小刀将肝脏剖开，清除被胆汁污染的部分肝脏，多用清水进行浸泡或加热处理。

2. 维生素 A

维生素 A 是一类具有视黄醇生物活性的物质，存在于动物性脂肪和肝脏中，尤其在鱼类肝脏中最多。维生素 A 是脂溶性维生素，对热、酸、碱都十分稳定，是人体中非常重要的一种必需维生素，也是人体中功能最多的维生素，具有维持骨骼正常生长发育、提高人体免疫力、抑制肿瘤生长等作用。

由于人体耐受维生素 A 的量有限，摄入过多维生素 A 将造成急性或慢性中毒，被称为维生素 A 中毒症。人对维生素的需求量因人而异，婴儿 1000IU/d，儿童 2500IU/d，女性成人 4000IU/d，男性成人 5000IU/d。人在数小时内摄入维生素大于推荐摄入量 100 倍时会发生急性中毒，主要表现为头痛、恶心、呕吐、嗜睡等症状。婴儿若长期服用大量维生素 A 后，会导致皮肤干燥、骨密度下降、结膜炎、肝脾肿大。过量的维生素 A 对肝脏、视觉、心脑血管、生殖发育均存在毒性作用，对于人体而言，只要保证饮食中含有丰富的维生素 A 的食物，就可满足摄入量的需求，无须额外补充维生素 A，掌握维生素的正常需求量，不可一次过量食用或少量连续食用，防止过量维生素 A 中毒，这样才能真正发挥其营养作用。

（二）内分泌腺

"动物三腺"是指猪、羊、牛等动物身上长的甲状腺、肾上腺和病变淋巴腺。当人们食用这三种腺体后会发生不同程度的中毒反应。

1. 甲状腺

哺乳动物的甲状腺是一个重要的内分泌腺，主要作用是合成和分泌甲状腺素。猪甲状腺位于猪喉头甲状软骨附近骨侧，呈暗红色，一般长 4~5cm，是一种有毒的动物脏器。屠宰生猪时，应将其剔除，不得与"喉头肉""猪下水"混合出售，以防发生中毒事件。动物甲状腺的主要成分是甲状腺素，生理功能与人类的较为相似，当人体食用动物的甲状腺，相当于增加了多余的甲状腺素，会扰乱人体正常的内分泌和代谢活动，出现类似"甲亢"的症状。

甲状腺素理化性质比较稳定，其有效结构在 670℃ 以上才能被完全破坏，经过一般烹调处理，仍可保持其有效成分，所以很容易发生中毒。甲状腺中毒的潜伏期一般在 1 天左右，最短 1h 发生中毒症状，发病率一般为 70%~80%。食用猪甲状腺后严重影响下丘脑活动，能引发一系列神经精神症状，使体内代谢加快、组织细胞氧化速率增高、产热增加、各器官系统平衡失调，出现各种中毒症状。常见的症状主要是头晕、头痛、胸闷气短、四肢无力、全身酸痛、恶心、呕吐、腹痛，部分患者会出现水泡、皮疹及面部水肿。严重者会感到高热、烦躁，出现脱发、肝区疼痛等症状。病程长，一般在中毒 2 周左右才可恢复，长者可达数月，并长期存在头痛、四肢无力等症状。

屠宰人员应严格规程摘除甲状腺，彻底摘除干净，如果供制药使用，应单独保存。相关卫生防疫部门应积极宣传甲状腺的有关知识，让市民认识到甲状腺是有毒脏器。广大消费者应认识食用甲状腺的危害，做到购买肉时检查是否有卫生检验证明，一旦误食立即送往医院进行治疗，不可耽误最佳治疗时间。

2. 肾上腺

肾上腺俗称小腰子，是一种重要的内分泌器官，能分泌多种重要的脂溶性激素，位于肾脏上方。肾上腺中含有皮质激素和髓质激素，可使血钠增高，人体水盐代谢发生障碍，出现水肿，引起血压血糖升高、心跳加快等。

哺乳动物的肾上腺不可食用，如屠宰时未摘除肾上腺，被人食用，人体内的肾上腺素浓度将升高，出现中毒症状。主要表现为出现恶心、呕吐、腹泻、四肢无力等症状，一般潜伏期较短，患有心血管疾病、糖尿病的患者中毒症状更为明显，迅速导致血压升高，可能诱发心梗、脑梗暴发，恶化病情。因此在食用动物肾脏时须把肾上腺摘除，避免食用引发中毒。

3. 病变淋巴腺

淋巴腺也叫淋巴结，俗称"花子肉"，呈灰白色或淡黄色的疙瘩状，分布于身体各处。淋巴腺通常是病变转移最明显的地方，含有大量病菌并产生毒素，食用后将危害人体健康。淋巴腺在动物体内主要作用是产生淋巴细胞，负责吞噬、清除异物，当细菌或病毒进入体内后，淋巴腺由于抵抗防御会发生病变，出现充血、肿胀等症状。

病变淋巴腺本是一个病变组织，存在较多病原菌，其中动物脖子部位淋巴腺相对集中，食用后易发生中毒。食用病变淋巴腺的潜伏期很短，主要症状为恶心、呕吐、腹泻，可引起急性肠胃炎，严重者未经及时治疗可危及生命。

未发生病变的淋巴腺，虽因食入病原微生物引起相应疾病的可能性较小，但无法从外部形态判断，消费者在购买肉类时，无论是否是病变的淋巴腺，都应将其舍弃。

第三节　蕈菌毒素

一、中毒概况及特点

蕈菌（macrofungi），俗名蘑菇，是由菌丝和子实体组成的大型真菌。蕈菌富含人体必需氨基酸、矿物质、维生素和多糖等营养素，且脂肪含量相对较低，是一种高蛋白、低脂肪的健康食物资源。蕈菌种类繁多，大致可分为可食用蕈菌、药用蕈菌、有毒蕈菌及其他蕈菌四大类。目前全世界已知的蕈菌大约有14000种，我国有4000种以上，具有食用价值的蕈菌种类有1020种，可药用蕈菌692种，有毒蕈菌480种。有毒蕈菌又称毒蘑菇，是指人及动物食用蕈菌的子实体部分后产生中毒反应的物种，为有毒蘑菇的总称。

常见的蕈菌毒素主要有鹅膏肽类毒素、鹅膏毒蝇碱、色胺类毒素、异噁唑衍生物、鹿花菌素、鬼伞毒素、奥来毒素等。

（一）鹅膏肽类毒素

鹅膏肽类毒素均为环肽类化合物，根据氨基酸的组成和结构，其可分为鹅膏毒肽、鬼笔毒肽和毒伞素三大类（图4-13）。鹅膏肽类毒素常出现于蘑菇属（*Agaricus*）、鹅膏属（*Amanita*）、盔孢伞属（*Galerina*）等。鹅膏毒肽和鬼笔毒肽化学性质稳定，耐高温、耐干燥、耐酸碱，普通的烹饪无法破坏其毒性。中毒原理有两种：通过抑制RNA聚合酶活性、影响mR-

NA 转录及蛋白质合成；通过氧化反应应激产生内源因子导致细胞凋亡。鬼笔毒素主要作用于内质网，并阻止细胞骨架生成。

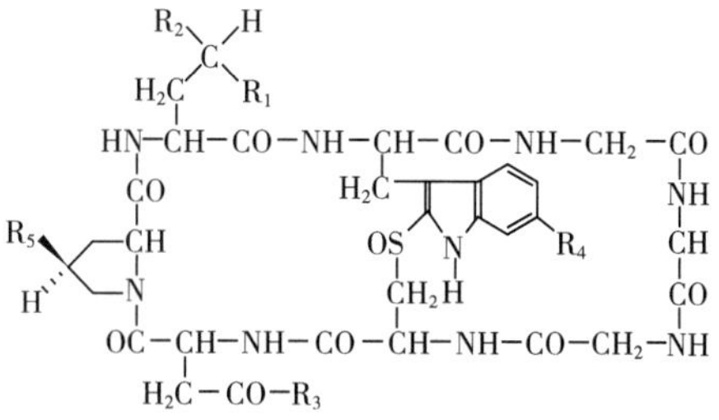

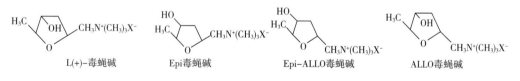

图 4-13　鹅膏肽类毒素化学结构式

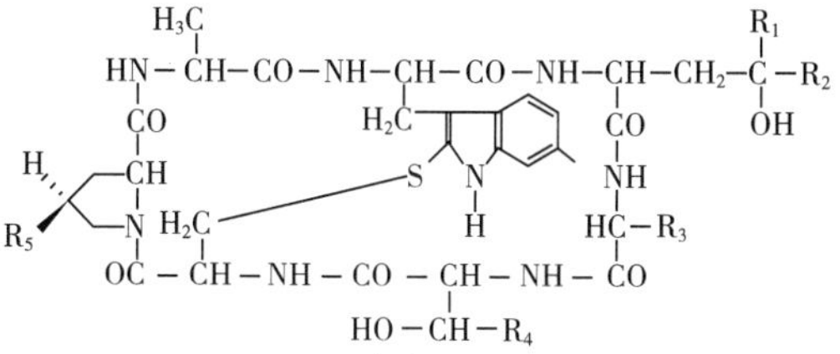

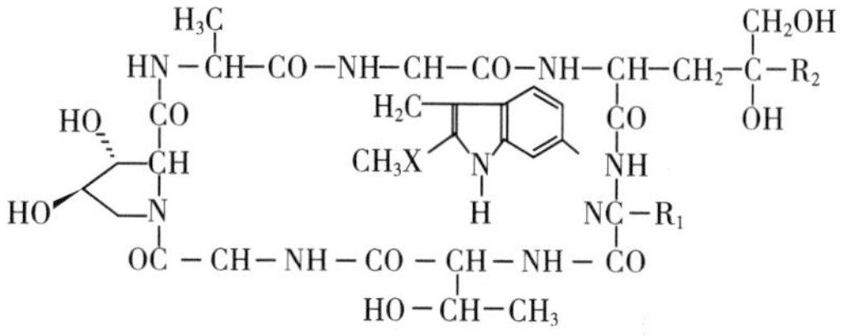

（a）鹅膏毒肽；（b）鬼笔毒肽；（c）毒伞素

（二）鹅膏毒蝇碱

鹅膏毒蝇碱即氧化代杂环季盐，具有致幻作用，是一种神经毒素，作用机理类似于乙酰胆碱。化学分子式为 $C_9H_{20}NO_2$，有 4 种异构体：L（+）-毒蝇碱、EPi 毒蝇碱、Epi-ALLO 毒蝇碱、ALLO 毒蝇碱，结构式见图 4-14。

图 4-14　鹅膏毒蝇碱的异构体化学结构式

（三）色胺类毒素

色胺类毒素主要有光盖伞素、去甲裸盖伞素及脱甲基类似物、光盖伞辛和 4-羟基色氨酸等，常见于裸盖菇属（*Psilocybe*）、斑褶菇属（*Panaeolus*）、裸伞（*Gymnopilus*）、丝盖伞属（*Inocybe*）及光柄菇属（*Pluteus*）的蕈菌中。光盖伞素和光盖伞辛可引起交感神经兴奋，其中蟾蜍素有着明显色彩幻视，但对中枢神经系统几乎无毒害作用。该类毒素潜伏时间较短，一般为 15~120min，不小心误食后会出现头昏眼花、血压升高、视力不清、幻视、幻听等症状（图 4-15）。

（四）异噁唑衍生物

目前已知的异噁唑衍生物毒素包括口蘑氨酸、鹅膏蕈氨酸、异鹅膏氨酸和异鹅膏胺，存在于毒蝇鹅膏（*Amanita muscaria*）、毒蝇口蘑（*Tricholoma muscarium*）、灰鹅膏（*Amanita vaginata*）、绿盖鹅膏（*Amanita phalloides*）等毒蕈中。异噁唑衍生物是致幻的神经毒素，是通过在人体内的水解产物脱羧生成胺类，抑制 γ 毒氨基丁酸受体而影响内源性神经递质，导致大脑功能紊乱，引起神经症状（图4-16）。

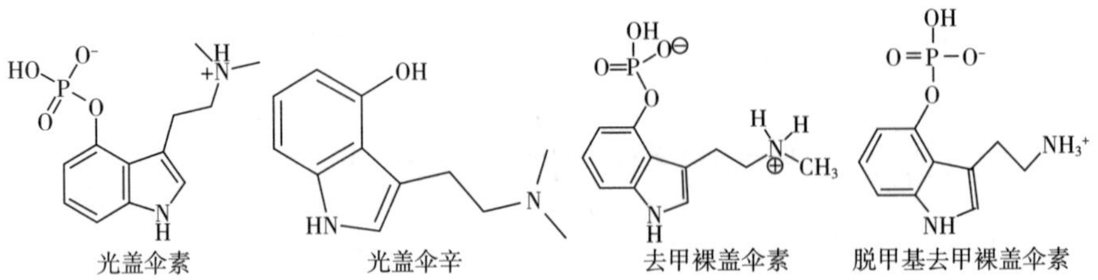

图4-15 色胺类毒素化学结构式

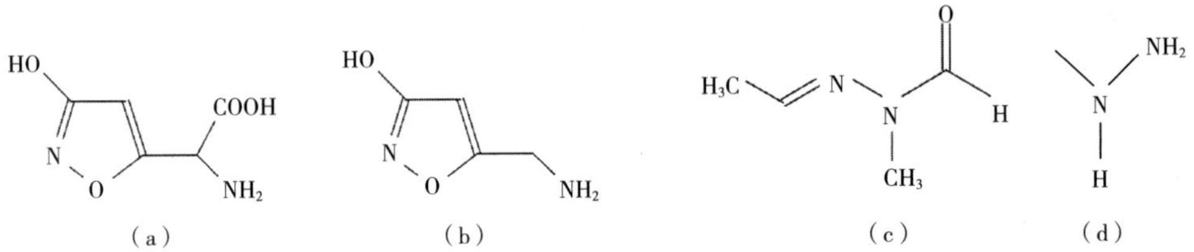

图4-16 异噁唑衍生物
（a）鹅膏蕈氨酸；（b）异鹅膏胺；（c）鹿花菌素；（d）甲基肼

（五）鹿花菌素

鹿花菌素的化学分子式为 $C_4H_6N_2O_2$，是甲基联氨化合物，常见于鹿花菌（*Gyromitra esculenta*）、赭鹿花菌（*G. infula*）、褐鹿花菌（*G. brunnea*），具有极强的溶血性。鹿花菌与羊肚菌外观相似，因此常有人误食中毒。其水解产物甲基肼（methylhydrazine）通过抑制谷氨酸脱羧酶的辅助因子吡哆醛，以减少 γ 氨基丁酸合成并产生毒性，同时诱导溶血。

（六）鬼伞毒素

鬼伞毒素存在于鬼伞类真菌中，最早在墨汁鬼伞中分离出。其化学分子式为 $C_8H_{14}N_2O_4$，是一种水溶性的 1-氨基环丙醇的 γ 基谷氨酰胺共轭物，可被水解为有毒的环丙醇，抑制肝脏中乙醛脱氢酶的活性，导致血液中乙醛浓度升高。也有学者发现鬼伞毒素导致的肾损伤可能与中毒后 Nrf2/HO-1 氧化应激通路调控受阻有关（图4-17）。

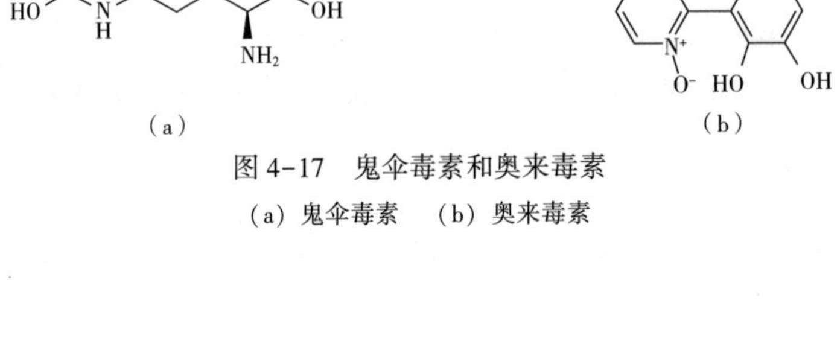

图4-17 鬼伞毒素和奥来毒素
（a）鬼伞毒素 （b）奥来毒素

（七）奥来毒素

奥来毒素在丝膜菌属中常见，分子式为 $C_8H_{10}O_6N_2$，产生毒性的基团是—ON，可导致细胞氧化应激损伤，抑制 DNA、RNA 与蛋白质大分子合成。加热到 270℃ 以上，奥来毒素会被破坏，但其在毒蕈子实体内非常稳定，一般烹煮无法将其破坏，甚至经过多年贮藏毒素仍保持毒性。

二、健康危害

含鹅膏毒素的剧毒蕈菌和亚稀褶红菇是导致我国食用毒蕈导致中毒死亡的主要品类。根据毒蕈作用的靶器官可将毒蕈引起的中毒类型分为急性肝损害型、急性肾衰竭型、胃肠炎型、神经精神型、溶血型、横纹肌溶解型、光过敏性皮炎型 7 类，其中胃肠炎型较普遍。误食毒蕈后，中毒一般最快在 10min 出现中毒症状，起初表现为恶心、呕吐及胃肠不适等临床症状，进一步可扩展到不同器官，引发不同的中毒症状。

（一）急性肝损害型

急性肝损害型是我国毒蕈中毒死亡率最高的一种，引发此型中毒的毒蕈包括鹅膏属、环柄菇属、盔孢伞属等，导致中毒死亡的绝大多数是鹅膏菌属，如灰花纹鹅膏、致命鹅膏、裂皮鹅膏等。常见毒素有鬼笔毒素、鹅膏肽类毒素等。食入毒素后，中毒症状表现为 4 个阶段。

潜伏期（6~12h）：误食鹅肝菌初期并无明显症状出现，具有一定的潜伏期，发病较慢，此特点也在临床上为判断中毒类型提供参考。

胃肠炎期（8~48h）：此时中毒者会出现腹痛、腹泻、恶心、呕吐等一些胃肠道症状。

假愈期（48~72h）：胃肠道症状缓解后，会出现一段时间的假愈期，中毒者无不适症状，近似于康复。

内脏损害期（72~96h）：假愈期过后，中毒患者重新出现腹痛、带血样腹泻等胃肠症状，出现肝功能异常并伴有神经系统症状、凝血功能障碍。病情继续加重会导致病人因器官衰竭而亡。

（二）急性肾衰竭型

含奥来毒素的丝膜菌属和含 2-氨基-4,5-己二烯酸的鹅膏菌属等毒蕈会引起肾损害。奥来毒素导致的中毒发病较晚，3 天左右出现恶心、呕吐、腹痛、腹泻等胃肠症状，8 天后出现肾损害。由于其潜伏期较长，因此很难明确判断中毒病患是因食用哪些野生蕈菌引起的中毒。鹅膏菌属引起的肾损害有 8~12h 的潜伏期，1~4 天出现肝肾损害。

（三）胃肠炎型

胃肠炎型是最常见的中毒类型，一般潜伏期较短，在进食 10min~6h 内发病，症状包括恶心、呕吐、腹痛、腹泻、痉挛等。患者死亡率低，病程较短，易康复。导致此型中毒的蘑菇类型包括大青褶伞、日本红菇等。需要注意的是，其他类型毒蕈中毒也常常伴有胃肠炎症状。

（四）神经精神型

神经精神型分为 4 种：外周胆碱神经毒性、谷氨酰胺能神经毒性、癫痫神经毒性及致幻觉性神经毒性。目前已经确认引起神经精神型中毒的毒素有裸盖菇素、毒蕈碱和异噁唑，中毒蕈菌包括灰鹅膏、鹅毒伞、乳头菇、裸盖菇和裸子菇等。中毒后发病较快，一般 15min~2h

便会出现症状，表现为胃肠炎，伴有副交感神经兴奋症状，严重者出现情绪变化、精神错乱及呼吸抑制，甚至致幻、破坏大脑正常的组织结构，但一般不会导致严重的中毒及死亡。

（五）溶血型

引起溶血型中毒的蘑菇主要是卷边桩菇、鹿花菌，一般在食用 6h 后发病，先是出现恶心、呕吐、腹痛、腹泻。当红血球被破坏后，在 2 天内便会出现溶血性中毒症状，出现皮下瘀血、血红蛋白尿、急性贫血等溶血症状，并伴随黄疸、肝及脾脏肿大；严重者可致幻，导致急性肾衰竭、休克，甚至死亡。

（六）横纹肌溶解型

红菇科真菌亚稀褶红菇是引起中毒的主要原因，发病较快，进食后 15min～2h 发病。中毒开始时表现出胃肠不适，随后出现肌肉痉挛性疼痛、全身无力、呼吸困难，严重可导致多器官功能衰竭死亡。

（七）光过敏性皮炎型

引起中毒的成分为卟啉类光敏物质，来自污胶鼓菌、叶状耳盘菌。患者吸入毒素后，大约在 3h 后出现症状。人体细胞对日光敏感性增高，日光照射部位会出现晒伤、红肿、刺痛等皮炎症状，还常常伴随着腹痛腹泻、恶心呕吐、呼吸困难等症状。

毒蕈中毒事件

三、预防控制措施

毒蕈与许多可食用菌在外观上无明显区别。毒蕈种类多样、形态各异，民间所认为的"色彩鲜艳""形态奇特"等毒蕈辨别特点并非绝对合理的评判依据，因此凭其形态、颜色、气味等方法辨别蕈菌是否有毒虽简单方便，但有局限性。加强毒蕈的识别与知识宣传，谨慎食用野生菌，不采食不确定是否有毒或先前未食用过的野生蕈菌，是预防蕈菌中毒的第一步。误食毒蕈中毒后，首先可通过催吐、导泻等方式排出有毒物质，并立即送往医院就医。

【本章小节】

（1）食物中的天然有毒物质是指食品本身成分中存在的某种对人体健康有害的非营养性天然物质成分，或因贮存方式不当，在一定条件下产生的某种有毒成分。

（2）苷类广泛分布于植物的根、茎、叶和果实中；秋水仙碱、龙葵碱和槟榔碱等生物碱存在于高等植物中；植物中的外源凝集素、消化酶抑制剂等主要存在于植物种子和荚果中。

（3）河鲀毒素、雪卡毒素、贝类毒素、蟾蜍毒素和箭毒蛙毒素等天然毒素存在于水产类天然动物与两栖动物中。猪、羊、牛等动物身上的甲状腺、肾上腺和病变淋巴腺误食后将会发生不同程度的中毒反应。

（4）常见的蕈菌毒素主要有鹅膏肽类毒素、鹅膏毒蝇碱、色胺类毒素、异噁唑衍生物、鹿花菌素、鬼伞毒素、奥莱毒素等。误食毒蕈中毒后，可通过催吐、导泻的方式排出有毒物质，并立即送往医院就医。

【思考题】

（1）简述皂苷、氰苷、龙葵碱、棉酚与草酸的中毒症状及预防措施。

（2）简述贝类毒素的毒性作用机制。

（3）简述病变淋巴腺的危害及预防控制措施。

（4）简述毒蕈中毒的类型、毒素及症状。

（5）简述鹅膏肽类毒素的中毒机制。

（6）请结合近年来发生的食物中毒事件，简述天然有毒物质与食品安全之间的关系。

参考文献

［1］郑建军，张慧利，叶小红，等．应用病例对照研究调查一起四季豆皂苷毒素引起的食物中毒［J］．上海预防医学，2019，31（6）：469-472．

［2］代素娥，魏科，邓鹏，等．一起食用未成熟刀豆引起食物中毒的调查分析［J］．医学动物防制，2022，38（4）：402-404，408．

［3］柳春梅，吕鹤书．生氰糖苷类物质的结构和代谢途径研究进展［J］．天然产物研究与开发，2014，26（2）：294-299．

［4］邓孟胜，张杰，唐晓，等．马铃薯中龙葵素的研究进展［J］．分子植物育种，2019，17（7）：2399-2407．

［5］罗慧敏，廖湘平，吴琼．以肌痛为主要症状的秋水仙碱中毒1例［J］．中南医学科学杂志，2021，49（1）：110-112．

［6］贺晓鸣，张士更．288例草酸钙结石患者饮食习惯的调查及分析［J］．浙江中医药大学学报，2010，34（5）：659-660．

［7］夏威．烹调对蔬菜中草酸的作用［D］．苏州：苏州大学，2007．

［8］张钰聆，张立春．舌尖上的毒素-河豚毒素［J］．大学化学，2022，37（9）：243-248．

［9］王纯纯，乔琨，陈贝，等．河豚毒素的性质及应用研究进展［J］．渔业研究，2021，43（5）：539-548．

［10］岳立达，雷苏文．贝类毒素食物中毒研究综述［J］．中国公共卫生管理，2021，37（5）：689-691．

［11］赵峰，周德庆，李钰金．海洋鱼类雪卡毒素的研究进展［J］．食品工业科技，2015，36（21）：376-380．

［12］刘益均，马蓉．急性蟾蜍毒素中毒5例的院前急救［J］．现代中西医结合杂志，2011，20（31）：3974-3975．

［13］范三红，胡小平．小麦赤霉菌毒素合成机制及检测技术研究进展［J］．麦类作物学报，2018，38（3）：348-357．

［14］Brandenburg William E，Ward Karlee J. Mushroom poisoning epidemiology in the United States［J］. Mycologia，2018，110（4）：637-641．

［15］张黎光，李峻志，祁鹏，等．毒蕈中毒及治疗方法研究进展［J］．中国食用菌，2014，33（5）：1-5．

［16］周静，袁媛，郎楠，等．中国大陆地区蘑菇中毒事件及危害分析［J］．中华急诊医学杂志，2016，25（6）：724-728．

[17] 时一．急诊急性毒蘑菇中毒患者临床特征及治疗分析 [J].中国医学工程，2021，29（8）：26-29.

[18] 魏佳会．鹅膏菌毒素的分离、鉴定及生物样本中的定量分析 [D].锦州：锦州医科大学，2017.

[19] 李国杰，李赛飞，赵东，等．红菇属研究进展 [J].菌物学报，2015，34（5）：821-848.

[20] 刘林东，杨吉林，董丽宏，等．联合治疗神经精神型毒蕈中毒 46 例临床分析 [J].昆明医学院学报，2012，33（3）：115-117.

[21] 冶晓燕，景雪梅，彭沛穰，等．甘肃陇南尖山自然保护区常见毒蘑菇及其中毒类型 [J].中国食用菌，2020，39（2）：11-14.

[22] 谢孟乐．东北地区丝膜菌属资源及分类学研究 [D].长春：吉林农业大学，2018.

思政小课堂

第五章　农业化学品与食品安全

农业化学品促进了农业增产，同时也带来了严重的污染问题，影响食品安全。本章介绍了化学肥料、农药残留、兽药残留、生长调节剂等常见农业化学品对食品安全的影响及其预防控制措施。

本章课件

【学习目标】

（1）了解常见的农业化学品。

（2）掌握化学肥料、农药残留、兽药残留和生长调节剂的来源、危害及对食品安全的影响。

（3）了解化学肥料、农药残留、兽药残留和生长调节剂对人类危害的预防控制措施。

第一节　概述

一、农业化学品

（一）概述

农业化学品是农业生产的重要组成部分，用于提高农作物产量、改善农作物质量的化学品，主要包括化肥、农药、兽药和生长调节剂等。

（二）分类

1. 化肥

化肥是化学肥料的简称，也称无机肥料。指以矿物、空气、水为原料，经化学和机械加工制成的肥料。有氮肥、磷肥、钾肥及微量元素肥料等，仅含氮、磷、钾三要素之一的称为单质肥料，兼含两种或三种的称为复合（混）肥料。

2. 农药

农药是指用于预防、控制危害农业、林业的病、虫、草、鼠和其他有害生物以及有目的地调节植物、昆虫生长的化学合成或者来源于生物、其他天然物质的一种物质或者几种物质的混合物及其制剂。按用途，农药可分为杀虫剂、杀菌剂、除草剂、杀螨剂、昆虫不育剂和杀鼠药等；按化学成分，农药可分为有机磷类、氨基甲酸酯类、有机氯类、拟除虫菊酯类等。

3. 兽药

兽药是指用于预防、治疗、诊断动物疾病或者有目的地调节动物生理机能的物质（含药物饲料添加剂），主要包括血清制品、疫苗、诊断制品、微生态制品、中药材、中成药、化学药品、抗生素、生化药品、放射性药品及外用杀虫剂、消毒剂等。

4. 生长调节剂

生长调节剂是一类人工合成或天然的对生物生长发育具有生理和生物学效应的一类小分子化合物，可分为昆虫生长调节剂和植物生长调节剂两大类。

二、农业化学品的危害

在农业生产过程中，为了提高产量和效益，农业化学品的使用已经非常普遍，特别是农药化肥的使用量有不断上升的趋势。我国耕地面积仅占据全球份额的9%，而农业化学品消耗占全球份额的30%以上，单位面积化肥施用量远超全球平均水平。农业化学品不仅对农业生产群落结构和生态环境造成负面影响，而且会通过食物链在生物体内富集，从而严重危害人类健康。

第二节　化学肥料与食品安全

一、化学肥料概述

化学肥料是农业生产最基础、最重要的物质投入。化肥中含有氮、磷、钾等多种营养元素，按其养分种类可分为以下几类：

1. 氮肥

氮肥是以氮为主要成分的化学肥料。氮是构成蛋白质、叶绿素、酶、核酸、维生素等的主要元素，是影响植物生长发育及产量的重要营养元素。适宜的氮肥用量对提高作物产量、改善农产品质量具有重要作用。常用的氮肥有尿素、硫酸铵、氯化铵、碳酸氢铵、硝酸铵等。

2. 磷肥

磷肥是以磷为主要成分的肥料。磷肥能够增强作物的生命力和抗寒能力、促进花芽分化、果实发育等，从而提高农作物产量和质量。常用的磷肥有过磷酸钙、磷矿粉等。

3. 钾肥

钾肥是以钾为主要养分，并标明钾含量的单元肥料。适量施用钾肥能使作物茎秆强壮、防止倒伏、促进开花结果，并增强抗旱、抗寒及抗病虫害能力。常用的钾肥有氯化钾，硫酸钾、草木灰等。

4. 微量元素肥

微肥是微量元素肥料的简称。微肥主要为农作物提供微量元素，适量增施微肥可提高化肥利用率、增加土壤养分含量、提高农作物产量、改善农作物品质。常用的微肥有铜肥、硼肥、锰肥、钼肥、铁肥和锌肥等。

5. 复合肥料

复合肥料是由化学方法或（和）混合方法制成的含作物营养元素氮、磷、钾中任何两种或三种的化肥。复合肥可为作物提供多种营养元素、充分发挥营养元素间的相互促进作用、提高肥料利用率、提高农作物产量和品质。常用复合肥有磷酸二铵、磷酸二氢钾等。

二、化学肥料对食品安全的影响

据联合国粮农组织统计，施用化肥能使作物增产 40%～60%。研究表明合理施肥能使水稻、小麦和玉米三大粮食作物平均增产 48%。但化肥的广泛应用也带来了农副产品有害物质超标、质量下降和环境污染等问题。

（一）生态环境对食品安全的影响

不合理或过量施用化肥会引起土壤酸化和板结、重金属污染、硝酸盐污染和土壤次生盐渍化等，造成产地生态环境污染，从而导致农作物中有毒物质残留，最终危害人类健康。

（二）重金属对食品安全的影响

在化肥的原料开采和加工生产过程中，会带进一些重金属元素。研究表明，长期施用化肥会造成土壤中重金属元素的富集，而土壤中的重金属会被农作物吸收，并在农作物体内富集，最终经食物链进入人体。国内外关于肥料中重金属含量都有明确的相关规定，详见农业行业标准《水溶肥料汞、砷、镉、铅、铬的限量要求》（NY 1110—2010）和《肥料中砷、镉、铅、铬、汞含量的测定》（GB/T 23349—2020）等。

（三）离子对食品安全的影响

肥料制作过程中，残存的过量氟（F^-）、溴（Br^-）、碘（I^-）、亚硝酸根（NO_2^-）、硫氰酸根（SCN^-）等无机阴离子不仅对农作物的生长不利，而且会对土壤、作物及环境造成持续的负面影响，从而影响食品安全。例如，硫酸法制磷肥过程中，来自磷矿石中的微量 F^- 会部分转移至化肥中，加剧土壤中氟污染的程度，并通过食物链富集，危害人类健康。用煤气和炼焦厂的副产物制作的硫酸铵肥料中的 SCN^- 可被十字花科类植物所富集，若奶牛食用富集 SCN^- 的植物，可导致其生产的牛乳中硫氰酸钠的含量升高，人体摄入大量含有硫氰酸钠的牛乳便会引起中毒，出现恶心、呕吐、昏迷、器官功能衰竭等症状。

（四）放射性元素对食品安全的影响

磷肥的制作原料磷矿石中含铀、钍、镭等天然放射性元素，因此，磷肥中含有放射性元素。磷矿石中 ^{238}铀浓度范围为 7～100pCi/g，而磷肥中 ^{238}铀浓度范围为 1～67pCi/g。施用含铀、钍、镭等天然放射性元素的磷肥，农田土壤中天然放射性元素含量也有所增加。这些放射性元素受降雨和灌溉的淋溶作用转入地下水中，从而进入水生生物体内，特别是鱼类、贝类等水产动物对某些放射性元素有很强的富集作用，最终通过食物链进入人体，危害人类健康。《磷肥及其复合肥中 ^{226}镭限量卫生标准》（GB 8921—2011）规定磷肥及其复合肥中 ^{226}镭含量不得高于 500Bq/kg。

三、预防控制措施

（一）强化环保意识，加强监测管理

加强教育，通过举办专题讲座、开办培训班等形式让种植户掌握科学的施肥方法。注重管理，严格执行化肥中污染物的监测检查工作，防止过量有害物质污染土壤。

（二）增施有机肥，改善土壤质量

施用有机肥能够增加土壤有机质和微生物、改善土壤结构、提高土壤的吸收性能、增加土壤胶体对重金属等有毒物质的吸附能力，从而提高作物品质。此外，可根据实际情况推广

豆科绿肥，实行引草入田、草田轮作、粮草经济作物带状间作等形式种植。

（三）研究新型肥料，提高化肥利用率

化肥生产企业应积极研究新型肥料，满足市场和环境的要求，如缓效肥、控效肥、有机-无机复合肥、可提高化肥利用率的各种无害添加剂以及与土壤施肥配套的叶面肥、滴灌肥等。

（四）采取多管齐下，改进施肥方法

在保持作物相同产量的情况下，深施化肥可提高化肥的利用率，如氮铵的深施可提高31%~32%的利用率，尿素的深施可提高5%~12.7%的利用率。磷肥按照旱重水轻的原则集中施用，可提高磷肥的利用率，并能减少对土壤的污染。施用生石灰、调节土壤氧化-还原电位等方法可降低植物对重金属元素的吸收，还可采用翻耕、换土等方法减少土壤中有害元素的污染。

第三节　农药残留与食品安全

一、农药残留概述

农药的大量使用不仅污染生态环境，而且引发食品安全问题。农药残留是影响农产品质量安全的重要因素。长期食用农药残留量超标的食品，食品中残留的农药会在体内积蓄引发急性中毒、慢性中毒等不同程度的中毒，甚至会致癌、致突变，严重者甚至危及生命。

（一）农药残留和农药最大残留量

1. 农药残留

农药残留指由于使用农药而在食品、农产品和动物饲料中出现的任何特定物质，包括被认为具有毒理学意义的农药衍生物，如农药转化物、代谢物、反应产物及杂质等。

2. 农药最大残留量

农药最大残留量指在食品或农产品内部或表面法定允许的农药最大浓度，以每千克食品或农产品中农药残留的毫克数表示（mg/kg）。

（二）食品中常见的有机残留农药的种类

农药的分类比较复杂，按来源可以分为：①由矿物原料加工成的无机农药，如硫黄、硫酸铜波尔多液、磷化铝等。②生物源农药，一类利用天然植物加工而制成的植物性农药，如利用除虫菊、烟草等制作的农药；另一种是用微生物或其代谢物制成的农药，比如井冈霉素、白僵菌等。这种农药不对环境造成污染，对人畜安全。③有机农药，主要有有机磷类、有机氯类、拟除虫菊酯类、氨基甲酸酯类等。这类农药具有药效高、用量小、用途广泛等特点，但对环境污染大，对人畜安全存在威胁。

1. 有机氯农药

有机氯农药又叫氯化烃杀虫剂，该类农药在农业生产中应用最早，是我国农药中曾经使用最广泛的一种，主要有滴滴涕（DDT）、六六六、艾氏剂、七氯等。滴滴涕具有六种异构体（图5-1），六六六具有四种异构体（图5-2）。

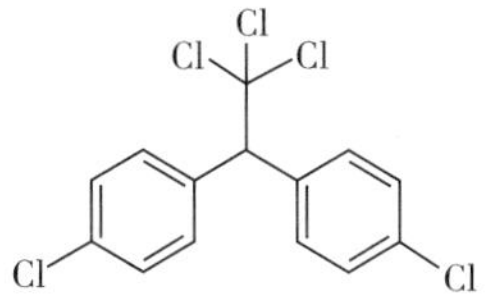

图 5-1　DDT 结构式 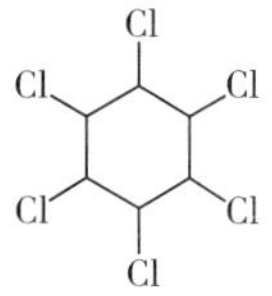　　　　图 5-2　六六六结构式

有机氯农药化学性质稳定，不易降解，易在生物体内蓄积，在环境中残留时间长，随着食物链进入人体并在脏器脂肪组织中蓄积。由于有机氯农药具有污染大、高残留和高毒性，1983 年 DDT 和六六六在我国已停止生产，并在农业生产中禁止使用。虽然停止生产 DDT 已经很多年，但是 DDT 的残留在很多生物中都能检测到。

2. 有机磷农药

有机磷农药属于有机磷酸酯或硫代磷酸酯类化合物，其结构通式如图 5-3 所示，图中 R 表示甲基或乙基，X 表示氧（O）或硫（S）原子。R_1 为烷氧基、苯氧基或其他更复杂的取代基团。其分子结构可以分为两类：一类是 P ＝S，如甲基嘧啶磷、甲拌磷等；另一类是 P ＝O，如氧化乐果、敌敌畏等。有机磷农药包括对硫磷、乐果、甲拌磷、马拉硫磷、倍硫磷、甲胺磷等。

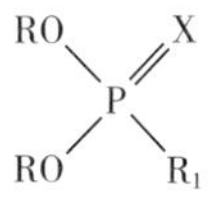

图 5-3　有机磷农药
的结构通式

大多数有机磷农药为淡黄色至棕色，油状或结晶状，挥发性强，易溶于有机溶剂。其化学性质不稳定，易降解，不易在生物体内积蓄，所以使用量多、频率高、应用范围广。目前有机磷农药成为我国农作物生长过程中主要的杀虫剂，占我国农药使用的 70% 以上，一些高毒性的有机磷农药在农业上已经被禁止使用。由于其毒性较大，国家对其在农产品中的检测方法也做了相应的详细规定。《食品安全国家标准　植物源性食品中 90 种有机磷类农药及其代谢物残留量的测定气相色谱法》（GB 23200.116—2019）中规定了 90 种有机磷农药及其代谢物的检测方法。

3. 拟除虫菊酯类农药

拟除虫菊酯类农药是一类模拟天然除虫菊酯的化学结构而人工合成的杀虫剂。拟除虫菊酯具有多个手性碳原子，因此有多个立体异构体（图 5-4）。目前常用的有氯氰菊酯、溴氰菊酯（敌杀死）、氰戊菊酯（速灭杀丁）、甲氰菊酯等。

拟除虫菊酯类农药为黄色或黄褐色（溴氰菊酯呈白色结晶），多数为黏稠油状的液体，易溶于有机溶剂。在酸性条件下化学性质稳定，遇碱分解，具有高效、低毒、低残留、易分解的特点。拟除虫菊酯类农药在光和土壤微生物作用下能够转化为易分解的化合物，不易造成污染，相比其他农药在生物体内的残留蓄积较小。农产品中的拟除虫菊酯农药主要来自喷施时的直接污染，常残留于农作物表面。

4. 氨基甲酸酯类农药

氨基甲酸酯类农药是在有机磷酸酯之后发展起来的一类新型合成农药，其结构通式如图 5-5 所示。图中 R 可为烷基或芳香基。常用的氨基甲酸酯类农药有西维因、残杀威、燕麦灵等，氨基甲酸酯类农药被广泛用于农作物杀虫、杀螨、杀菌和除草等方面。

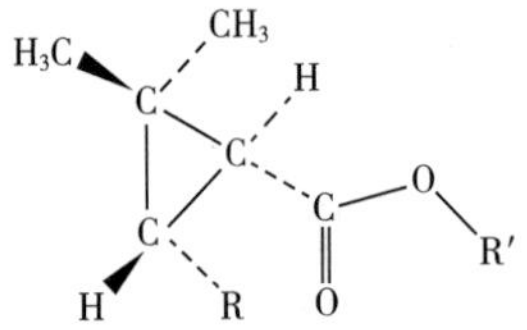

图 5-4　拟除虫菊酯的结构通式 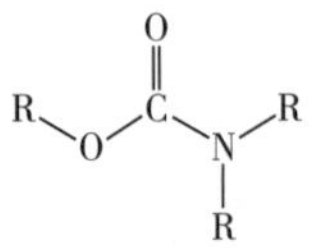　　　　图 5-5　氨基甲酸酯类农药结构通式

大多数氨基甲酸酯类农药为无色或白色晶状固体，在水中溶解度较小，易溶于有机溶剂。在酸性条件下较稳定，遇碱、空气、阳光容易分解，具有选择性强、高效、易分解、降解速度快、不易在生物体内蓄积等特点。近年来，氨基甲酸酯类农药在农业中的用量逐年增加，其在农产品中的残留问题也备受关注。

二、食品中农药残留的来源及其超标原因

（一）食品中农药残留的来源

农药可通过直接污染、环境污染、生物富集吸收、误食农药接触过的食品、农药投毒或违法捕捞等方式残留在食品中。

1. 施药后的直接污染

施用农药会对农产品原料造成直接污染，尤其是对果蔬等农产品的直接污染是农药残留污染中最严重的一类。引起农产品中农药直接污染的主要原因：①过量、不合理地使用农药，造成农产品的农药残留超标。②对农产品的原料直接施药后，一部分农药残留积蓄在农产品原料表面，另一部分被农作物吸收进入作物体内。③监管力度不够，安全间隔时间短。安全间隔期，是指最后一次施药至放牧、收获（采收）、使用、消耗农作物前的时期，从喷药后到残留量降到安全标准量所需要的间隔时间。农作物最后一次喷药与收获之间必须要大于安全间隔期，以防人畜中毒。农产品在上市前的安全间隔时间越长，农药分解越多，农药残留量就越低。④为了满足市场粮食供应需求，对粮食进行投药熏蒸处理保存，这样也会造成农药残留超标问题。

2. 间接污染

间接污染也是食品中农药残留的一个重要来源，造成间接污染的主要原因有：①农作物不断从污染的土壤中吸收农药，尤其是一些通过根茎吸收土壤中养分的农作物就会吸收到土壤中的农药残留物。②空气中的残留农药通过大气转移到农作物上，引起农药的积累。③用于灌溉农作物的水中残留着部分农药，这些农药随水分吸收进入农作物体内。

3. 生物富集吸收

残留农药可以通过食物链传递而发生生物富集，富集后的农药浓度增高，这种高浓度残留农药可以引起生物体慢性中毒。一些农药在大多数环境中不能被土壤中的微生物或者降解酶降解，通过长期食物链和生物富集作用，造成农药在农作物和动物体组织内富集。因此，食用富集农药的农产品、畜产品会严重威胁人类健康。

4. 交叉污染

食品在加工、贮藏或运输过程中与农药污染过的相关设备接触而造成污染。

5. 农药投毒

农药投毒或违法捕捞也是食品中农药残留的来源之一。

（二）食品中农药残留超标的原因

1. 不合理使用农药，用药安全意识差

生产者缺乏科学用药的意识，超量用药，甚至滥用农药。盲目使用农药是目前农产品中农药残留超标的主要原因。

2. 经营管控水平不足

目前，我国农业生产经营规模较小，管理比较松，不利于新型技术的进一步推广，也不利于良好农业生产规范的实施，许多农产品的农药残留标准低于其他国家。

3. 生产需求的矛盾

新技术的开发使得反季节种植生产得到了进一步发展，但是同时也使农药使用次数增多，农药的频繁使用使得农作物中农药降解速度降低，从而造成农产品中农药残留超标问题。

4. 农药残留检测技术落后

目前我国存在着检测设备落后、专业人员不足、检测技术与发达国家差距较大等问题。检测技术也大多使用快速检测法，但目前只能检测到农产品中有机磷类和氨基甲酸酯类等农药的残留存在情况，其他农药残留难以检测和控制。

5. 监督管理不到位

目前，我国现有的农药残留监管体系不健全，农药销售市场经营乱杂无序，产品种类也良莠不齐，质量安全得不到保证。此外，一些经销商违法出售禁卖农药、高毒农药、假冒农药等。

三、食品中农药残留的危害及控制

农药种类繁多，杀菌剂、杀虫剂、杀螨剂等被广泛使用，尤其是不合理使用农药造成食品中农药残留超标、环境污染等问题。人类长期食用农药残留量超标的食品，农药会在体内蓄积引发急性、慢性等不同程度的中毒，甚至会致癌、致突变，严重者甚至危及生命。

（一）食品中常见农药对人体健康的危害

1. 有机氯农药残留的危害

残留于作物中的有机氯农药可经食物链在生物体内富集，从而进入人体。蓄积在人体内的有机氯农药不仅对人体的神经系统和肝、肾、心脏等脏器造成损伤，还会造成代谢紊乱，并降低免疫能力。研究发现，长期食用有机氯农药超标食物的女性患乳腺癌、子宫癌等恶性肿瘤和子宫内膜疾病的概率显著升高。此外，食品中残留的有机氯农药可通过血胎屏障传递给胎儿，导致孕妇流产、早产、死产等问题。

2. 有机磷农药残留的危害

有机磷农药可通过胃肠道、呼吸道以及皮肤黏膜进入人体，主要分布在肝脏、肾脏、肌肉和脑组织中。有机磷农药中毒的主要机理是：有机磷农药能够抑制胆碱酯酶活性，使胆碱酯酶无法催化乙酰胆碱水解，从而造成大量乙酰胆碱的积累，使神经系统过度兴奋，最终导致精神错乱、震颤、语言失常等症状。尽管有机磷农药在生物体内不易蓄积，但是它的烷基化作用会致畸、致癌、致突变。

3. 拟除虫菊酯类农药残留的危害

经食物链进入人体的拟除虫菊酯类农药可迅速分布到全身各个组织器官，其中在中枢神经系统中的含量最高。拟除虫菊酯在酶作用下的分解代谢产物可与葡萄糖醛酸、硫酸、谷氨酸等结合后排出体外。人体摄入拟除虫菊酯的中毒表现为神经系统症状和皮肤刺激症状，如出现麻木、瘙痒、流涎、多汗、语言不清、呼吸困难、意识模糊等症状，严重时危及生命。拟除虫菊酯具有性激素干扰特性，可能会减少促性激素分泌，严重时会引起不孕症。拟除虫菊酯类和甲状腺激素结构相似，目前被认为是甲状腺干扰物。

4. 氨基甲酸酯类农药残留的危害

残留于农产品中的氨基甲酸酯类农药经人体消化道吸收后，先在体内分解成氨基甲酸，然后再分解为二氧化碳和胺。氨基甲酸酯类农药中毒机理和有机磷农药类似，其主要中毒机理是抑制乙酰胆碱酶的活性，使酶失去水解乙酰胆碱的能力。氨基甲酸酯还可以在体内发生氧化，随后与葡萄糖醛酸、磷酸或者氨基酸等结合排出体外。因此，食用含有氨基甲酸酯类农药残留超标的食品后一般都引起急性中毒，出现震颤、流泪、肌无力、瞳孔缩小、呼吸困难等症状。此外，氨基甲酸酯类农药的氨基在酸性条件下与亚硝酸盐生成具有致癌、致畸和致突变性的亚硝基化合物。

（二）农药残留对环境的危害

有机农药会造成生态环境的污染。农药喷施过程中，一部分农药漂浮体进入大气中被大气飘尘所吸附或者以气体、气溶胶等形式飘浮在空气中，并随着大气气流的运动不断扩散。另一部分农药残留在农作物表面或残留在土壤中，这些残留农药随降水进入水系，不仅会危害到农作物，还会危害到水中的生物。各种生物和环境相互影响、相互依存，环境及其他生物受到伤害，长此以往生态系统就会遭到破坏。

（三）农药残留影响食品贸易

农药残留限量标准影响国际经济贸易。世界各国高度重视农药残留问题，对各种农副产品中农药残留都规定了越来越严格的限量标准。许多国家把农药残留限量作为技术壁垒，从而影响发展中国家农产品出口，造成巨大的经济贸易损失。

（四）食品中农药残留的控制

1. 加强科研攻关，研制新型可分解农药，研发施药新技术

应大力研制低毒、低残留、专一性强、易分解的新型环保农药，大力发展生物农药，重视植物源农药的研究。同时，研发施药新技术，减少对非靶标生物和环境的污染。

2. 研发微生物降解农药新技术

研发降解农药的微生物，并控制影响微生物降解残留农药的各种因素，从而开发农药降解新技术和新方法。

3. 加强引导和宣传，合理使用农药

宣传植保知识，提高病虫害综合治理水平；普及科学施药技术，增强安全用药意识，改善落后用药行为；掌握用药关键时期，把握安全间隔期；制定和完善我国对食品中农药最大残留量的相关规定。

4. 提高检测技术，完善检测制度，健全标准法规

应完善监督管理制度，加强培养专业技术检测人员，同时加快标准化修订工作、完善国

标及相关规定，建立切实可行的处罚措施等。

5. 研发农药残留控制技术

农产品在食用或加工前可进行清水浸泡、盐水浸泡、去皮、加热烹饪等方法处理，可不同程度地降低农产品中农药残留量。

第四节　兽药残留与食品安全

一、兽药残留概述

近年来，随着我国畜牧业生产的规模化、集约化，兽药在畜牧业中的应用越来越广泛，可以预防动物疾病、促进动物生长和提升畜产品品质，但不合理使用兽药易造成动物源产品中兽药的蓄积。兽药残留超标的畜产品经食物链进入人体，从而危害人类健康。同时，兽药残留还会对生态环境造成破坏，制约了我国畜牧业和食品行业的发展。

（一）兽药残留的概念

兽药残留是指动物产品中任何可食用部分所含的兽药和兽药在动物体内产生的代谢产物以及与兽药有关的杂质。因此，兽药残留不仅包括原药，而且包括兽药在动物体内的代谢产物以及兽药生产中所伴生的杂质。

（二）食品中兽药残留的分类及特点

兽药残留种类很多，一般可分为抗生素类、驱肠虫类、生长促进剂类、抗原虫药类、灭锥虫药类、镇静药类和β-肾上腺素能受体阻断剂七大类兽药。在动物源食品中，磺胺素类、抗生素类、激素和β-激动剂类、喹诺酮类以及镇静剂类是导致兽药残留超标的主要兽药。抗生素类兽药主要包括青霉素类、头孢菌素类、四环素类、大环内酯类、氨基糖苷类和氯霉素类兽药（表5-1）。

一些重要兽药残留类型的结构式及简介

表5-1　食品中兽药残留的主要类型及危害

兽药残留类型	常见品种	优点	主要作用	蓄积特点	主要危害
磺胺类	磺胺嘧啶钠、磺胺二甲嘧啶钠、三甲氧苄氨嘧啶、磺胺喹恶啉钠等	抗菌谱广，对大多数革兰氏阳性菌以及革兰氏阴性菌有抑制作用，使用方便、性质稳定、价格低廉	干扰细菌的叶酸代谢，使细菌的生长、繁殖受到抑制。用于预防和治疗动物全身感染、肠道感染和外伤等临床疾病	在胃、肾、黏膜和肝中的蓄积浓度较高	导致蓄积中毒，产生耐药性，与氨基糖苷类、大环内酯类等一起使用，会产生增毒作用，加重肾脏负担，引起血红蛋白尿、贫血等症状

续表

兽药残留类型		常见品种	优点	主要作用	蓄积特点	主要危害
抗生素类	青霉素类	青霉素、氨苄青霉素（氨苄西林）、阿莫西林等	杀菌力强、毒性低、使用方便、价格低	通过抑制细菌细胞壁的合成，从而达到杀菌消菌的目的。用于治疗因病原体微生物感染引起的皮肤感染、肺部感染等人畜共患病	在肾、肺、脾中的蓄积量较高，可以进入浆膜腔、关节腔、胆汁和胎畜循环	主要的不良反应为过敏反应
	头孢菌素类	头孢氨苄、头孢羟氨苄、头孢噻呋等	杀菌力极强、抗菌谱广、对厌氧菌有高效杀菌作用、对胃酸和β-内酰胺酶较稳定、耐青霉素酶、毒性低、过敏反应少于青霉素	抑制细菌细胞壁黏肽合成酶，阻碍细胞壁黏肽的合成，使细菌细胞壁缺损、菌体膨胀破裂分解	在尿液、胆汁中浓度最高	容易造成神经系统、消化系统、肝肾、造血系统等方面的损伤，如神经系统功能障碍、肾功能紊乱等，还可能会引起过敏反应
	四环素类	四环素、土霉素、金霉素、强力霉素、米诺环素、甲烯土霉素等	抗菌谱广，对革兰氏阴性菌、革兰氏阳性菌、螺旋体、衣原体等都有较强的作用	可以通过阻止敏感菌肽链的延长和蛋白质的合成，产生抗菌作用。可用于治疗呼吸道感染	在体内分布广泛，易于蓄积在胆汁、尿液中，沉积于新生成的牙齿、骨骼中，可进入胎盘和通过乳汁，但不易透过血脑屏障	长期食用会导致细菌耐药性的产生，影响消化系统的正常功能，损害骨骼、牙齿的生长，大剂量长期食用还会引起肝脏损害，引起过敏反应
	大环内酯类	红霉素、罗红霉素、泰乐菌素、吉他霉素等	抗菌活性强，对支原体、内劳森氏菌有特效，并具免疫调节和抗炎活性	可与细菌核糖体50s亚基结合，抑制位移酶活性和蛋白质合成。用于预防和治疗传染性胸膜肺炎、猪增生性肠炎和猪萎缩性鼻炎等疾病	在除脑组织和脑脊液外的各种组织和体液中广泛分布，但在肌肉和脂肪中蓄积量较少	大环内酯类药物对肝脏有毒性，以胆汁郁积为主，易引起过敏反应和胃肠道疾病，甚至出现休克，严重时出现死亡
	氨基糖甙类	链霉素、庆大霉素、卡那霉素、安普霉素等	抗菌活性强，水溶性强，至今仍是对革兰氏阴性菌严重感染有效的和不可缺少的药物	抑制蛋白质合成，使细菌细胞膜通透性增强，导致细胞内核苷酸等重要物质外漏。用于治疗如败血症、肺炎、胃肠炎、皮肤和伤口感染等	容易在动物肾脏中蓄积	损伤第八对颅神经，导致耳鸣等听力障碍，导致神经肌肉阻滞作用，造成肾毒性及过敏反应，严重者会引起呼吸肌麻痹，呼吸暂停，严重影响人类的健康

续表

兽药残留类型		常见品种	优点	主要作用	蓄积特点	主要危害
抗生素类	氯霉素类	氯霉素、甲砜霉素、氟苯尼考等	抗菌谱广，对许多需氧革兰氏阳性细菌和革兰氏阴性细菌、厌氧的拟杆菌都有抑制作用，对沙门氏菌属、流感杆菌等有良好的抗菌能力	与核糖体50s亚基结合，抑制蛋白质合成。用于防治幼畜白痢、幼畜副伤寒、幼畜肺炎、乳腺炎、子宫炎、传染性角膜炎和腐蹄病等	在体内分布广泛，易通过血脑屏障，血眼屏障、胎盘屏障，可进入乳汁、唾液腺	具有很强的残留毒性，有抑制骨髓的作用，严重时可引起再生障碍性贫血
喹诺酮类		左旋氧氟沙星、单诺沙星、环丙沙星、氧氟沙星、左氟沙星等	抗菌谱广，抗菌能力强，抗菌作用机理独特，与其他抗菌药不易产生交叉耐药性	抑制DNA合成，治疗慢性呼吸道病、肺部感染、泌尿生殖系统感染及支原体引起的疾病	易蓄积在肝脏和肾脏中，在尿液中浓度较高	引起过敏反应、对消化系统、神经系统等造成损伤，甚至具有潜在的致癌、致畸、致突变的风险
激素和β-激动剂类		性激素类（如己烯雌酚）、皮质激素类、盐酸克仑特罗等	抗菌谱广，抗菌活性强，使用方便	具有抑制炎症和过敏反应、抗病毒、抗休克、防治支气管哮喘等作用	β-激动剂类：在眼组织、肝组织、毛发或羽毛中均有蓄积，尤其在毛发中的蓄积量最大；性激素类：在动物尿液、胆汁或肝、肾组织中的蓄积较高	干扰人体正常的激素水平，引起慢性和亚慢性中毒，诱导代谢障碍，导致酮中毒或酸中毒等症状，甚至造成畸变和诱发恶性肿瘤
镇静剂类		唑吡坦、氟哌啶醇、氯氮卓、盐酸异丙嗪、盐酸氯丙嗪、奋乃静等	抗菌谱广，抗菌能力强	抑制中枢神经系统，能够有效缓解或消除动物躁动，还可以促进动物的生长，改善肉类品质	易蓄积在肝脏和肾脏中	引起人体的急性中毒、各种慢性中毒、蓄积毒性，细菌耐药性增加等不良反应
抗寄生虫药类兽药		苯并咪唑类药物	安全高效且具有广谱抗菌活性，具有适于群体给药的理化性质，价格低廉	通过抑制虫体内的某些酶（如琥珀酸脱氢酶、胆碱酯酶），干扰虫体代谢（如抑制蛋白质、DNA的合成）等	在组织中的蓄积浓度较高	引起急慢性中毒、交叉耐药性等不良后果，严重者还会威胁人的生命
		阿维菌素类药物			蓄积浓度顺序为：肝脏>脂肪组织>脑组织	
		聚醚类药物			蓄积浓度顺序为：肝脏和脂肪组织>肾、肌肉和血浆	

二、食品中兽药残留的来源

食品中兽药残留的主要环节是畜禽的养殖环节，药物残留的最主要原因是人为的不当管理，即为了追求利益最大化而不按规定使用、滥用兽药。

（一）兽药使用不当

1. 兽药的滥用

兽药的滥用是由于饲养人员缺乏专业知识而超剂量使用兽药、重复使用同一种药物或用药途径、用药部位、用药品种不恰当等。不合理使用兽药会造成各种毒副作用，导致畜禽生理机能下降，影响畜禽健康生长，甚至造成畜禽死亡。超剂量使用兽药不仅不能促进动物生长，往往还会使畜禽发生中毒，轻者器官受损，减缓畜禽的正常生长速度，重者甚至导致死亡。因此，超剂量使用兽药、滥用兽药极易引起兽药残留超标，残留在畜禽产品中的兽药还会严重威胁人类的健康。

2. 违禁药物的滥用

一些非法兽药和饲料生产商为降低成本、提高产量，将某些化学药品或激素添加到兽药产品或饲料中，但没有在标签或说明书上标明，从而导致饲养者在不知情的情况下盲目用药，导致兽药残留超标。此外，有的饲料生产企业和一些养殖户受经济利益驱动，未严格执行农业农村部颁布的《禁止在饲料和饮水中使用的药物品种目录》，人为向饲料中添加畜禽违禁药物，如向饲料中添加盐酸克伦特罗、喹乙醇、孔雀石绿等违禁药物。

兽药管理条例（2020 年国务院令第 726 号）

禁止在饲料和饮水中使用的药物品种目录

3. 屠宰前用药

有些不法企业为了掩饰动物的临床症状，会在屠宰前使用兽药，以逃避宰前检验，这也是造成畜产品中兽药残留的一个原因。

4. 不遵守休药期的规定

休药期指从停止给药到允许动物屠宰或其产品上市的间隔时间，即从停止给药到保证所有食用组织中总残留浓度降至安全浓度以下所需的时间。虽然我国对某些兽药都规定了休药期，但是仍有养殖企业不按照规定实行休药期，从而导致畜产品中兽药残留超标。休药期结束前屠宰动物或者不遵守弃蛋期、弃奶期的规定等同样会造成食品中兽药残留量超标。

（二）饲料添加剂的滥用

养殖过程中，养殖户或企业为了降低成本，减少饲养时间，追求最大利润而无视有关的法律和法规，滥用新型或高效的饲料添加剂，这也是导致畜产品中兽药残留超标的主要原因之一。

（三）环境及其他因素

1. 环境污染

随着人类社会的发展，环境污染也越来越严重，很多污染物质随着排放进入水源、土壤和空气中，而人们在饲养动物时，很难避免动物不会接触到这些被污染的水源、土壤、空气等，这些污染物质一旦被动物所吸收，就会在动物体内蓄积，从而导致兽药残留。此外，圈舍环境受到兽药污染也会导致兽药残留超标。

2. 饲养过程中存在的风险因素

禽畜在饲养过程中摄入的饲料容易与无意中使用的药物交叉污染，从而导致兽药残留；饲料加工过程中使用的设备受到污染而导致饲料被污染；在饲养过程中，动物接触到溢出的化学品或含有药物的饲料以及被污染的水源、土壤等均会导致兽药残留。

3. 畜产品在加工运输过程中存在的风险因素

畜产品在加工运输过程中使用受兽药污染的加工设备或未能正确清洁受兽药污染的加工设备等均可造成食品中兽药残留。

4. 兽药监管不健全

目前，兽药监管执法力度不够，专职兽药监管人员数量相对较少，无法形成一个强有力的执法团队。此外，个别生产企业有随意更改兽药产品说明书和夸大兽药疗效的现象。一些不法工厂和小作坊套用正规生产企业商标、说明书或随意编造说明书，导致不合格兽药流入市场，大大增加了执法管理的工作难度。

三、食品中兽药残留的危害

兽药残留的危害主要是对人类健康、环境和生态的危害以及对畜牧业发展的危害，尤其是兽药残留引发的食品安全事故，引起全球的高度重视。因此，2019 年国家制定了《食品安全国家标准 食品中兽药最大残留限量》（GB 31650—2019），规定了食品中各种兽药的最大残留量。

（一）对人类健康的危害

1. 毒性作用

（1）急性毒性 研究发现，食品中大多数兽药残留不会产生急性毒性作用，但由于某些药物如氯霉素、红霉素和磺胺类药物等毒性大或药性作用强，若一次性摄入过多兽药残留量大的畜产品，就会出现急性中毒反应。例如，孕妇一次性摄入过多氯霉素残留超标的畜产品可导致婴儿出现"灰婴综合征"；人体一次性摄入过多红霉素残留超标的畜产品会导致急性肝毒性；人体一次性摄入过多磺胺类药物残留超标的畜产品会导致人体出现恶心、呕吐、腹痛、腹泻等症状，严重时还会导致急性肾功能衰竭。

（2）慢性毒性 外源性物质毒性作用与剂量和接触时间密切相关，兽药残留的危害绝大多数是通过长期接触或逐渐蓄积而造成的。人体长期摄入抗寄生虫类兽药残留超标的食品会引起肝毒性；人体长期摄入红霉素等大环内酯类药物残留超标的食品容易造成肝脏损伤、听力障碍等慢性中毒；人体长期摄入"瘦肉精"等激素类药物残留的动物源食物会引起亚慢性或慢性中毒，发生代谢障碍，引起酮类中毒或酸中毒。

（3）发育毒性 长期食用含有激素类药物（尤其是雌激素类和雄激素类兽药）的动物源食品会影响人体的正常发育。长期摄入含雄性激素的畜产品会干扰人体正常的激素水平。男性出现胸部扩大、早秃、肝肾功能障碍或肿瘤；女性则出现雄性化，月经及内分泌失调，肌肉增生，毛发增多。

(4) 具有"三致"作用　由于兽药残留药物中某些化学物质会诱导基因突变或染色体畸变，因此如果长期食用含有兽药残留的畜禽产品，会对人体的健康造成不可逆转的危害，甚至危及生命。具有"三致"作用的药物主要有四环素、氯霉素、链霉素、土霉素等。四环素能与钙形成螯合物使钙离子无法进入软骨和骨骼，同时影响蛋白质的合成，造成胎儿畸形；人体长期食用含有氯霉素残留的动物源食品容易引起再生障碍性贫血和白血病，其潜伏期最长可达7年；链霉素对胎儿和成人都可能有中耳毒性和肾毒性；在酸性条件下，土霉素会生成具有致癌作用的二甲基亚硝胺。此外，磺胺二甲嘧啶等磺胺类药物具有致肿瘤作用，苯丙咪唑类药物能干扰细胞的有丝分裂，具有明显的致畸作用和潜在的致癌和致突变作用。

(5) 过敏反应和变态反应　许多抗菌药物如青霉素、四环素类、磺胺类和氨基糖苷类等能使部分人群发生过敏反应甚至休克，并在短时间内出现血压下降、皮疹、喉头水肿、呼吸困难等严重症状。青霉素类药物具有很强的致敏作用，轻者表现为接触性皮炎和皮肤反应，重者表现为致死的过敏性休克；四环素药物可引起过敏和荨麻疹；磺胺类则表现为皮炎、白细胞减少、溶血性贫血和药热；喹诺酮类药物也可引起变态反应和过敏反应。

2. 诱导细菌耐药性

如果养殖户在动物养殖中长期过量使用兽药，可能会引起禽畜中某些敏感菌株的耐药性，当人类食用含有这些耐药性菌株的动物制品时，这些菌株也会随之侵入体内。一旦人类感染了这些抗药性细菌，药物就会失去效果，从而影响诊断、治疗，严重的会威胁到人类生命。

3. 兽药残留会使人体的肠道菌群失衡

人体肠道内含有丰富的微生物菌群，维持着肠道的生态平衡和正常生理功能，从而保证人类的健康。但如果人类食用了兽药残留的畜产品，畜产品中残留的抗菌类药物便会进入肠道抑制或杀死正常的菌群，从而导致肠道菌群失衡，造成肠道的生理功能受到损伤，进而引发腹泻、维生素缺乏等多种疾病。菌群失衡还容易造成病原菌的交替感染，使得具有选择性作用的抗生素及其他化学药物失去疗效。

(二) 对环境和生态的危害

如果兽药残留长时间不能得到有效控制，会影响生态环境。畜禽用药后，一些性质稳定以及代谢不完全的兽药残留物会通过粪便、尿液、汗液等途径排泄到自然环境中，从而对水源、土壤和空气造成不同程度的污染，最终导致生态环境的恶化。

(三) 对畜牧业发展的影响

长期滥用兽药已成为畜牧业可持续发展的瓶颈，这不仅会造成药物的浪费，还会导致动物的免疫功能降低，从而影响疫苗的有效性，导致抗药性菌株的不断增多。

四、预防控制措施

1. 加强科研攻关，研制低毒、低残留新型兽药

加强低毒性、低残留新型兽药及兽药添加剂的研究与开发。努力开发新型兽药和兽药新制剂，并用高效、残留量少的兽药替代残留量高、易产生抗药性的药物，从而减轻药物残留的危害。重视中药兽药、微生态制剂和酶制剂等的研制、开发和应用。研制并推广使用天然药物和制剂，推广使用绿色饲料添加剂，减少抗生素和合成药的使用。

2. 加强引导和宣传，合理使用兽药

加大科学用药的宣传，加大对养殖户的教育、培训，增强安全用药意识；改善落后用药行为，合理使用兽药，严格按照国家规定的用法和剂量使用，并做好兽药使用的登记管理工作；严格执行休药期的规定，严禁非法使用违禁药品和添加剂；提高饲养和防疫管理水平，减少动物疾病发生。

3. 提高检测技术，完善监测体系，健全法律制度

完善兽药监控体系，严厉杜绝掺杂使假、以次充好等问题，加大执法查处力度，严厉查处非法生产、使用违禁药品和添加剂的企业和养殖场（户）；建立健全法律法规，规范兽药使用管理；严格控制和保障兽药以及饲料的质量，从源头上遏制饲料污染、非法生产兽药等现象的发生。

第五节 生长调节剂与食品安全

一、生长调节剂概述

生长调节剂是对生物生长发育具有生理和生物学效应的一类天然或人工合成的小分子化合物，可分为昆虫生长调节剂和植物生长调节剂两大类。生长调节剂具有多种生理功能，包括调节细胞生长和分裂、调控根茎节间和长短粗细、控制落果落叶、增强抗逆性、杀灭杂草和害虫等，具有作用面广、效果强、见效快、效益高等特点，被广泛应用于农业领域。截至2022年9月，已报道的生长调剂约有500多种，应用于农业生产的有200多种，"中华人民共和国农业农村部中国农药信息网"登记的有效期内的生长调节剂产品有1430条。常用的生长调节剂主要有赤霉素、赤霉酸、萘乙酸、矮壮素、乙烯利、吲哚乙酸、多效唑、烯效唑、三十烷醇、芸苔素内酯、灭蝇胺等。

（一）植物生长调节剂

植物生长调节剂是植物内源激素（phytohormone）的类似物。植物内源激素是植物自身产生的一类微量、高效调节自身生根、发育、开花、结果、成熟和脱落等一系列生命过程的非营养素有机化合物。

1. 植物内源激素的特征

植物内源激素主要有生长素、赤霉素、细胞分裂素、脱落酸、乙烯和植物甾醇类六大类。植物内源激素有以下几个特征：

（1）各种植物内源激素有其独特的生理作用。生长素能促进细胞伸长从而促进植物器官的生长和分化；赤霉素能促进植物生长、结实，带来明显增产效果；细胞分裂素能提高细胞活性、促进细胞分裂、延缓衰老；脱落酸能促使组织进入休眠状态、诱导脱叶、抑制细胞生长、增强抗逆性；乙烯能促进根茎的生长和叶果的脱落，能催熟香蕉、猕猴桃等水果。

（2）植物激素的调控功能具有相互作用。例如生长素能与细胞分裂素共同促进植物的生长发育；细胞分裂素和脱落酸对植物细胞的衰老具有拮抗作用等。

（3）植物激素的作用有明显的浓度依赖性。例如植物的根、芽和茎对生长素促进生长的

最适浓度并不相同，当远离最适浓度时，生长素的促进生长效果将下降甚至产生抑制生长作用；双子叶植物较单子叶对生长素更为敏感，因此可用作除草剂，比如在种植单子叶作物时可用生长素去除双子叶杂草。

（4）植物激素有特定合成、运输、释放、传递和代谢途径。例如生长素主要在植物的顶端分生组织中合成，一般以主动运输方式从形态学的上端极性运输到形态学的下端，也可以在刺激下横向运输（如光照，重力等）。

2. 植物生长调节剂的分类

（1）根据化学结构分类　根据化学结构，植物生长调节剂分为两类：一类是与植物内源激素结构相同的人工提取或合成的化合物，包括赤霉菌中提取的赤霉素，灰葡萄孢霉菌发酵生产的脱落酸等，以及化学合成的吲哚丁酸、吲哚乙酸、乙烯；另一类是与植物内源激素具有相似活性但结构不同的人工合成类似物，如萘乙酸、三碘苯甲酸、多效唑、2,4-二氯苯氧乙酸（2,4-D）等（表5-2）。

表5-2　几种常见的植物生长调节剂

化合物	英文名	分子式	相对分子质量	类型	结构式	施用方式
吲哚-3-乙酸	Indole-3-acettc acid	$C_{10}H_9NO_2$	175	植物生长促进剂		喷雾
吲哚丁酸	4-（3-indolyl）-butyric acid	$C_{12}H_{13}NO_2$	203	植物生长促进剂		喷雾
氯吡脲	Forchlorfenuron	$C_{12}H_{10}ClN_3O$	248	植物生长促进剂		浸幼果
烯效唑	Uniconazole	$C_{15}H_{18}ClN_3O$	292	植物生长延缓剂		喷雾
多效唑	Paclobutrazol	$C_{15}H_{20}ClN_3O$	294	植物生长延缓剂		浇灌，喷雾
6-苄氨基嘌呤	6-Benzylammopunne	$C_{12}H_{11}N_5$	225	植物生长促进剂		喷雾

续表

化合物	英文名	分子式	相对分子质量	类型	结构式	施用方式
赤霉酸	Gibberellic acid	$C_{19}H_{22}O_6$	346	植物生长促进剂		喷雾、浸果
萘乙酸	1-Naphthylacetic acid	$C_{12}H_{10}O_2$	186	植物生长促进剂		喷雾、浸泡
脱落酸	Abscisic acid	$C_{15}H_{20}O_4$	264	植物生长抑制剂		喷雾
2,4-二氯苯氧乙酸	2,4-Dichlorophenoxyacetic acid	$C_8H_6Cl_2O_3$	221	植物生长促进剂		喷雾
5-硝基-邻-甲氧基苯酚钠	5-Nitroguaiacol Sodium Salt	$C_7H_6NNaO_4$	191	植物生长促进剂		喷雾
4-硝基苯酚钠	4-Nitrophenol Sodium Salt	$C_6H_4NNaO_3$	161	植物生长促进剂		喷雾
乙烯利	Ethrel	$C_2H_6ClO_3P$	144	植物生长促进剂		喷雾、浸泡
水杨酸	Salicylic acid	$C_7H_6O_3$	138	植物生长抑制剂		浸泡、浇灌
缩节胺	Mepiquat chloride	$C_7H_{16}ClN$	150	植物生长延缓剂		喷雾、浸种
矮壮素	Cycocel	$C_5H_{13}Cl_2N$	158	植物生长延缓剂		喷雾、浸种

（2）根据生理效应分类　根据生理效应，植物生长调节剂可分为生长促进剂、生长延缓剂和生长抑制剂。生长促进剂能促进植物器官的生长和发育，有效提高产量，主要包括生长素类、细胞分裂素、植物甾醇类和植物生长调节剂类似物。植物生长延缓剂通过抑制和平衡赤霉素等生长素的分泌和分布，减缓植物顶端分生组织细胞分裂生长速度，从而抑制植物疯长、促使植株矮化、根茎加粗、抗逆性增强、产量提高，包括烯效唑、缩节胺、矮壮素等。生长抑制剂能抑制顶端分生组织的生长，使植物丧失顶端优势，用于疏花疏果，包括脱落酸、2，3，5-三碘苯甲酸等。

（二）昆虫生长调节剂

昆虫生长调节剂来源于昆虫体内激素，包括保幼激素类似物、几丁质合成抑制剂和脱皮激素类似物。昆虫生长调节剂能够阻碍昆虫幼虫发育、变态、蜕皮和羽化等过程，造成害虫死亡。昆虫生长调节剂一般残留于空气和水源，通过食物链的富集和生物放大作用，进而危害人类健康。与植物生长调节剂相比，昆虫生长调节剂对人类健康威胁较小，因此本章主要讨论植物生长调节剂。

二、食品中生长调节剂的来源

1. 可食用植物

食品中生长调节剂残留主要来源于植物源性产品。植物源性产品的生长调节剂主要来自两个方面：一是被植物吸收并残留在体内的药剂；二是施药后分散在环境中最终附着在农产品原料表面的药剂。

2. 禽畜

生长调节剂除了在植物源性食品中出现外，动物源性食品（包括奶类、蛋类、肉类、动物内脏等）也会检出生长调节剂残留。这是由于动物食用了含有生长调节剂的牧草饲料或在环境中的生长调节剂通过食物链富集到动物体内。欧美和日本都有针对动物源产品的生长素调节剂检出限量，我国于2019年颁布《食品安全国家标准　食品中农药最大残留限量》（GB 2763—2019）对各类动物产品的生长调节剂最大残留限量已做了明确规定。

3. 环境污染

生长调节剂会通过浸种、土施、喷洒等方式进入土壤、水源和空气中。喷洒会让生长调节剂弥散到空气中，直接威胁农业工作人员身体健康。同时空气中的药剂会随着重力或雨水进入植物表面和土壤。生长调节剂的土施、混合灌溉水浇灌以及混合在肥料施用均会造成生长调节剂在土壤中残留，未分解部分会被土壤胶体吸附，造成持续影响。

4. 食品加工

食品中生长调节剂污染还有一种比较特殊的来源是通过食品特定加工产生。瑞士雀巢研究中心发现，原料并不含缩节胺的速溶咖啡和麦片，经过高温加工后缩节胺含量达到 $200 \sim 1400\mu g/kg$，其形成机制可能是游离的氨基酸、还原糖和甲基化试剂在高温下发生了环化反应。

三、生长调节剂对食品安全的影响

生长调节剂和生物自身的内源激素结构类似，大多能随着新陈代谢而降解，并被认为是微毒的。但近期研究发现接触和摄入一定量的生长调节剂会造成生殖障碍、性早熟、肝损伤、畸变、癌变和突变（表 5-3）。例如，矮壮素经口进入人体会灼伤肠胃，并被快速吸收造成急性中毒。乙烯利在大鼠体内刺激其生殖系统引发性早熟，并可诱发腹泻腹痛、排尿增加等不良反应。残留在土壤中的生长调节剂会影响土壤的溶解度、pH 等理化指标，从而影响植物的生长。残留在空气中药物会附着在附近植株及农产品原料的表面，危害附近野生动物和牲畜。总之，分散在环境中或残留在农作物中的生长调节剂均会通过食物链的逐级富集作用在人体达到较高浓度，最终对人体造成毒理伤害。

表 5-3　几种常见生长调节剂的毒性和最大残留限量

生长调节剂	危害	ADI/(mg/kg·bw)	最大残留限量/(mg/kg)
多效唑	生殖毒害作用	0.1	0.05~0.5
乙烯利	腹痛腹泻	0.05	0.2~50
赤霉素	皮肤膀胱慢性炎症	—	—
2,4-二氯苯氧乙酸	皮肤眼睛刺激作用	0.01	0.01~2
矮壮素	急性毒性	0.05	0.1~10
抑芽丹	染色体损伤，致癌	0.3	15~50
杀铃脲	—	0.014	0.05~1
萘乙酸	皮肤黏膜刺激	0.15	0.05~0.1
四氯硝基苯	肝脏、肾脏毒性	0.02	20
胺鲜酯	—	0.023	0.05~0.2
丁酰肼	致癌	0.5	0.05

四、预防控制措施

1. 国家监管部门

国家监管部门应制定农业生产中相关生长调节剂的使用规范，建立完善的生长调节剂指导、监督、管理制度。同时还应研制安全的新型生长调节剂，并开发一系列成本低、灵敏度高、效率高的生长调节剂检测方法；对生长调节剂引发的残留和食品安全问题进行系统研究。

2. 农业生产人员

严格遵守相关法律法规，正确使用生长调节剂，主动接受有关部门的抽查和监督；选择适宜和安全的生长调节剂，选择在生长期施药，禁止在采收期施药；复合使用，减少药量，提高药效。

3. 普通消费者

选购有保障的农产品；食用前浸泡、清洗去除农产品表面残留污染物；树立对生长调节剂的科学认识，不盲从谣言。

【本章小节】

（1）农业化学品是农业生产的重要组成部分，用于提高作物产量、改善农产品质量，但大量使用农业化学品会引发食品安全问题，威胁人类健康。

（2）化肥的广泛应用可大幅度提高农作物产量，但也带来了农副产品有害物质超标、质量下降和环境污染等问题，影响食品安全。

（3）种植、养殖环节会使用农药、兽药、激素等，但是过量地使用化学农药和激素会造成超标，威胁人类健康。

（4）生长调节剂具有多种生理功能，但农产品或其原料中的生长调节剂残留会威胁人类健康，因此需要采取相关预防控制措施，切实保障农副产品安全。

【思考题】

（1）简述化学肥料对食品安全的影响和控制措施。

（2）简述农药污染食品的主要途径及对食品安全的影响

（3）简述控制食品中农药和兽药残留量的措施。

（4）简述生长调节剂的危害及控制措施。

（5）为保障食品安全，应如何使用农业化学品。

参考文献

［1］Wu YY，Xi XC，Tang X，et al. Policy distortions，farm size，and the overuse of agricultural chemicals in China ［J］. Proceedings of the National Academy of Sciences of the United States of America，2018，115（27）：7010-7015.

［2］贾玉娟，刘永强，孙向春. 农产品质量安全 ［M］. 重庆：重庆大学出版社，2017.

［3］王际辉，叶淑红. 食品安全学 ［M］. 北京：中国轻工业出版社，2019.

［4］苏来金. 食品安全与质量控制 ［M］. 北京：中国轻工业出版社，2020.

［5］周健民. 土壤学大辞典 ［M］. 北京：科学出版社，2013.

［6］劳秀荣. 果树施肥手册 ［M］. 北京：中国农业出版社，2000.

［7］刘晓永. 中国农业生产中的养分平衡与需求研究 ［D］. 北京：中国农业科学院，2018.

［8］闫湘，王旭，李秀英，等. 我国水溶肥料中重金属含量、来源及安全现状 ［J］. 植物营养与肥料学报，2016，22（1）：8-18.

［9］刘晓永. 中国农业生产中的养分平衡与需求研究 ［D］. 北京：中国农业科学院，2018.

［10］丁晓雯，柳春红. 食品安全学 ［M］. 2版. 北京：中国农业大学出版社，2016.

［11］马瑞，李燕. 拟除虫菊酯类农药暴露对人群生殖系统及甲状腺和婴幼儿体格发育影响的研究进展 ［J］. 昆明医科大学学报，2019，40（3）：126-130.

［12］王俊伟，周春江，杨建国，等. 农药残留在环境中的行为过程、危害及治理措施 ［J］. 农药科学与管理，2018，39（2）：30-34.

［13］李建科. 食品毒理学 ［M］. 北京：中国计量出版社，2007.

［14］段玉林，陈栎岩，宁方尧，等. 肉制品中重金属及兽药残留现状研究 ［J］. 食品安全质量检测学报，2021，12（8）：3008-3015.

［15］朱海荣，刘爽，于燕萍，等. 植物生长调节剂检测方法研究进展 ［J］. 肥料与健

康，2021，48（6）：5.

［16］中华人民共和国农业农村部．中国农药信息网农药登记数据［Z］．http：//
www.chinapesticide.org.cn/hysj/index.jhtml.2022.

［17］韦飞扬，杜伟锋，吴杭莎，等．植物生长调节剂在中药材种植方面的应用现状及
其对中药材质量和产量影响的研究进展［J］．中华中医药杂志，2022，37（3）：
1587-1590.

［18］李雪楠，奚春宇，瞿亚婷，等．食品中缩节胺形成机制研究进展［J］．食品安全
质量检测学报，2018，9（2）：391-395.

［19］刘思洁，方赤光，崔勇，等．植物生长调节剂在植物源性食品中残留量检测技术
的研究进展［J］．食品安全质量检测学报，2016，7（1）：8-13.

［20］莫迎，张荣林，范兴，等．植物源食品中植物生长调节剂检测标准与分析技术研
究进展［J］．食品安全质量检测学报，2019，10（10）：2903-2911.

思政小课堂

第六章　有害元素与食品安全

有害元素是影响食品安全的重要因素，近几年，铅中毒、镉大米等食品有害元素污染事件屡有发生，已成为社会关注的热点。本章主要介绍食品中汞、镉、铅、铝、砷等常见有害元素等的来源、对人体健康的危害及其防控措施。

本章课件

【学习目标】

（1）掌握各类有害元素污染食品的主要途径。
（2）了解常见有害元素对人体的健康危害。
（3）掌握预防有害元素污染食品的措施。

第一节　食品有害元素概述

一、食品中有害元素概述

（一）有害元素的概念

人体是由各种化学元素组成的，目前在人体内已发现 81 种化学元素。在人体所需要的矿物质元素中，钙、磷、钾、硫、氯和镁在人体内含量大于 0.01%，被称为常量元素；铁、铜、锌、钴、锰、铬、钼、镍、钒和锡等合计仅占人体总质量的 0.05%，被称为微量元素。钙、钾、钠、镁、铁、锌、铜、锡、钒、铬、锰、钼、钴、镍等是人体生命活动所必需的，在生长、发育、遗传等过程中发挥着重要的作用，适当摄取有益身体健康。然而，大量摄入金属元素，特别是一些非必需重金属元素则会严重危害人体健康。对于一般人群，主要通过食物摄入金属元素。食品中的常见有害金属元素主要包括汞、镉、铅、铬、铜、镍、钴、锡及类金属砷等。

（二）食品中有害元素的来源

食品中的有害元素来源多样，主要包括以下几个方面。

1. 自然本底

矿区、海底火山活动区域等特殊地质条件中有害元素自然本底值明显高于其他区域，并随自然沉降作用迁移到周边土壤、空气和水体等介质中。在上述环境中种植的作物和饲养的动物体内有害元素污染水平一般相对较高。例如，地方性砷中毒是居住在特定地理环境条件下的居民，长期通过饮水、空气或食物摄入过量的无机砷而引起的以皮肤色素脱失和/或过度沉着、掌跖角化为主的全身性慢性中毒。我国地方性砷中毒主要分布于新疆维吾尔自治区、内蒙古自治区、贵州省等地区，主要为饮水型砷中毒。

2. 人类生产活动造成的环境污染

矿山开发、金属冶炼、工矿企业生产等活动产生大量有害元素废料；工业"三废"的不合理排放，造成有害元素进入附近的空气、水源和土壤中，是造成食品有害元素污染的主要途径。生活垃圾中的废旧电池、电子产品等含有重金属元素，如果处理不当，会将重金属元素释放到土壤、空气等环境中。农业生产中化肥、农药和地膜等的长期不合理使用，也会导致土壤重金属污染。磷肥等化学肥料含有镉、砷、铅等有害元素。砷酸铅、氯化乙基汞、氯化锡等无机农药含有砷、铅、锌、汞、铜、锡等有害元素，长期使用会造成土壤重金属污染。地膜生产过程中加入了含有镉、铅的热稳定剂，随着地膜的大面积推广使用，也加重了土壤有害元素污染。

3. 食品加工制作过程的污染

在食品加工制作过程中，常因某些必要的加工工艺而引入一些重金属等有害元素，造成加工食品受到有害元素的污染。此外，食品添加剂及加工器械含有的一些有害元素，在特定的条件下会迁移到食品中。例如，硫酸铝钾和硫酸铝铵是常用的含铝食品添加剂，主要用作面制品的膨松剂。传统皮蛋生产过程中会用到黄丹粉，其主要成分是氧化铅。在腌制过程中，部分氧化铅会渗透到皮蛋内部，可能会导致皮蛋中的铅超标。食品加工机械、不锈钢炊具和餐具、陶瓷等食品接触材料在与食物接触的过程中也可能会释放出一些重金属元素并迁移到食品中，进而危害人类健康。

二、有害元素毒性的特点与影响因素

（一）有害元素毒性的特点

有害元素的毒性通常具有以下共同特点。

1. 强蓄积性

重金属等有害元素进入人体后，不易降解，很难排出，并且其生物半衰期相对较长。例如镉的生物半衰期在 $10\sim30$ 年，而铅在人体的生物半衰期为 4 年，在骨骼中的生物半衰期可长达 10 年。因此，长期摄入有害金属元素污染的食品，即便是低剂量摄入，也会在人体内逐渐蓄积至一定浓度而发挥毒性作用。

2. 生物富集性

有害元素在生物体内不易被降解，可在生物体内长时间存在并蓄积，并能够在食物链中逐级富集。随着食物链的富集作用，生物体内的有害元素含量逐渐升高。例如，海水中汞的浓度为 $0.0001mg/L$ 时，浮游生物体内的汞含量可达 $0.001\sim0.002mg/L$，小鱼体内可达 $0.2\sim0.5mg/L$，大鱼体内可达 $1\sim5mg/L$，大鱼体内的汞含量比海水汞含量高 1 万~6 万倍。人类处于食物链顶端，有害元素最终在人体内蓄积，对健康造成危害。

3. 危害具有长效性

有害元素经过食物链富集作用进入人体，起初危害不易被察觉，往往经过一段时间的积累才显示出毒性。此外，有害元素难以生物降解且易被生物吸收富集，毒性具有持续性，加之食品食用的经常性和食用人群的广泛性，常导致大范围人群慢性中毒。

（二）影响有害元素毒性的因素

1. 有害元素的种类

不同种类的有害元素具有不同的毒性。例如，铅主要损伤神经系统、造血器官和肾脏等，引发食欲不振、胃肠炎、失眠、头昏、贫血等症状；镉主要损害肾脏、骨骼和消化系统，导致肌肉疼痛、骨质疏松和病理性骨折等症状；汞主要损伤神经系统，引发失眠、头昏、瘫痪、肢体变形、吞咽困难等症状。

2. 有害元素的化学形态

有害元素的毒性与其化学形态有着密切关系。研究发现铬的毒性与其价态密切相关。金属铬（0价）和 Cr^{2+} 毒性很小或无毒；三价铬化合物较难吸收，Cr^{3+} 属于低毒性物质；而 Cr^{6+} 可通过呼吸道、消化道、皮肤和黏膜进入人体且毒性最大，被国际癌症研究机构归为Ⅰ类致癌物，其致畸、致癌和致突变毒性比 Cr^{3+} 高 10~100 倍。汞的吸收率和毒性与其存在形式有关；汞主要以元素汞、无机汞盐和有机汞 3 种形态存在，氯化汞的吸收率仅为 2%，而甲基汞高达 90%~100%。研究发现，通常有机汞毒性大于无机汞，甲基汞毒性最强。根据形态不同，砷可分为无机砷和有机砷。有机砷容易被人体排出，对人体危害较轻；而无机砷为剧毒，被国际癌症研究机构列为Ⅰ类致癌物。

3. 人体差异

年龄、健康状况、营养状况、遗传因素、胃肠道 pH 和肠道菌群等均会影响机体对有害元素的吸收和有害元素的毒性。与成人相比，婴幼儿血脑屏障功能发育不成熟，铅可通过血脑屏障进入神经系统并造成危害；此外，儿童的铅吸收率高达 42%~53%，为成人的 5~10 倍，而肾脏排泄铅的能力只有成人的 30%。因此相对于成人，儿童更容易发生铅中毒。在空腹和膳食中缺乏铁或钙的情况下，机体对铅的吸收率会提高。

4. 膳食成分

膳食中碳水化合物、蛋白质、维生素等组分均可影响有害元素的毒性。如膳食蛋白质中的甲硫氨酸，由于其结构中的硫可与硒在一定程度上发生互换，故对硒有防护作用。维生素 C 能够将 Cr^{6+} 还原成 Cr^{3+}，进而降低其毒性。小鼠实验证实，单宁酸、葡萄糖酸锌和原花青素能够降低稻米中镉的生物可给性，其降低率分别达到 93%~97%、32%~49% 和 11%~14%。添加上述膳食成分后，小鼠肾脏和肝脏中镉的相对生物有效性分别降低 20%~58% 和 10%~31%。此外，膳食纤维可吸附进入肠道的铅、汞等重金属，有效预防有害金属元素中毒。

5. 有害元素的相互作用

不同元素之间可存在相互作用。例如，锌、铁、铜、钙等对镉具有拮抗作用。镉是锌的代谢拮抗物，共同争夺金属硫蛋白上的巯基；当食物中锌镉比值大时，镉显示的毒性小。在动物饲喂含镉量较高的饲料时，可通过添加锌、铁、铜、钙、硒等降低镉对动物的毒性。此外，膳食中铁和铬缺乏可增强铅的毒性；而硒和汞可形成络合物，从而减轻汞的毒性。

第二节　金属元素对食品安全的影响

一、汞对食品安全的影响

（一）汞概述

1. 理化性质

汞（Hg）俗称水银，是唯一一种在常温下呈液态并易流动的金属，其相对原子质量为

200.59，凝固点为-38.87℃，沸点为356.7℃，密度为13.546g/cm³。汞单质为0价，一般汞化合物的化合价是+1或+2。汞在室温下即可蒸发，形成无色无味有毒的汞蒸气。汞具有良好的导热性、导电性、延展性、高密度及高表面张力。

2. 分布和存在形态

汞在自然界中分布极广，几乎所有的矿物中都含有汞，主要以朱砂（硫化汞）形式存在。汞主要有三种形态：元素汞、无机汞和有机汞，其中有机汞毒性最强。常见的有机汞包括甲基汞、氯化甲基汞、乙基汞、氯化乙基汞、苯基汞、氢氧化甲基汞和乙氧基汞等。

3. 应用

汞及其化合物广泛应用于化工、仪器仪表、电池、照明、医疗器械等领域，如生产医疗器材（温度计、血压计等）、开关和继电器、气压计、荧光灯泡、电池、牙科材料等。目前我国每年汞消费量在1000吨左右，约占世界总量的50%，造成了严重的环境污染和潜在的健康危害。汞是毒性最强的重金属污染物之一，已被我国和联合国环境规划署、世界卫生组织等列为优先控制污染物。近年来，我国采取一系列措施减少汞污染。2016年4月28日，第十二届全国人民代表大会常务委员会第二十次会议批准《关于汞的水俣公约》并于2017年8月16日起正式生效。

（二）食品中汞的来源

1. 自然本底

随着自然的演化，大气、土壤和水体都含有汞，形成汞的天然本底。地壳中汞的平均丰度为0.08mg/kg，土壤中为0.03~0.3mg/kg，大气中为0.1~1.0μg/m³。自然环境中的汞可通过动植物、饮用水等进入人体并造成健康危害。

2. 人类生产活动造成的环境污染

原生汞矿开采、有色金属冶炼、汞电池生产与应用、化石燃料（煤、石油、天然气）燃烧等产生的汞污染物会随废水、废气和废渣排放出来，造成环境污染。环境中的汞可在动植物中富集并通过食物链进入人体。不同类型农作物对汞的吸收耐受能力不相同，以根系吸收进入农作物的汞含量顺序为：蔬菜>粮食作物>水果类，粮食作物可食部分的汞含量顺序为：糙米>高粱米>麦粒。"三废"排放的无机汞进入水体后，会在微生物的作用下转化为甲基汞（CH_3Hg）和二甲基汞，极易蓄积在鱼、贝类等水产品中。1956年日本熊本县水俣市发生"水俣病"事件。该事件是因为工厂将含有氯化汞和硫酸汞的废水直接排放至海里，无机汞在微生物作用下转化为甲基汞并经食物链逐级在鱼、虾和贝类等体内富集。人类食用被污染的海产品后，导致汞中毒。《食品安全国家标准　食品中污染物限量》（GB 2762—2017）对不同的水产品中甲基汞限量规定为：肉食性鱼类及其制品为1.0mg/kg，非肉食性鱼类及其制品为0.5mg/kg。

3. 含汞农药与化肥的使用

在农业生产活动中，不合理地施用含汞农药和化肥，会导致汞元素进入土壤。常用的有机汞农药主要包括氯化乙基汞、磷酸乙基汞、醋酸苯汞及磺胺苯汞等，多用于拌种、喷洒等。由于含汞农药毒性大并易造成长期环境污染，我国已禁止生产、进口和使用汞制剂农药。此外，磷肥和污泥肥料中含汞量很高，也是食品中汞污染的重要来源。

此外，食品在加工、运输过程当中也有可能被金属容器迁移出的汞和含汞食品添加剂污染。

（三）汞的体内代谢及健康危害

1. 体内代谢过程

汞在人体内半衰期约为 60 天，人体对无机汞的吸收率较低，无机汞进入人体后主要积蓄在肾脏，对肾脏造成损伤。有机汞主要以甲基汞、乙基汞为主，具有高度的脂溶性，尤其是甲基汞，进入体消化道后，在胃酸作用下转化为氯化甲基汞，其经肠道的吸收率可达 95%～100%。汞易透过血脑屏障和胎盘，并可经乳汁分泌。汞主要经尿和粪排出，少量随唾液、汗液、毛发等排出。

2. 健康危害

（1）急慢、亚急性和慢性毒性　急性汞中毒患者主要表现为皮肤溃疡，消化道黏膜溃疡和腹泻，呼吸困难，肾脏衰竭，甚至会抽搐、昏迷或精神失常。亚急性中毒患者临床症状与急性中毒相似，程度较轻，但仍有脱发等症状。慢性中毒患者表现为情绪不稳定、注意力不集中、神经衰弱综合征、汞毒性震颤、中毒性脑病和严重的肝肾损害。

（2）神经毒性　汞主要蓄积在含有大量巯基、氨基和羧基的脑干神经核团的大、中型细胞质和小脑浦肯野细胞层中。研究发现，汞可通过引发神经组织和细胞发生脂质氧化损伤、激活星形胶质细胞、升高胞内游离钙离子浓度、升高轴突间隙中兴奋性氨基酸水平和促进一氧化氮合成等途径发挥神经毒性作用。甲基汞具有分子质量小、脂溶性强等特点，极易通过血脑屏障，因此表现出很强的神经毒性。在神经胶质细胞，甲基汞或乙基汞分解产生的 Hg^{2+} 会造成神经细胞损伤。典型的临床表现为神志错乱、运动失调、口齿不清等神经症状。长期大量摄入被甲基汞污染的食品，会导致帕金森病的发生，其原因是汞诱导人体产生 α-突触核蛋白所致。

（3）肾脏毒性　肾脏是汞在人体内蓄积的主要器官，通过食物摄取的汞及其化合物均可在肾脏近曲小管的上皮细胞中蓄积。汞会与细胞膜上带有巯基的蛋白质结合形成巯基-汞复合物，使细胞膜上的酶失去活性或者破坏膜结构，导致出现水肿、蛋白尿、血尿等症状；同时也损伤肾小球和肾小管，引发急性肾功能衰竭和急性间质性肾炎等疾病。

（4）生殖毒性　甲基汞可透过血睾屏障，在睾丸组织蓄积，损伤雄性生殖系统和生殖细胞。给小鼠急性甲基汞染毒，甲基汞可以抑制卵巢细胞 DNA 合成，导致卵巢细胞功能改变和异常妊娠。甲基汞可使雄性小鼠的交配率和雌性小鼠的受孕率降低，窝平均活胎数和平均着床数减少，精子畸变率增加。

（5）胚胎毒性　甲基汞是人类已知的致畸原，极易通过胎盘屏障进入胎儿体内；动物试验表明，甲基汞在胎鼠体内的蓄积量可达母体的 2～3 倍；低浓度时造成胚胎畸形和发育迟缓，高浓度时引起胚胎死亡。孕妇和儿童等人群对甲基汞毒性更敏感。

（四）预防控制措施

食品中的汞污染与食品原料和生产加工过程中的汞污染及环境中的汞污染均密切相关，为进一步减少食品中汞污染对人体造成的危害，需采取更有力措施控制汞污染。

（1）减少工业用汞量，大力治理水污染，引进和发展清洁能源，严格控制工业上含汞“三废”和生活污水的排放。调整能源结构，减少煤炭汞污染。

（2）加强对农业投入品的质量管理，禁止使用含汞的兽药、畜禽饲料、农药和化肥等，从源头上控制汞对食品的污染。

（3）开展宣传，普及食品安全知识，引导群众在生活中避免或减少汞的使用和排放。

（4）改善饮食结构，减轻汞中毒。微量元素硒和维生素 E 对汞中毒具有明显的防护作用；豆制品中含有较高的甲硫氨酸，其中的巯基可与汞结合，从而减轻汞中毒症状。

食品中汞限量指标

二、镉对食品安全的影响

（一）镉概述

1. 理化性质

镉（Cd）是一种过渡金属元素，其相对原子质量为 112.414，密度为 8.650g/cm³，熔点为 320.9℃，沸点为 765℃。镉化学性质与同族的锌、汞相似，相对比较活泼，容易被氧化，能够同卤素等发生反应，形成卤化镉；在温度较高时可以同空气中的氧气发生化学反应，生成氧化镉；也可与硫直接化合，生成硫化镉。镉在所有的稳定化合物中都呈 +2 价，其离子无色。

2. 分布和存在形态

镉在自然界中多以化合态存在，含量很低，其在地壳中的平均含量约为 0.15mg/kg。大气中含镉量一般不超过 0.003μg/m³，水中不超过 10μg/L，土壤中不超过 0.5mg/kg，不会影响人体健康。自然界中镉的主要矿物是硫镉矿（CdS），存在于锌矿、铅锌矿和铜铅锌矿石中。镉其形成的有机化合物稳定性非常差，因此在自然界中不存在由镉元素组成的有机化合物，但在哺乳动物、鱼类、禽类等体内，镉会与蛋白质呈现出结合的形态。

3. 应用

镉广泛应用于冶金、化工、电子等工业领域。镉主要用于制作合金，镉镍合金可用作飞机发动机的轴承材料。镉的化合物广泛用于制造颜料、塑料稳定剂、化肥、杀虫剂、荧光粉等，镉还用于钢件镀层防腐。

（二）食品中镉元素的来源

1. 自然本底

镉在自然界中的本底值一般较低，但镉是一种累积性的金属元素，容易被植物根部吸收进入食物链中，并经过食物链的生物富集作用，最终威胁人类健康。镉可通过饲料、饮水等迁移到动物性食品中。农作物对镉的吸收与品种、土壤理化性质等有关。例如，糙米中的镉浓度与水稻类型有关，即籼型>新株型>粳型。近年来，我国南方地区土壤酸化严重，镉的溶解度增加，也导致作物吸收到更多的镉。

2. 人类生产活动造成的环境污染

近年来，镉的用量逐年增加。一部分镉通过废气、废水、废渣排入环境，造成污染。据统计，全世界每年向环境中释放的镉达 30000 吨左右，其中 82%~94% 的镉会进入土壤中。镉对土壤的污染主要有气型和水型两种。气型污染主要来自工业废气，镉随废气扩散到工厂周围并自然沉降，蓄积于工厂周围的土壤中。水型污染主要是铅锌矿的选矿废水和有关工业（电镀、碱性电池等）废水排入地面水或渗入地下水引起。据 2014 年发布的全国土壤污染状况调查公报，我国镉点位超标率为7.0%，表层土壤镉含量增加明显，镉的含量在全国范围内普遍增加，在西南地区和沿海地区增幅超过50%；在华北、东北和西部地区增加10%～40%。环境中的镉可通过作物根系的吸收进入植物性食品，由此造成农作物受污染，并通过饮水与饲料迁移到动物，使畜禽类食品中含有镉。

1955年至1977年在日本发生的"痛痛病"即是环境镉污染造成的慢性镉中毒事件。痛痛病最早发生在日本富山县神通川流域，主要是因为该河上游某铅锌矿厂排出含镉废水，污染了河水，当地农民用该河水灌溉农田，生产出来的稻米镉含量很高，居民长期食用这种镉大米而得病。

3. 食品接触材料造成的镉污染

镉是合金、釉彩、颜料和电镀层的组成成分，其中氧化镉有很好的着色作用，主要用于大红色的陶瓷色料中，目前尚没有理想的替代产品。在盛放食品特别是酸性食品时，上述材料制成的食品容器具中的镉可污染食品。

4. 含镉化肥的使用

磷肥的施用可能是造成环境中镉污染的另一个重要途径。我国磷矿中镉含量范围为0.1～571mg/kg，大部分在0.2～2.5mg/kg。国内磷肥生产原料磷矿石中有60%～70%的镉存留于肥料中。长期施用磷肥会导致土壤镉含量升高，进而造成大米及其他农作物中镉含量超标。

（三）镉的体内代谢及健康危害

1. 体内代谢过程

镉可经过消化道、呼吸道及皮肤吸收，消化道吸收率仅为1%～6%，而呼吸道吸收率为10%～40%。镉从肠道或肺进入血液后，一部分与血红蛋白结合，另一部分与金属硫蛋白结合随血液分布全身。

2. 健康危害

（1）急性毒性　急性镉中毒大多是由于一次吸入或摄入大量镉化物引起。数分钟至数小时后，出现恶心、呕吐、流涎、腹痛、腹泻、里急后重等症状，重者可伴有乏力、头痛、眩晕、感觉障碍、肌肉酸痛、抽搐等症状，甚至出现成人呼吸窘迫综合征。急性镉中毒患者可因失水而发生虚脱；经治疗，一般在2～3日内恢复健康。

（2）肾脏毒性　慢性镉中毒主要引起肾脏功能损害，早期引起肾小管重吸收功能障碍，引发蛋白尿、糖尿、氨基酸尿等病症，严重的可以引起肾功能不全和肾功能衰竭。晚期病人因为肾功能损害严重，引起骨质疏松、骨质软化，甚至引起自发性骨折。

（3）神经系统毒性　流行病学和实验研究显示，镉与某些神经系统疾病及儿童智力发育障碍等有关。镉能破坏脑屏障，进入中枢神经系统，引起大脑形态学改变和神经元坏死，影响多巴胺、乙酰胆碱、5-羟色胺等神经递质的含量和酶的活性。

（4）骨骼损害　镉进入人体中，会导致人体不易吸收维生素D，并抑制机体对磷、钙、硒、锌等元素的吸收，导致骨质疏松、骨软化、骨组织萎缩变形、骨折等症状。日本发生的"骨痛病"就是因为受到镉污染引起的，典型患者骨骼X线检查结果显示，除颅骨外，均有明显萎缩、脱钙、骨质疏松等症状。

（5）生殖毒性　动物研究表明，镉会导致男性睾丸出现生精功能障碍，并且会使睾丸和副性腺的内分泌功能出现紊乱。镉对雌性哺乳动物的生殖系统具有明显的毒作用，不仅能使卵巢组织形态结构发生改变，还能抑制卵泡的正常生长发育，干扰排卵和受精过程，引起暂时性不育。此外，镉还可能影响雌激素受体、孕酮激素受体及其基因表达。

（6）三致作用　镉对哺乳动物具有致癌、致畸和致突变作用。国际癌症研究机构和美国公共卫生与人类服务部将镉认定为一种人类致癌物。流行病学数据表明，镉可能与乳腺癌、肺癌、前列腺癌、鼻咽癌、胰腺癌等有关。

（7）遗传毒性　镉属于非直接遗传毒性致癌物。研究发现，长期镉暴露会对女性的妊娠过程乃至新生儿健康造成影响。体内高镉水平可造成女性不良妊娠结局的发生率和早产儿死亡风险升高。另外，镉还会影响肝、肾功能，使母体血液中的锌离子含量下降，导致胎儿缺乏锌而发育异常。

（四）预防控制措施

（1）控制和消除镉污染源，严格控制大气污染和工业废水、废渣的排放。

（2）实施良好农业生产规范，采用含镉低的磷肥、合理适量使用畜禽粪便等。同时对受到镉污染的土壤进行治理和改良，减少植物对土壤中镉的吸收。

（3）保持均衡饮食，避免因偏食而摄取过多污染物。

食品中镉限量指标

三、铅对食品安全的影响

（一）铅概述

1. 理化性质

铅（Pb）是一种银灰色质软的重金属，其相对原子质量为 207.2，密度为 11.34g/cm^3，熔点为 327.5℃，沸点为 1740℃。铅主要呈现 +2 和 +4 价，其中 +2 价更稳定。加热至 400~500℃时可产生大量铅蒸气，易被空气中的氧气氧化成灰黑色的氧化铅（PbO）并凝集为烟尘。铅质柔软，延性弱，展性强，并有较强的抗放射穿透性能。

2. 分布和存在形态

自然界中，铅多以伴生矿形式存在，主要包括方铅矿（PbS）、白铅矿（$PbCO_3$）和硫酸铅矿（$PbSO_4$）等。铅的化合物主要有铅的氧化物和铅盐，大多难溶于水，其中硝酸铅在水中的溶解度最大。

3. 应用

铅熔点低、密度高、易加工，是制造蓄电池、电缆、颜料、玻璃、彩釉陶器、塑料和橡胶等的原料。由于具有优良的耐酸和碱腐蚀性能，铅也广泛用于制造化工和冶金设备。

（二）食品中铅的来源

食品中铅的来源较为广泛，主要包括以下几个方面。

1. 自然本底

地壳中天然存在的铅可通过地壳侵蚀、火山爆发、海啸和森林山火等自然现象而释放到环境中。铅的自然水平较低，一般以 Pb^{2+} 和 Pb^{4+} 的形态存在。土壤的含铅量为 1~500mg/kg，农业土壤的含铅量一般在 20~80mg/kg。

2. 人类生产活动造成的环境污染

铅及其化合物广泛应用于工农业生产，造成的污染也很普遍，是常见的环境污染物。据统计，全世界每年消耗的铅约有 400 万吨，只有少量被回收利用，其余大部分以各种形式被排放到环境中造成污染。有色金属冶炼、制造电池和使用含铅汽油等会排放大量含铅废水、废气和废渣，其中的铅通过沉降或雨水冲刷进入土壤和水体，污染畜禽和农作物，并经食物链进入人体。

3. 食品加工过程中铅污染

食品是铅暴露的主要来源。例如，对于 4~5 个月大的婴儿，牛奶、配方奶粉和水是铅暴露的最主要来源。老式爆米花机的密封层大多是含铅铸铁，而铅的熔点较低，沸点较高，加热过程中会有大量铅蒸气逸出，进入爆米花中，从而造成铅污染。研究发现，原料玉米的铅含量为 0.115mg/kg，但所加工后的爆米花铅含量为 4.96mg/kg。我国传统的皮蛋加工配方中会加入 0.2%~0.4% 的黄丹粉（氧化铅），以获得具有良好风味的皮蛋产品。在皮蛋制作期间，一部分氧化铅会通过蛋壳渗透至皮蛋中，可能导致铅超标。目前，可通过改良制作工艺生产"无铅"皮蛋，但"无铅"皮蛋并不等于完全不含铅，只是含铅量不超过 0.5mg/kg。此外，二氧化钛等食品添加剂也可能含有铅。

4. 食品接触材料

陶瓷、搪瓷、马口铁等食品接触材料和容器都含有铅，在盛放食物时可造成污染。例如，陶瓷在上釉时会使用熔点较低的铅作为助熔剂，在颜料中也会添加铅，会造成陶瓷制品中铅迁移的风险。

5. 含铅农药与化肥的使用

一些无机农药也含有铅，如砷酸铅等，曾广泛用于防治农业害虫，但也会直接或者间接污染食品，导致铅超标。肥料应用带来的重金属等有害物质污染主要有两大来源：一是来源于化肥产品。如用于磷肥生产的磷矿石中含有铅、镉等重金属，长期施用含有这些杂质的肥料会造成土壤中重金属的积累。二是来源于垃圾、污泥等有机肥的应用。垃圾、污泥等废弃物所含成分相当复杂，混入垃圾中的废电池、废电器等含有铅、汞等重金属。如不进行检测，直接为有机肥使用，就会造成农产品重金属污染。

（三）铅的体内代谢及健康危害

1. 体内代谢过程

铅化合物可通过呼吸道和消化道进入体内。铅在动物体内无法进行分解代谢，仅有 5%~10% 被吸收后经门静脉到达肝脏，一部分由胆汁排到肠道，随粪便排出；另一部分进入血液循环，通过尿液、汗液等排出体外。铅在血液、软组织和骨骼中的半衰期分别为 25~35 天、30~40 天和 10 年。因此，铅可长期蓄积在体内，主要分布在骨骼、肝、肾、脾、肺、脑和肌肉等组织。在成年人体内，约有 95% 的铅以不溶解的磷酸盐形式沉积在骨骼系统和毛发中。因此，可通过测定骨骼和毛发中的铅含量评价体内铅的负荷水平。

2. 健康危害

铅能抑制体内很多酶（尤其富含巯基的酶）的活性，干扰多种细胞代谢和功能，引起慢性中毒并损伤神经系统、造血系统和消化系统等。

（1）急性毒性　不同铅化合物的急性毒性存在较大差异。四乙基铅对大鼠经口 LD_{50} 为 35mg/(kg·bw)，经皮 LD_{50} 为 0.1mg/(kg·bw)；四甲基铅急性毒性较四乙基铅低，大鼠经口 LD_{50} 为 109mg/(kg·bw)，静脉注射 LD_{50} 为 88mg/(kg·bw)。急性铅中毒的症状主要包括头痛、头晕、呆滞、厌食、呕吐、腹痛、腹泻、抽搐、昏迷等，严重时表现为幻觉、妄想、烦躁、谵妄、全身抽搐，甚至瞳孔散大、意识丧失等。

（2）神经系统损伤　铅会干扰突触形成的神经元唾液酸的合成，从而导致神经系统损伤。临床症状表现为易怒、注意力不集中、头痛、肌肉发抖、失忆和产生幻觉等，甚至导致死亡。铅还可引起中毒性周围神经病，以运动功能障碍为主，临床表现主要是伸肌无力，重症患者会出现"铅麻痹""垂腕"等症状。由于血脑屏障尚未发育成熟，加之对铅的代谢能力弱，婴幼儿较成年人更容易受到铅的毒害，并出现反应迟钝、智力发育落后等症状。

（3）造血系统损伤　贫血是慢性铅中毒引起的最主要疾病之一。铅能够干扰血红蛋白的重要组成部分亚铁血红素的合成，从而抑制血红蛋白的生物合成。此外，铅可以与红细胞表面的磷酸盐结合成不溶性的磷酸铅，使红细胞机械脆性增加，引起红细胞膜破裂并导致溶血，最终引起贫血。急性铅中毒时溶血作用较明显，慢性铅中毒时以影响血卟啉代谢为主，溶血作用并不突出。

（4）消化系统损伤　铅可以直接损伤胃黏膜，导致胃黏膜发生炎症性变化；铅能够减弱消化系统的消化、吸收能力，出现食欲不振、口内金属味、恶心、呕吐、腹泻等症状。

（5）肾脏损伤　铅可能会导致两种类型的肾病。一种是常在儿童中观察到的急性肾病，是由于短期高水平铅暴露抑制了线粒体呼吸及磷酸化，破坏能量传递功能。这种早期肾脏损害经治疗可能恢复。另一种是由于长期铅暴露导致肾丝球体过滤速率降低及肾小管的不可逆萎缩。

（6）骨骼毒性　骨骼组织是铅毒性作用的重要靶器官，铅可通过与钙竞争钙通道来替代钙离子或干扰钙离子的功能，从而影响正常骨细胞的信息传导，干扰骨细胞的功能并导致骨质疏松等疾病。

（7）生殖发育毒性　严重职业性铅暴露会导致男性精子数量减少和畸态精子数量增多，导致女性不孕等。孕前及孕期内铅暴露可造成流产和死产，母亲体内的铅可随血液通过胎盘屏障进入胎儿体内并可导致胎儿畸形，并影响儿童智力发育。

（8）其他毒性　铅对心血管也有影响，铅暴露可能导致高血压和心血管疾病发生率升高。铅对动物具有肯定的致癌作用，对人的致癌作用目前证据不充分。国际癌症研究机构将铅归为ⅡB类，即对动物是致癌物，对人类为可疑致癌物。

（四）预防控制措施

（1）加强工业"三废"的治理，减少含铅"三废"的排放和对环境的污染。

（2）食品加工企业应远离铅污染较严重的矿区、电池厂等地区，厂址选择应注意当地主导的风向，尽量避免公路上汽车尾气对厂区空气的污染。

（3）企业应加强生产原料检测和关键环节控制，加工中应选择安全和符合标准的食品添加剂、食品容器、包装材料等，确保产品符合相关标准。

（4）企业应改进食品加工工艺，严格执行相关铅限量标准。例如，在皮蛋生产过程中用硫酸铜、硫酸锌等代替氧化铅，在生产过程中不添加含铅的物质；在爆米花的生产过程中，采用平底锅、微波炉等加工方式代替传统老式爆米花机。

食品中铅限量指标

（5）养成良好的饮食习惯和卫生习惯。教育儿童养成饭前洗手的习

惯。多摄入牛奶、豆制品、鸡蛋、肉类、海产品、坚果等，这类食品中钙、铁、锌含量多，有助于拮抗铅的吸收，减轻铅对人体的毒性。

四、铝对食品安全的影响

(一) 铝概述

1. 理化性质

铝（Al）是一种重要的轻金属，其相对原子质量为 26.981，密度为 $2.702g/cm^3$，熔点为 660.37℃，沸点为 2467℃。铝主要呈现 +3 价，具有良好的导热性、导电性和延展性，在空气中其表面会形成一层致密的氧化膜。铝合金化学性质十分活泼，在碱性与酸性条件下容易发生腐蚀。

2. 分布和存在形态

铝是地壳中第三大丰度的元素（仅次于氧和硅），也是地壳中含量最丰富的金属，在地球表面中约占 8%。铝的化学性质很活泼，在自然界中不存在单质的金属铝。铝主要以铝硅酸盐矿石、铝土矿和冰晶石等形式存在。

3. 应用

铝重量轻，质地坚硬，具有良好的延展性、导电性、导热性、耐热性和耐核辐射性，是工业领域常用的金属之一。铝和铝合金广泛应用于建筑、汽车、电力、包装、耐用消费品、航空航天和船舶等领域。

(二) 食品中铝的来源

食品中铝污染物的来源主要包括水源、食品添加剂、食品接触材料等多个方面。

1. 食品原料暴露

铝元素广泛存于自然环境中，一些矿场和工厂的含铝废水或废料处理不当会导致附近环境中的铝元素含量超标，并通过食物链进入人体。研究表明，许多动物和植物中均含有一定量的铝元素，如茶叶、菠菜、马铃薯和动物脑、肺及甲状腺等器官。

2. 食品加工过程

食用添加了含铝添加剂的食品是人群铝暴露的主要途径。食品加工过程所使用的含铝食品添加剂可用作固化剂、膨松剂、稳定剂、抗结剂等。硫酸铝钾（钾明矾）和硫酸铝铵（铵明矾）是使用最多的含铝食品添加剂，主要作为膨松剂用于面制品，如油条、馒头、油饼、面包、粉条、膨化食品等；硫酸铝钾也广泛用于海蜇加工。个别企业为改善产品口感，在生产加工过程中超限量、超范围使用含铝添加剂，或者其使用的复配添加剂中铝含量过高，造成食物中毒。

3. 食品接触材料

铝制食品接触材料广泛应用于食品加工、包装等领域，如铝锅、铝壶、铝盆、铝制易拉罐、铝箔等。上述铝制用品在使用特别是盛放酸性食品时，铝元素会溶出并迁移至食品中，造成食品安全风险。研究证实，一般烹饪条件下铝制炊具的铝浸出率可达 125mg/每餐，高出世界卫生组织的标准近 6 倍。Al^{3+} 和 $Al(OH)_2^+$ 等毒性强，且随着 pH 降低，其溶解度上升。因此烹饪过程中加入醋、柠檬水等酸性物质有可能提高铝在食品中的迁移量。

4. 水源污染

在现代城市供水处理过程中，一般需要添加明矾、氯化铝、聚合硫酸铝等含铝净水剂，可有效去除水体中的天然有机物。使用含铝净水剂一定程度上会增加水中铝元素的浓度，最终进入人体。

5. 其他暴露途径

除上述途径外，铝还可以从其他途径进入人体。铝可以作为药品，如治疗胃溃疡的氢氧化铝、硫酸铝、甲铝液和海藻酸铝，治疗消化道出血的硅酸铝等。铝在胃酸存在的情况下也更加容易转化成为易吸收的形式进入人体循环。

（三）铝的体内代谢及健康危害

1. 体内代谢过程

铝在机体消化道内的吸收量非常少，在实验动物中甚至少于1%。在上消化道，食物中的铝可能会以离子的形式溶解和吸收。被机体吸收后，铝主要分布并蓄积于骨骼、皮肤、下消化道、淋巴结等组织器官。血液中的铝可通过胎盘屏障进入胎儿体内或分泌至乳汁中，也可通过血脑屏障和脑脊液进入脑组织。

2. 健康危害及机制

（1）急性毒性　金属铝和铝化合物的急性毒性较低。无机铝盐对大鼠和小鼠的急性经口LD_{50}值因铝化合物的溶解度和生物利用率的不同而存在较大差异，大鼠为162~750mg/（kg·bw），小鼠则为164~980mg/（kg·bw）。虽然食物、饮用水和多种抗酸剂都含有铝，但人类一般不会因经口服途径摄入铝而引起急性中毒。

（2）生殖毒性　铝具有生殖毒性。研究表明，雄性小鼠交配前腹腔注射一定剂量的硝酸铝染毒4周以上，对睾丸有明显毒性，表现为睾丸及附睾减轻、精子活力降低、数量减少、生殖能力下降等。

（3）发育毒性　铝具有发育毒性。研究表明，铝能够降低胎鼠出生时的体重和骨化程度，导致胎鼠生长迟缓、内脏和骨骼畸形，抑制骨发育及出生后生长发育等。此外，铝还可抑制小鼠和大鼠的大脑发育。

（4）神经毒性　神经系统是铝作用的主要靶器官，大量摄入铝会抑制大脑神经细胞的分化及功能，导致脑皮质和海马神经细胞损伤，并影响人的学习能力和思维能力。研究表明，铝蓄积在脑部海马区、额皮质等敏感区域，是阿尔茨海默病、帕金森病、肌萎缩性脊髓侧索硬化症等神经退行性疾病的潜在危险因素。

（5）骨骼毒性　骨骼是铝蓄积的主要器官和积蓄组织。摄入过量的铝会影响肠道对磷、钙等元素的吸收并影响骨骼发育。铝可对骨骼产生毒性作用，引发"铝骨病"，导致骨软化，并抑制骨胶原的形成及成骨细胞的增殖、分化和矿化。

（四）预防控制措施

（1）加强环境保护，合理开发和利用各种铝资源，减少铝的排放和流失。

（2）改善饮用水的生产和制备工艺，饮用水处理时不要使用明矾等高铝净水剂，降低水体中铝离子的含量。

（3）尽量减少含铝食品添加剂的使用，选用自然发酵法或采用新型无

中国居民膳食铝
暴露风险评估

铝膨松剂生产的食品，降低食品中的铝离子含量。治疗胃病的药物尽量避开 Al（OH）$_3$ 制剂，改用胃动力药物。

（4）减少铝制品餐具、容器和包装材料的使用，避免食物或饮用水与铝制品之间的接触或沾染。

第三节　非金属元素对食品安全的影响

一、砷对食品安全的影响

（一）砷概述

1. 理化性质

砷（As），俗称砒，是一种氮族（VA）非金属元素，其相对原子质量为 74.92，密度为 5.727g/cm^3，熔点为 817℃，沸点为 614℃。砷是变价元素，在自然界中主要呈现 0 价、−3 价、+3 价和+5 价。但在土壤环境中主要以+3 和+5 两种价态存在。砷的物理性质与金属类似，具有光泽，故称类金属。砷比较脆，易被捣成粉末，其化学性质与磷类似。

2. 分布和存在形态

砷元素广泛存在于自然界中。单质以灰砷、黑砷和黄砷三种同素异形体的形式存在。砷在自然界中主要以硫化物矿形式存在，如雌黄（As$_2$S$_3$）、雄黄（As$_4$S$_4$）、硫砷铁矿（FeAsS）、硫砷铜矿（Cu$_3$AsS$_4$）、斜方砷铁矿（FeAs$_2$）等。加热时，生成有毒烟雾，能够与强氧化剂和卤素发生反应。

3. 应用

砷与其化合物广泛用作农药、除草剂、杀虫剂。三氧化二砷（As$_2$O$_3$）俗称砒霜，是毒性很强的物质，具有解毒杀虫、燥湿祛痰等功效，还可用于治疗癌症。砷可以与其他金属物质制成合金，如砷铜合金，可以提高铜的耐腐蚀性。此外，还可以制成砷化镓，砷化铟等化合物，在光学材料领域有广泛用途。

（二）食品中砷的来源

人体摄取砷的主要来源包括污水灌溉过的粮食作物和经过加工的食品、饮用水等。食品中砷的来源较为广泛，主要包括以下几个方面。

1. 自然本底

砷是地壳的组成成分之一，在自然界中主要以硫化物、含氧砷酸化合物和金属砷化物等形式存在。自然界中的地壳运动、火山活动、岩石的风化等因素均可导致砷化合物的释放。土壤中砷主要来源于经受风化作用后的岩石。我国土壤中砷平均含量为 11.2mg/kg，约为世界平均值（7.2mg/kg）的 1.5 倍。一部分砷污染物在土壤中迁移转化为毒性较大的水溶性砷，并被植物或动物吸收，引起食品砷污染。另一部分砷污染物进入水体，经由食物链富集造成水产品污染。这些砷的化合物最后会通过食物链途径进入人体，并随着摄入量的增多而在人体内产生蓄积。

2. 工业采矿和排废造成的环境污染

有色金属的冶炼、砷矿的开采以及陶瓷、化工、油漆、玻璃、制药、皮革、纸张、纺织等砷化合物的应用，均会产生一系列的废水、废气和废渣，导致砷对环境的持续性污染。全球人为活动向环境排放砷量逐年增加，至2000年已累计达到453万吨左右，其中矿业活动产生的砷量占72.16%。环境中的砷污染物通过土壤、空气和水被农作物和动植物吸收，从而造成食品中砷含量的超标。湖南石门雄黄矿是一座有1500余年历史的亚洲最大雄黄矿，堆存的大量含砷废石及尾矿暴露于地表，经氧化分解和迁移扩散，导致矿区下游的水质及其沿岸农田受到砷污染。研究发现，石门雄黄矿附近3个村土壤砷含量为84~296mg/kg。

3. 食品加工过程中的砷污染

在食品生产加工过程中，食用色素、葡萄糖及无机酸等化合物如果质地不纯，就可能含有较高量的砷而造成食品中砷残留超标引起污染。比较典型的案例是日本森永公司的毒奶粉事件。1955年，森永公司将磷酸氢二钠（Na_2HPO_4）作为乳制品的稳定剂。然而，森永公司使用的磷酸氢二钠是几经倒手的非食品用原料，其中砷酸盐含量较高，造成131名婴儿死亡，12159人中毒。

4. 农业生产造成的污染

农业生产过程中使用的农药和磷肥是土壤中砷的另一个重要来源。常见的含砷农药主要有砷酸钙、砷酸铅、洛克沙肿、甲基胂酸锌、福美甲胂、福美甲胂、福美胂等，均可增加土壤砷污染风险。洛克沙肿（3-硝基-4-羟基苯砷酸）是一种常见的含砷农药，具有广谱杀菌、抗球虫病、提高饲料利用率、促进动物生长等作用，在畜禽养殖业中广泛使用。然而洛克沙肿在畜禽体内吸收较少，主要以药物原形随粪便排出。如果不对畜禽粪便进行无害化处理，洛克沙肿就可能通过有机肥施用或随养殖场排污系统污染环境，危害人类健康。在农业生产中，增施磷肥可明显提高作物产量，但一些劣质磷肥中含有大量的砷化合物，导致农作物中砷大量残留。磷肥中含砷量一般在20~50mg/kg，最高可达几百mg/kg，主要是磷矿石含量高所致。

（三）砷的体内代谢及健康危害

砷是人体的组成元素之一，当人体摄入少量砷时，可以促进新陈代谢。但通过食物、饮水和呼吸大量摄入砷就会引起砷中毒，危害人类健康。

1. 体内代谢过程

研究认为，三氧化二砷和亚砷酸钠等无机砷化合物在体内主要是通过氧化甲基化反应而代谢。在体内，无机砷转换为单甲基化砷酸化合物和二甲基化砷酸化合物，最终以五价的二甲基砷酸的形式排出体外。砷化合物在血液中的半衰期较短，大部分砷能在几个小时内从血液中消除。人体摄入的砷，大部分以代谢的和未代谢的形式通过尿液排出体外。人在一次摄入500μg剂量的无机三价砷后，4天后大约46%的砷可随尿液被排出体外。

2. 健康危害

砷及其化合物均有毒性，其毒性的强弱主要取决其化学形态和溶解度。一般而言无机砷的毒性大于有机砷，无机砷中+3价砷的毒性大于+5价砷，可溶性砷的毒性大于不溶性砷。通过食物进入人体的砷可以和人体内的蛋白质和酶中的巯基结合，引起细胞代谢紊乱。

（1）急性毒性　三氧化二砷有剧毒，对大白鼠经口 LD_{50} 为 22.9～27.7mg/（kg·bw）。由于个体对砷耐受性不同，中毒剂量也存在很大差异，成人一般中毒量为 5～50mg，致死量为 60～200mg。一般由食物引起的急性砷中毒较为少见，急性中毒多为大量意外接触所致，主要损害胃肠道消化系统、呼吸系统、皮肤和神经系统，主要症状为呕吐、腹泻、肌肉痉挛、面部水肿和心脏衰竭等。以 LD_{50} 计算，化合物的毒性依次为：亚砷酸盐>砷酸盐>一甲基砷>二甲基砷>三甲基砷>砷糖>砷胆碱>砷甜菜碱，而砷脂毒性极低。

（2）慢性毒性　慢性砷中毒一般是由职业原因造成，中毒患者发砷、尿砷和指（趾）甲砷含量升高。慢性经口砷中毒主要引起消化道障碍，皮肤发红、色素沉着、角质增生、脱发、周围神经炎，并伴有指甲白纹等症状，偶有皮肤溃疡、恶心、呕吐、便秘或腹泻等。饮水中含砷量高的地区，居民可出现黑脚病，可能与砷引起的严重周围动脉硬化有关。

（3）三致作用　砷具有致癌性、致畸性和致突变作用。研究发现，砷可导致皮肤癌、膀胱癌和肺癌等。砷的致癌作用与其增强氧化应激反应、诱导染色体畸变、DNA 氧化损伤及甲基化异常和干扰信号传导通路等有关。研究表明砷暴露可能会导致多种出生缺陷，包括神经管缺陷、心血管畸形和唇腭裂等。砷可以通过血胎屏障进入胎儿，从而干扰胎儿正常发育，甚至导致畸形。经典致突变试验发现，砷是一种较弱的致突变剂，但可诱导染色体异常和基因突变，长期慢性暴露砷可增加细胞微核率。同五价砷相比，三价砷的诱变性更强。砷不仅会导致染色体出现畸变、染色体损伤和基因突变，并且还会抑制 DNA 修复。此外，砷暴露会增强其他致癌物质（如紫外线辐射）的致突变作用。

（4）皮肤毒性　摄入砷超标后会对人体的皮肤产生影响，主要体现为皮肤干燥、粗糙、头发脆而易脱落、掌及趾部分皮肤增厚，并且出现角质化等现象。饮水型砷暴露人群研究表明，饮水砷暴露水平越高，皮肤病变程度越严重。

（5）神经毒性　砷具有神经毒性，可穿过血脑屏障损伤脑组织，对人体中枢神经系统和外周神经系统造成不同程度的损伤。已有研究表明，砷通过血脑屏障或胎盘屏障进入人体，从而影响胎儿的大脑发育；砷可损害成人海马神经元，导致学习和记忆能力下降。

（6）免疫毒性　流行病学研究表明，砷的摄入会对机体的免疫功能产生抑制作用。对于急性砷中毒患者，其机体细胞和体液免疫系统发生损伤，主要表现为 T 淋巴细胞亚群 CD3[+]、CD4[+]、免疫球蛋白 IgA 和补体 C3 明显下降。

食品中砷限量指标

（四）预防控制措施

（1）从污染源头上进行治理，针对土地和水源中砷超标的现象，采用科学的方法对土地和水源进行改进，使水源和土地中砷元素的含量降到正常值以下。

（2）加强对农药和食品添加剂的管理，严令禁止含砷农药的使用，同时对食品添加剂加强监管，防止食品添加剂中砷超标对人体产生不利的影响。

（3）饮水型地砷病最有效的预防措施就是改饮低砷水，即寻找新的低砷水源，废弃原来的高砷水源，或采用物理化学方法降低水中的砷含量，使其达到国家生活饮用水标准。

二、其他非金属元素对食品安全的影响

（一）硒

1. 概述

硒（Se）是一种氧族（VIA）元素，属于稀散金属的范畴，相对原子质量为 78.971，密度为 $4.28 \sim 4.81 \mathrm{g/cm^3}$，熔点为 221℃，沸点为 684.9℃。硒有多种形态，无机态有 3 种价态，分别为 -2 价、+4 价和 +6 价；单质硒包括黑色、红色、灰色和无定形单质硒；硒酸盐和亚硒酸盐可以作为硒源类营养强化剂，但吸收率较低，毒性较大。硒的化学性质与硫相似，能直接与氧或氢化合。硒是一种有灰色单质金属光泽的固体，性脆，能导电，不溶于水。金属硒化物遇水或酸可产生硒化氢气体。

常见的硒化合物有二氧化硒、二氯氧化硒、硒酸钠、亚硒酸钠、硒化氢等。硒具有光敏性和半导体特性，广泛应用于电子、橡胶、化学、石油、颜料、玻璃等工业领域。在电子工业中，硒常被用来制造光电池、感光器、激光器件、光电管、光敏电阻、光学仪器等。

2. 中毒原因

植物是人和动物摄入硒的主要来源，植物对硒的吸收主要来源于土壤。硒是一种稀有分散元素，在地球上含量较低，主要分布于硫化物或硫盐矿物中。土壤中硒的来源有成土母质、化学肥料、大气沉降、灌溉水、农用石灰等。水是硒迁移和沉淀的主要介质，主要来源于岩石硒萃取、土壤淋溶、大气降尘、生物体腐解和工业污水排放等。土壤、水等中的硒可被动植物吸收，进入食物链进而影响人体健康。

3. 健康危害

硒是人类和动物生命活动中必需的微量元素，硒具有抗氧化、抗肿瘤、抗衰老、增强免疫等活性功能。人和动物体缺硒会导致人类克山病、大骨节病、动物的白肌病、心脑血管疾病、糖尿病等疾病。此外，一些癌症、地方性甲状腺障碍等也与低硒环境密切相关。但过多摄入硒元素也会导致硒中毒。急性硒中毒主要表现为头晕、头痛、呕吐、腹泻等症状。慢性硒中毒的主要特征是脱发及指甲形状的改变，其他症状包括凝血时间延长、头晕、头痛、食欲不振、眉下皮肤发痒、发育迟缓、毛发粗糙脆弱等。硒过量摄入会引起 DNA 碱基替换概率增加，诱发染色体畸变，甚至引起细胞癌变。

（二）氟

1. 概述

氟（F）是一种非金属卤素元素，相对原子质量为 18.998，熔点为 -219.66℃，沸点为 -188.1℃，沸点时液体密度为 $1.505 \mathrm{g/cm^3}$。氟具强氧化性，其单质在标准状况下为浅黄色的双原子气体，有剧毒。作为电负性最强的元素，氟极度活泼，几乎与所有其他元素，包括某些稀有气体元素，都可以形成化合物。氟广泛用于生产特种塑料、橡胶和冷冻剂（氟氯烷）等产品。

2. 中毒原因

人类的氟中毒主要分为饮水型氟中毒、燃煤污染型氟中毒和饮茶型氟中毒。饮水型氟中毒是一种世界性的地方病，由长期通过饮水摄入过量的氟而引起，主要造成骨骼和牙齿的损害，即所谓氟骨病或斑釉症。饮茶型地氟病是由居民长期大量饮用含氟量超标砖茶而导致体

内摄入过量氟而引起的一种地方病。茶树是一种能够高度富集氟的植物，砖茶是用老茶叶、茶茎，有时还配以茶末经发酵压制而成的外形像砖一样的块状茶，含氟量一般较高。

3. 健康危害

氟是人体和动物所必需的微量元素之一，氟化物是许多食物和所有饮用水中含有的天然矿物质。适量氟对动物和人类健康有益，可促进牙齿和骨骼的钙化，增强牙齿的硬度和抗酸力；如果缺氟会导致龋齿、骨质松脆等疾病。而过量氟对动物和人类健康有害。过量的氟进入人体后，主要沉积在牙齿和骨骼上，形成氟斑牙和氟骨症。研究表明，过量氟暴露可损伤神经细胞突触、线粒体等亚细胞结构，引起运动协调、认知和记忆能力的下降，严重时还会引起儿童智商降低。氟中毒可引起肝脏组织结构和功能异常，降低机体免疫功能。

【本章小节】

（1）有害元素是影响食品安全的重要因素，主要包括汞、镉、铅、铝、砷等。因自然和人为因素释放到环境中的有害元素易通过食物链在植物、动物和人体内累积，从而危害人体健康。

（2）食品中的有害元素主要来源于特殊的自然环境、人类活动造成的环境污染、食品加工和贮藏等过程中使用或接触的金属容器、管道或添加剂中等。

（3）预防和控制食品中有害元素的残留，应加强环境保护，引进和发展清洁能源，实施良好农业生产规范，加强对农业投入品的管理，优化食品加工工艺，普及食品安全知识，改善饮食结构等。

【思考题】

（1）简述造成食品中有害元素超标的原因。

（2）简述食品中汞、镉、铅、铝等金属元素的健康危害及预防控制措施。

（3）简述食品中砷、硒等非金属元素的健康危害及预防控制措施。

参考文献

［1］李玲，谭力，段丽萍，等. 食品重金属污染来源的研究进展［J］. 食品与发酵工业，2016，42（4）：238-243.

［2］杨雅茹，钟瑶，李帅东，等. 水产品中重金属对人体的危害研究进展［J］. 农业技术与装备，2020（10）：55-56.

［3］Sun S, Zhou XF, Li YW, et al. Use of dietary components to reduce the bioaccessibility and bioavailability of cadmium in rice［J］. Journal of Agricultural and Food Chemistry, 2020, 68（14）：4166-4175.

［4］石笑晴，何玺玉，吴虹林. 儿童金属汞中毒的毒理及诊疗研究进展［J］. 中国儿童保健杂志，2018，26（8）：865-868.

［5］韦丽丽. 食品中汞与汞形态分析方法研究进展［J］. 职业与健康，2020，36（9）：1291-1296.

［6］杨婷，张夏兰，丁晓雯. 元素形态对食品安全影响的研究进展［J］. 食品与发酵工

业，2018，44（10）：295-303.

［7］李煌元，吴思英.镉的雌性性腺生殖毒性研究现状［J］.中国公共卫生，2002，18（3）：379-381.

［8］Genchi G，Sinicropi MS，Lauria G，et al. The effects of cadmium toxicity［J］. International Journal of Environmental Research and Public Health，2020，17（11）：3782.

［9］刘占鳌，裴艳琴.食品中镉污染与儿童健康及其防治的研究进展［J］.食品安全质量检测学报，2019，10（20）：6818-6822.

［10］李明璐，秦周，余勇，等.中国成人经膳食摄入铅的风险评估［J］.中华疾病控制杂志，2022，26（7）：862-868.

［11］刘煜.武汉市人群膳食铅暴露与人体健康风险研究［D］.武汉：华中农业大学，2021.

［12］杨乐，蒲云霞.铝的毒性和膳食暴露评估研究进展［J］.公共卫生与预防医学，2020，31（1）：118-122.

［13］程代，李想，刘敬民，等.食源性铝污染及其毒性研究进展［J］.食品安全质量检测学报，2019，10（2）：291-296.

［14］申屠平平，吕恭进，朱珈慧.958份面制品中铝污染状况调查和人群暴露评估［J］.中国卫生检验杂志，2019，29（5）：614-616，620.

［15］安礼航，刘敏超，张建强，等.土壤中砷的来源及迁移释放影响因素研究进展［J］.土壤，2020，52（2）：234-246.

［16］胡毅鸿，周蕾，李欣，等.石门雄黄矿区As污染研究Ⅰ-As空间分布、化学形态与酸雨溶出特性［J］.农业环境科学学报，2015，34（8）：1515-1521.

［17］陈保卫，那仁满都拉，吕美玲，等.砷的代谢机制、毒性和生物监测［J］.化学进展，2009，21（2/3）：474-482.

［18］Fatoki JO，Badmus JA. Arsenic as an environmental and human health antagonist：A review of its toxicity and disease initiation［J］. Journal of Hazardous Materials Advances，2022，5：100052.

［19］Chen QY，Costa M. Arsenic：A global environmental challenge［J］. Annual Review of Pharmacology and Toxicology，2021，61：47-63.

［20］关怀，朴丰源.砷神经发育毒性及机制研究进展［J］.中国公共卫生，2015，31（4）：538-540.

［21］赵谋明，郑泽洋，刘小玲.食品中硒的总量及化学形态分析研究进展［J］.南方农业学报，2019，50（12）：2787-2796.

［22］马潘红，郑玉建，马艳，等.砷对神经系统影响及作用机制研究进展［J］.中国公共卫生，2020，36（3）：458-460.

［23］王张民，袁林喜，朱元元，等.我国富硒农产品与土壤标准研究［J］.土壤，2018，50（6）：1080-1086.

［24］王俊东，孙子龙.氟的毒理学研究［J］.山西农业大学学报（自然科学版），2018，38（6）：1-7，77.

［25］崔旭，王晓东，樊文华，等．氟对玉米产量品质及土壤性质的影响［J］．中国生态农业学报（中英文），2011，19（4）：897-901．

［26］李新颖，于星辰，张舜，等．氟中毒对神经细胞线粒体功能及凋亡的影响［J］．华中科技大学学报（医学版），2021，50（5）：555-560．

思政小课堂

第七章　有害有机物与食品安全

有害有机物对环境和人类健康造成了严重威胁。本章介绍了 N-亚硝基化合物、多环芳烃、多氯联苯、二噁英、杂环胺、丙烯酰胺、氯丙醇和氯丙醇酯等对食品安全的影响及预防控制措施。

本章课件

【学习目标】

（1）了解食品中常见的有害有机物的化学结构及性质。

（2）掌握食品中 N-亚硝基化合物、多环芳烃、多氯联苯、二噁英、杂环胺、丙烯酰胺、氯丙醇和氯丙醇酯等有害有机物的来源、危害及对食品安全的影响。

（3）了解食品中有害有机物的预防控制措施。

第一节　N-亚硝基化合物对食品安全的影响

N-亚硝基化合物（N-nitroso compounds，NOCs）是一类重要的有毒物质，广泛存在于环境与食品中。在已研究的数百种 N-亚硝基化合物中，90%以上已被证明具有致突变、致畸和致癌性，可诱发哺乳动物食道癌、肝癌、胃癌、膀胱癌、结肠癌、肺癌等多种癌症。

一、N-亚硝基化合物概述

N-亚硝基化合物是一类以亚硝基官能团直接附着一个氮原子的化合物。N-亚硝基化合物的基本结构可分为 N-亚硝胺（N-nitroso amines）（图7-1）、N-亚硝酰胺（N-nitroso amides）（图7-2）和其衍生物如 N-亚硝基脒（N-nitroso amidines）。

亚硝胺中的 R_1 和 R_2 为烷基或芳基，如果 R_1 和 R_2 为相同的基团时，被称为对称性 N-亚硝胺，如果 R_1 和 R_2 为不同的基团时被称为非对称性 N-亚硝胺。低分子量的 N-亚硝胺在常温条件下为黄色液体；高分子量的 N-亚硝胺多为固体，其性质均很稳定，在中性或碱性环境中不易分解，但在酸性水溶液中或紫外线作用下可缓慢分解。

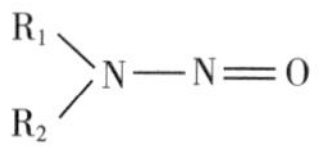

$$R_1 \atop R_2 \!\!\! \big\rangle N\!-\!N\!=\!O \qquad\qquad R_1 \atop R_2CO \!\!\! \big\rangle N\!-\!N\!=\!O$$

图7-1　亚硝胺的化学结构式 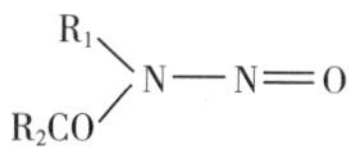　　　　图7-2　亚硝酰胺的化学结构式

亚硝酰胺中的 R_1 为烷基或芳基，R_2 为酰胺基，包括氨基甲酰基、乙氧酰基及硝脒基等。亚硝酰胺的化学性质较活泼，在酸性和碱性条件中均不稳定。自然界中存在的 N-亚硝基类化

合物主要是亚硝胺类。

二、食品中 *N*-亚硝基化合物的来源

（一）*N*-亚硝基化合物的合成途径

1. 体内合成

硝酸盐和亚硝酸盐作为 *N*-亚硝基化合物体内合成的前体物质，来源广泛。据统计，硝酸盐、亚硝酸盐通过饮食途径进入人体的占比达 87%。除通过食物摄入，其进入人体的方式还包括呼吸作用、皮肤接触等。研究发现，45%~75% 的 *N*-亚硝基化合物是内源性合成，哺乳动物的胃是合成 *N*-亚硝基化合物的主要场所。人的正常胃液酸度为 pH 1.8~2.0，有利于二级胺和亚硝酸盐在体内的合成。在中性或微碱性条件下，还原硝酸盐的细菌代谢活性增高也会导致胃中产生 *N*-亚硝基化合物。除哺乳动物的胃外，受炎症感染的膀胱、肠道等病变组织以及器官也能形成 *N*-亚硝基化合物。

2. 体外合成

N-亚硝基化合物是由胺类物质（主要是二级胺类物质）与亚硝化剂（亚硝酸盐、氮氧化物等）结合形成，此合成途径中的二级胺可从三级胺转化而来，而亚硝化剂可由铵和硝酸等含氮前体物质转化，这些含氮前体物质广泛存在于大气、土壤、水体、植物体中。硝酸盐和亚硝酸盐作为发色剂或防腐剂被广泛应用于肉制品加工中，这些亚硝基化合物前体物质在微生物、天然催化剂等存在的条件下，会被转化成 *N*-亚硝基化合物，其反应速度和亚硝酸盐、胺类或酰胺类物质的浓度以及环境的酸碱度等有关。大肠杆菌、米曲霉、链球菌和表皮葡萄球菌等微生物能够利用食品中的亚硝酸盐和二甲胺合成 *N*-亚硝基化合物。

（二）常见食品中 *N*-硝基化合物的来源

1. 水果蔬菜

硝酸盐是水果蔬菜中 *N*-亚硝基化合物的前体物。一般来说，蔬菜中的硝酸盐含量要远高于亚硝酸盐。在长期贮藏或加工过程中，水果蔬菜中的硝酸盐在硝酸盐还原菌的作用下转化成亚硝酸盐。

2. 肉制品

由于肉制品含有丰富的蛋白质、脂肪、少量胺类物质，在腌制、烘烤、油煎、油炸等加工过程中，可能产生较多的胺类化合物，胺类物质与亚硝酸盐反应生成亚硝胺。此外，在肉制品生产加工过程中会使用硝酸盐或亚硝酸盐作为防腐剂或发色剂。

3. 乳制品

部分乳制品含有枯草芽孢杆菌等微生物，可把硝酸盐还原成亚硝酸盐。

4. 腌制品

腌制时间不足的蔬菜中含有大量亚硝酸盐。腌制水产品含有高含量的亚硝胺化合物。研究发现，食道癌和胃癌高发地区的居民有喜食烟熏肉和腌制蔬菜的习惯。另外，畜产品腌制时为保持肉的口感、色泽，会加入一定量的硝酸盐和亚硝酸盐。尤其是香肠，在亚硝酸盐摄入总量中其占比非常高。

5. 啤酒

尽管啤酒中二甲基亚硝胺含量较低，但由于啤酒的饮用量极大，通过富集作用可使其含量升高。啤酒中亚硝胺来源于直接用火烘干的大麦芽，且以天然气为燃料烘干的大麦芽中亚硝胺的含量高于煤火烘干的。

6. 反复煮沸的水

多次煮沸的水中会出现硝酸盐、亚硝酸盐，用其煮食物时也可导致亚硝酸盐的产生。

7. 水、土壤以及植物

N-亚硝基化合物广泛存在于自然环境中。人类可通过饮用水和空气中摄入 N-亚硝基化合物。此外，摄入的 N-亚硝基化合物前体物在体内也可合成 N-亚硝基化合物。

三、N-亚硝基化合物的危害及预防控制措施

（一）N-亚硝基化合物的危害

1. 急性毒性

N-亚硝基化合物中毒时主要造成人体肝脏和血小板的损伤，出现肝脏出血、小叶中心性坏死等症状。此外，N-亚硝基化合物还可引起胃、皮肤、皮下组织等的损伤，患者表现出头晕、头痛、乏力、精神萎靡、嗜睡、反应迟钝等症状，并可能伴有意识丧失症状。亚硝酸盐重度中毒者会出现心率加快、呼吸衰竭等症状，甚至可能会失去生命。

2. 致癌作用

N-亚硝基化合物已被证实具有强致癌性，可使多种动物组织器官产生肿瘤。研究发现，N-亚硝基化合物可以通过胎盘对子代产生致癌性，胎儿对 N-亚硝基化合物的致癌作用敏感性远远高于成年人。已知的 N-亚硝基化合物中，N-亚硝酰胺是直接致癌物，可以直接烷化DNA，而 N-亚硝胺是间接致癌物。N-亚硝基化合物对哺乳动物的致癌具有特异性，其主要致癌器官是食道、胃、肠道、肝、肾、膀胱、胰腺等。

3. 致畸作用

研究表明，食用亚硝酰胺可引起胎仔鼠的脑部、眼部、肋骨以及脊柱畸形，且亚硝酰胺的剂量与动物的畸形程度呈正相关。此外，亚硝酰胺中的甲基和乙基亚硝基脲，可造成胎儿神经系统畸形。

4. 致突变作用

研究表明，亚硝酰胺是直接致突变物，能够引起哺乳动物发生突变。而亚硝胺需经过哺乳动物微粒体混合功能氧化酶系统的代谢活化后才具有致突变性。

（二）预防控制措施

1. 科学施肥，施用钼肥

合理使用氮肥，控制氮肥在土壤中的积累，从源头上控制氮污染。可以使用钼肥来还原硝酸盐，不仅能提高农作物产量，还能减少硝酸盐在农作物中的富集。如大白菜和萝卜施用钼肥后，亚硝酸盐含量明显降低。

2. 阻断 N-亚硝基化合物的合成

研究证实，维生素 C、维生素 E、大蒜素等可有效阻断 N-亚硝基化合物的合成。维生素C 能够将亚硝酸盐还原生成 NO，降低了硝酸盐离子浓度；大蒜素能够抑制胃中的硝酸盐还原

菌，进而抑制 N-亚硝基化合物的合成。

3. 改进食品贮藏与加工方式

加工腌制品时最好不用或者少用硝酸盐和亚硝酸盐，在许可的情况下使用亚硝酸盐的替代品。腌制蔬菜时，加入食盐量应≥4%，腌制后一个月再进行食用；肉类以及蛋白质含量高的易腐败食品和含硝酸盐较多的蔬菜尽可能低温贮存，以降低胺类及亚硝酸盐的形成概率；烘烤食品尽量采用间接加热的方式来减少亚硝胺的形成。

4. 保持食品的新鲜度，防止污染、霉变

在食品加工和贮藏过程中，要保证加工原料和食品新鲜度，防止微生物污染产生亚硝酸盐及仲胺，从而有效降低食品中 N-亚硝基化合物的含量。还应该加强科普宣传，引导民众了解相关知识，从而让民众能够正确地选择、贮藏食品。

5. 加强管理措施

为有效控制食品中 N-亚硝基化合物的含量，应加强市场监督和卫生管理，完善相应法规和卫生标准，加大食品安全执法力度，提高市场食品安全性门槛。

第二节　多环芳烃对食品安全的影响

一、多环芳烃概述

多环芳烃（polycyclic aromatic hydrocarbons，PAHs）是指只含有碳氢元素，由 2 个及以上苯环呈线状、角状或簇状排列组合而成的芳香烃类化合物（表 7-1），广泛存在于果蔬、肉、肉制品及一些经过高温加工的烟熏、油炸、烧烤食品中。根据多环芳烃苯环连接方式的不同，可分为芳香稠环型和芳香非稠环型两类。

表 7-1　多环芳烃的分子结构式

多环芳烃	分子式	缩写	分子结构式
萘（naphthalene）	$C_{10}H_8$	Nap	
苊烯（acenaphthylene）	$C_{12}H_8$	Acy	
苊（acenaphthene）	$C_{12}H_{10}$	Ace	
芴（fluorene）	$C_{13}H_{10}$	Fl	

续表

多环芳烃	分子式	缩写	分子结构式
菲（phenanthrene）	$C_{14}H_{10}$	Phe	
蒽（anthracene）	$C_{14}H_{10}$	Ant	
荧蒽（fluoranthene）	$C_{16}H_{10}$	Flu	
芘（pyrene）	$C_{16}H_{10}$	Pyr	
苯并［a］蒽（benzo［a］anthracene）	$C_{18}H_{12}$	BaA	
屈（chrysene）	$C_{18}H_{12}$	Chr	
苯并［b］荧蒽（benzo［b］fluoranthene）	$C_{20}H_{12}$	BbF	
苯并［k］荧蒽（benzo［k］fluoranthene）	$C_{20}H_{12}$	BkF	
苯并［a］芘（benzo［a］pyrene）	$C_{20}H_{12}$	BaP	
二苯并［a,h］蒽（dibenzo［a,h］anthracene）	$C_{22}H_{14}$	DhA	

续表

多环芳烃	分子式	缩写	分子结构式
苯并 [g,h,i] 芘 (benzo [g,h,i] perylene)	$C_{22}H_{12}$	BgP	
茚并 [1,2,3-c,d] 芘 (indeno [1,2,3-c,d] Pyrene)	$C_{22}H_{12}$	IP	

二、食品中多环芳烃的来源

多环芳烃可通过多种途径进入人体，经食物摄入进入人体的占比高达 88%~98%。食品中多环芳烃主要通过食品原料、加工、包装材料等途径产生。其中烟熏、干燥、烧烤、高温加工是食品中多环芳烃的主要来源（表 7-2）。

表 7-2　常见加工食品中多环芳烃的含量

样品	Bap 含量/（μg/kg）	总 PAHs 含量/（μg/kg）
鸡肉	新鲜：ND，炭烤：1.90 木烤：0.44	6 种重 PAHs，新鲜肉：ND 炭烤：9.46，木烤：1.87
熏牛肉	<0.05	—
鱼肉罐头	0.76~6.75	15 种 PAHs，37.31~228.50
炸薯条	0.48~4.06	—
炸鸡	表皮：5.25，内部：5.55	—
熏墨鱼	1.26	—
炸豆腐	2.26	—
熏鱼	0~0.99	8 种 PAHs7.58~12.91，6 种 PAHs255~263
熏猪肉	0.97~1.20	8 种 PAHs3.26~7.45，16 种 PAHs82.9~101
牛奶	初乳：0.27，巴氏杀菌：0.268 UHT 全乳：0.248 UHT 半脱脂乳：0.035	—
牡蛎	<0.03	1.3
带鱼	<0.03	0.2
螃蟹	<0.03	1.6
虾	<0.03	0.8

（一）食品原料的污染

石油燃烧、工业制造等会释放一定量的多环芳烃，造成水、大气、土壤等环境中多环芳烃的污染。研究表明，一些植物可吸收土壤及空气中的多环芳烃，从而导致农产品受多环芳烃的污染。

（二）食品加工过程中的污染

食品中多环芳烃的含量与加热条件及加工过程密切相关。高温加热、干燥、油炸、烧烤等加工方式都会造成多环芳烃的生成。

1. 油炸

研究发现，薯片等油炸食品在油炸过程中油或者脂肪中的单不饱和烃会通过脱水环化或者芳香化进一步生成多环芳烃。

2. 干燥

豆类干燥过程中，随着干燥时间的延长，多环芳烃含量越高；油料的干燥和精炼过程会提高植物油中多环芳烃的含量。研究发现，木材干燥的油料产生的多环芳烃显著高于煤油或柴油干燥产生的多环芳烃。新鲜茶叶经木材或煤油干燥后会吸附一定量的多环芳烃，且绿茶和白茶中的多环芳烃比黑茶和红茶中的低，原因是黑茶和红茶在制备过程中需要深度干燥等更多程序。

3. 烧烤

烧烤是食品中多环芳烃产生的主要途径之一。研究表明，燃料类型、燃烧时间、间隔距离、温度等与烧烤食品中多环芳烃的含量密切相关。烧烤食品中多环芳烃产生和积累的原因主要有以下三点：①由于热源材料不完全燃烧产生的烟雾沉积在食物表面。②烧烤食品中营养物质（蛋白和脂肪等）在烧烤过程中的热分解和热聚合。③烧烤食品中的脂肪在加热过程中滴在热源上后形成多环芳烃并附着在食物上。

4. 烟熏

木材熏烤产生的烟烹饪奶酪、肉类、鱼类等能使食物保留或增强香味，但木材不完全燃烧产生的烟与食物接触会导致食物受多环芳烃的污染。

5. 烘焙

蛋糕、面包、糕点等在烘焙时也会产生多环芳烃。研究发现，焙烤面包中多环芳烃含量是面粉原料中多环芳烃含量的 2~6 倍。烘焙温度高于 220℃，焙烤食品中芘、荧蒽和菲的含量会明显增加，而烘焙温度在 260℃附近，焙烤食品中苯并蒽和菲的含量会明显上升。

6. 高温杀菌

由于多环芳烃是非极性或低极性亲脂物质，因此多环芳烃较易在脂肪含量高的食品中积累，尤其是在乳制品中。乳制品脂肪含量越高，受多环芳烃污染的风险就相对越大，因此全脂牛奶加工后的多环芳烃含量显著高于脱脂牛奶。生产加工牛奶时，一般对牛奶超高温瞬时灭菌或者巴氏灭菌，而多环芳烃是在高温情况下产生的，因此超高温瞬时灭菌的牛奶中多环芳烃的含量显著高于巴氏灭菌奶中的多环芳烃含量。

（三）包装材料污染

食品包装材料中的炭黑、石蜡油等均含有多环芳烃，长时间包装食品，会造成包装材料上的一些环芳烃发生溶解和迁移，进而污染食品。研究表明，植物油采用聚乙烯材料来包装贮藏时，植物油中的多环芳烃量会随着贮藏时间而不断增加。

（四）环境污染

多环芳烃广泛存在于大气、水体和土壤中，因此，直接依赖自然生态环境生存的粮食作物、果蔬等也必将受到多环芳烃的污染。有资料显示，大气污染环境下种植的菠菜中多环芳烃的水平比未污染环境中种植的菠菜高出 10 倍。受 BaP 污染的水会间接污染鱼类、贝类和其他水生生物，并经食物链蓄积放大，进而危害人类健康。

三、多环芳烃的健康危害及预防控制措施

（一）多环芳烃的健康危害

1. 致癌性

多环芳烃具有极强的致癌作用，能导致肺癌、食道癌、口腔癌、喉癌、膀胱癌等癌症的发生。流行病学调查结果显示，消化道癌症发生率和人们摄入含有多环芳烃的食物紧密相关。多环芳烃在氧化酶作用下产生的多环芳烃环氧化物能够与 DNA 反应形成 DNA 加合物，导致 DNA 复制错配和启动子甲基化，引起 DNA 突变或异常基因表达，最终导致肿瘤。

2. 致畸性

研究表明，多环芳烃会对胚胎产生致畸作用。孕妇摄入高水平的 BaP 会导致子代的身体缺陷，还会引起流产、早产等。

3. 致突变性

苯并芘（BaP）不是直接致突变物，本身没有致突变性，必须经过活化后才具有致突变作用。在 Ames 试验及其他实验中如细菌的突变、细菌 DNA 修复、姐妹染色体交换以及畸变、哺乳类细胞培养和哺乳类动物精卵畸变试验等，BaP 均呈阳性反应。

4. 生殖毒性

多环芳烃可干扰内分泌系统。动物实验表明，成年雌鼠妊娠时口服多环芳烃会导致小鼠发生生殖障碍，导致未发育成熟的卵泡数量明显增加，并抑制卵母细胞的成熟。苯并芘能够影响小鼠睾丸细胞酶活性，导致小鼠生殖细胞 DNA 损伤，并在一定剂量范围内对雄性小鼠的生殖细胞产生毒性作用。

5. 遗传毒性

多环芳烃对人体造成损伤的同时，也会产生遗传毒性。调查显示，长期在多环芳烃污染的工业区工作、生活的女性，其胎盘中的多环芳烃含量很高。长期暴露在高含量多环芳烃环境中的孕妇，其胎盘代谢发生改变。

6. 免疫毒性

实验表明，随着摄入多环芳烃浓度的增加，生物体尿液和血液样品中的多环芳烃生物标志物也显著增加，且 T 细胞的免疫功能不断降低。免疫功能受到抑制会导致免疫细胞产生的细胞因子分泌增加，进而引起炎症、过敏反应等。

7. 神经毒性

苯并芘能够穿过血脑屏障直接进入中枢神经系统。研究发现，长期暴露于苯并芘中的工

人出现神经失调和记忆降低等问题。此外，母亲分娩前暴露于含多环芳烃的环境中或者接触多环芳烃，也会导致婴儿的智力水平、记忆能力等下降。

（二）预防控制措施

1. 降低环境污染

降低环境污染是有效控制食品中多环芳烃含量的重要途径之一。对于蔬菜生产，可加强地膜覆盖率以及温室生产；改进主要的燃烧能源结构，尽量减少不完全燃烧；加强空气中多环芳烃的监测；禁止使用城市污水灌溉农田；合理使用农药、化肥，避免对土壤造成污染；筛选开发可分解环境中多环芳烃的微生物菌种。

2. 改进加工工艺

熏烤过程中不完全燃烧是多数食品中多环芳烃产生的主要原因，因此可通过改进燃烧过程，避免食品直接接触炭火，改进熏烤工艺，使用熏烟洁净器或封闭式烤箱。另外，多环芳烃的产生和含量受加工因素的影响。因此，合理地改进加工工序可降低食品中多环芳烃的含量，如控制加工时间、温度、距离等，选择合适的燃料及食品添加剂等。

3. 加强农业规划，构建合理的工厂布局

要对食物的生产、运输、加工等做好相应的规划。比如，选择安全无污染的地源建立食品加工厂；在离多环芳烃污染源近的地段，应选择对多环芳烃吸收能力低的根茎类农作物种植，叶菜类和吸收多环芳烃能力较强的作物应种植在远离多环芳烃污染的地段。

4. 控制意外污染

食品加工过程中尽量防止加工设备中的工业用润滑油对食品造成污染，为减少其污染可直接改用食用油作为润滑剂。食品包装过程中使用安全无害符合国家标准要求的包装材料，防止包装材料的间接污染。另外，油料中灰尘、杂质等对植物油中的多环芳烃含量有一定影响。因此，在提取油脂前，对油料进行脱皮，可有效降低植物油中多环芳烃的含量。

5. 制定相关限量标准

我国《食品安全国家标准　食品中污染物限量》（GB 2762—2017）规定，谷物及其制品、肉及其制品、水产动物及其制品中多环芳烃的限量≤5μg/kg，油脂及其制品≤10μg/kg。

6. 去毒处理

研究表明，不受多环芳烃污染的果蔬较少，因此在加工或食用前利用活性炭吸附、暴晒、削皮或清洗剂清洗等去毒方法可有效降低食品中多环芳烃含量。

7. 添加抗氧化剂

研究证明，多环芳烃的形成过程包括一系列自由基反应，因此，在食品加工中加入抗氧化剂可捕获自由基，阻止多环芳烃中间体的产生，从而抑制多环芳烃的形成。因此，肉制品腌制过程中，加入的大蒜和洋葱中因含有多酚、维生素C等抗氧化成分，可清除烃类裂解和芳香化合物环化过程中产生的自由基，从而抑制多环芳烃的形成。

第三节 多氯联苯对食品安全的影响

一、多氯联苯概述

（一）多氯联苯的定义

多氯联苯（polychlorinated biphenyls，PCBs）是联苯的一个以上氢原子被氯原子取代而形成的有机污染物（图7-3），现已发现有209种同分异构体，化学式为$C_{12}H_{10-x}Cl_x$。

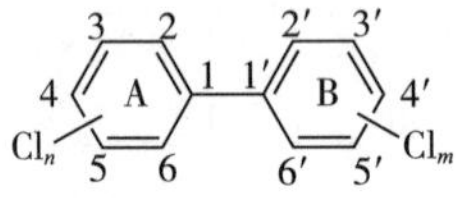

图7-3 多氯联苯的结构式

（二）多氯联苯的性质

多氯联苯的物理化学性质稳定，属于半挥发或不挥发物质，不溶于水、甘油和乙二醇，溶于多数有机溶剂。多氯联苯具有耐热性好、比热大、高度耐酸碱、阻燃性好、绝缘性和介电常数较高等特点，广泛应用于电力工业、塑料加工业、化工印刷等领域。

1. 环境持久性

多氯联苯是一种难降解有机物，其结构很稳定，自然条件下很难被降解，同时其半衰期较长（在各种介质中均大于6个月），因此可以长时间存在于水体、土壤和底泥等介质中。

2. 生物蓄积性

虽然多氯联苯在大气、水体和土壤里的浓度非常低，但因其具有高脂溶性的特点，容易在生物体的脂肪组织部位蓄积，并沿着食物链逐级富集，在食物链末端浓缩至很高的浓度，进而危害人类健康。

3. 半挥发性

由于多氯联苯的溶解度、蒸汽压和蒸发速度会随着氯含量的增加而降低，因此多氯联苯能够以蒸汽的形式从水体或土壤中挥发而进入大气中。

4. 毒性

多氯联苯具有多种毒理效应，不仅可以引起急性或慢性中毒，还会危害人类和动物的免疫系统、内分泌系统、神经系统和发育、生殖功能，甚至对人类有潜在的致癌作用。多氯联苯的毒性较大，即使较低的浓度也会对生物体造成不可逆转的伤害。

5. 远距离迁移性

多氯联苯具有半挥发性，能够从水体或土壤中以蒸汽形式进入大气环境或被大气颗粒物吸附，通过大气环流远距离迁移，从而使得多氯联苯可沉积到地球偏远的极地地区，导致全球范围的污染。

二、食品中多氯联苯的来源

多氯联苯的人体暴露途径可分为环境暴露和饮食暴露，前者包括呼吸吸入、皮肤接触等，后者主要包括饮用水摄入和膳食暴露。研究表明，普通人群（非职业暴露）90%的多氯联苯暴露是来自膳食摄入（表7-3）。

表7-3　国外各类食品中多氯联苯的污染水平

国家	PCBs 种类	PCBs 污染浓度/（pg/g 鲜重）				
		淡水鱼和海鲜	畜禽肉	奶制品和蛋类	作物	蔬菜
瑞士	28	5151	298	251	—	—
比利时	23	7100	620	3200	1900	—
葡萄牙	19	10910	—	3230	—	220
西班牙	12	13.70	—	—	—	—
意大利	21	540	—	58	224	154
芬兰	23	25000	470	811	39	260
美国	12	531.4	182.1	0.4~4.2	—	—

1. 环境污染和生物富集

虽然多氯联苯目前已被禁止生产和应用，但是，由于20世纪30年代多氯联苯的广泛应用，使目前的水体、土壤、底泥和大气等介质中仍然含有多氯联苯。环境中的多氯联苯会蓄积在生物体体内，并沿食物链在生物体内富集和浓缩，从而污染食品。研究表明，高浓度的多氯联苯主要存在于鱼类、乳制品和脂肪含量高的肉类中。处于食物链顶端的水产类生物和哺乳类动物的脂肪组织中的多氯联苯含量比其他部位含量高出数千倍。当人类食用了蓄积有多氯联苯的食品时，多氯联苯就会在人体内蓄积，从而严重危害人类健康。

2. 食品容器和包装材料造成的污染

多氯联苯可用于塑料、橡胶、涂料、染料等的生产，而这些物质被广泛用于食品容器和包装的生产，食品就极易与容器和包装接触，长期贮藏便会导致容器或包装中的有害物质发生迁移，从而造成食品污染。

3. 含多氯联苯的设备事故

含有多氯联苯的食品加工设备可能发生意外泄露，从而污染食品。例如，日本发生的米糠油事件和中国台湾的食用油事件就是由于采用多氯联苯作为无火焰加热介质，管道渗漏使多氯联苯进入食用油中造成污染。

三、多氯联苯的健康危害及预防控制措施

（一）多氯联苯的健康危害

1. 急性和慢性中毒

多氯联苯可引起急性或慢性中毒。急性中毒患者轻者发生眼皮肿胀、手心出汗、全身起红疹、全身肌肉疼痛、咳嗽不止等症状，重者发生恶心呕吐、肝功能下降、急性肝坏死、肝

昏迷和肝肾综合征等，乃至死亡。多氯联苯无法被人体代谢排出体外，因此会在体内不断蓄积并破坏肝脏、肾脏和心脏等机能，出现贫血、骨髓发育不良、脱毛等症状。

2. 致癌作用

2017年，国际癌症研究中心将多氯联苯列为Ⅰ类致癌物质。多氯联苯与人类肝癌、胃肠肿瘤等有关。研究表明，女性患乳腺癌的风险与体内血清中多氯联苯浓度呈正相关。

3. 生殖毒性

多氯联苯具有生殖毒性，引起男性生殖器官形态改变和功能异常，使男性精子数量减少，精子畸形数量增加，精子活力降低。多氯联苯可导致女性经血异常，死产率升高，不孕现象明显上升。研究表明，女性流产、早产的发生概率与体内多氯联苯的浓度呈正相关。

4. 内分泌干扰作用

多氯联苯可在人体内通过生物转化形成羟基多氯联苯，羟基多氯联苯在结构上与雌激素和甲状腺激素类似，能在生物机体内产生类雌激素干扰和甲状腺干扰效应。研究表明，多氯联苯生产工厂的工人血清中甲状腺激素含量明显高于普通人群。

5. 发育神经毒性

多氯联苯为脂溶性物质，可通过胎盘和乳汁进入胎儿或婴儿体内，引起发育神经毒性。低剂量多氯联苯会导致儿童的学习和记忆功能下降；高剂量多氯联苯主要引起脑损伤、致畸、发育迟缓、唇腭裂、智力损伤等。日本发生的米糠油中毒事件中的中毒新生儿表现为体重降低、生长发育迟缓，出现肌张力过低、痉挛、行动笨拙等症状。

（二）预防控制措施

1. 建立健全 PCBs 污染的法规和标准，提高我国 PCBs 污染的监管水平

应建立健全控制多氯联苯污染的法规和标准，加强分析鉴定及监督检查工作。我国在2002年将PCBs列入新颁布的《地表水环境质量标准》（GB 3838—2002）中，并于2017年实施了《含多氯联苯废物污染控制标准》（GB/T 13015—2017），2022年的《食品安全国家标准 食品中污染物限量》（GB 2762—2022）规定了食品中PCBs的限量。

2. 加强国际合作与交流，提高我国多氯联苯污染的处置水平

加强国际上的技术交流与合作，借鉴国外先进的多氯联苯焚烧技术（目前急需焚烧自动控制技术和焚烧尾气在线检测设备），建立一套适合中国国情的工业性焚烧多氯联苯焚烧装置，早日解决中国多氯联苯焚烧处置能力的不足，从而满足中国多氯联苯集中处置要求。

3. 大力开发科学的多氯联苯处理技术，提高监测能力和水平

应大力提高检测能力和水平，及早查清多氯联苯的污染状况，并对现有污染物予以封存保管。目前，多氯联苯治理方法主要包括掩埋法、焚烧法、物理法、化学脱除法、热处理法、微生物去除法、植物根际修复方法、光化学修复法等。

4. 对污染源和环境进行定期监测，防止污染事故的发生

妥善处置含多氯联苯的设备及废弃物；定期监测环境中多氯联苯含量。若检测某地区多氯联苯含量超标，应迅速采取措施，减少该地区的水源利用和动物养殖，避免动物的生物富集作用，保证动物食品的安全，从而有效减少多氯联苯对人类的危害。

第四节　二噁英对食品安全的影响

一、二噁英概述

（一）二噁英的定义

二噁英类物质（dioxins）是指能与芳香烃受体结合，并导致机体产生各种生物化学变化的一类典型的持久性有机污染物，是多氯代三环芳烃类化合物的统称，为人工合成氯酚类产品的副产品。二噁英类化合物具有众多结构和性质相似的同类物或异构体，共有 210 种化合物（图7-4），主要包括：多氯代二苯并二噁英（polychlorinated dibenzo-p-dioxins，PCDDs）、多氯代二苯并呋喃（polychlorinated dibenzofurans，PCDFs）、多氯联苯（PCBs）及多溴二苯醚类化合物（polybrominated diphenyl ethers，PBDEs）。

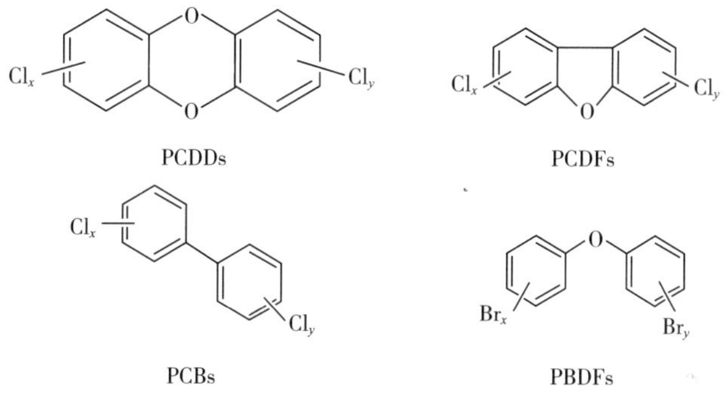

PCDDs　　PCDFs

PCBs　　PBDFs

图 7-4　PCDDs、PCDFs、PCBs 和 PBDEs 的结构式

由于氯原子取代位置和数目不同可形成多种异构体，其中 PCDDs 有 75 种异构体，PCDFs 有 135 种异构体（表7-4）。

表 7-4　二噁英、呋喃、多氯联苯同系物的同分异构体数量

氯原子数	1	2	3	4	5	6	7	8	9	10	Σ
二噁英	2	10	14	22	14	10	2	1	0	0	75
呋喃	4	16	28	38	28	16	4	1	0	0	135
多氯联苯	3	12	24	42	46	42	24	12	3	1	209
总计	9	38	66	102	88	68	30	14	3	1	419

（二）二噁英的性质

二噁英常温下为无色、无味的晶体，其化学稳定性非常强，对热稳定，不易分解，极难溶于水，可溶于大部分有机溶剂和脂肪中，具有强亲脂性，可通过食物链的生物富集作用进入人体内，危及人体健康。

1. 热稳定性

二噁英类化合物熔点非常高，加热到 800℃才降解，温度超过 1000℃才能破坏其结构。

2. 低挥发性

二噁英类化合物的蒸汽压极低，除气溶胶颗粒吸附外，在大气中分布极少，因而在地面可持续存在。

3. 难分解性

由于二噁英具有挥发难、热分解难、碱分解难和生物降解难的性质，自然环境中的微生物降解、水解和光分解作用对二噁英分子结构的影响均很小。因此，二噁英在土壤中的平均半衰期约为 9 年。

4. 高毒性

二噁英类化合物具有很高的毒性，人类接触少量就会中毒。其中以 2,3,7,8-四氯二苯并对二噁英（2,3,7,8-Tetrachlorodibenzo-p-Dioxin，TCDD）的毒性最大，是目前世界上已知毒性最强的一级致癌物，1997 年国际癌症研究机构将 2,3,7,8-TCDD 确定为 I 类致癌物。

二、食品中二噁英的来源

食品中二噁英的来源主要有以下三个方面。

1. 食物链的富集作用

含氯化学品及农药生产、纸张及氯代化合物含量较高的医疗器材生产、金属冶炼、矿石烧结、水泥制造和废物焚烧等大型工业生产以及生活垃圾焚烧等过程中均会产生二噁英。二噁英大部分会在土壤和沉积物中积存，从而污染动植物，并经过食物链进一步在肉类、家禽、鱼类、牛奶和蛋类等富含脂肪的动物源食品中蓄积。

2. 食品包装材料中二噁英类化合物的迁移

部分食品包装材料制备时会加入二噁英等有机氯化物，如用氯气漂白残余木素和制浆时使用消泡剂等都是二噁英的可能来源。一些食品包装袋，尤其是聚氯乙烯袋、经漂白的纸张或含油墨的旧报纸等包装材料一旦接触食品，这些包装材料中的二噁英就会迅速迁移到食品中，并随着食物链转移到人类体内。

3. 食品加工过程中泄露等意外事故的发生

食品加工过程中二噁英类物质的意外泄露也是二噁英污染食品的方式之一。

三、二噁英的健康危害及预防控制措施

（一）二噁英的健康危害

二噁英类化合物的化学性质相当稳定，一旦侵入机体，就会溶解在脂肪中并储存起来，很难降解或排泄到体外，其半衰期达到 30 年，完全降解和排泄则可能达 100 年。

1. 急性和慢性毒性

二噁英类化合物具有极强的急性毒性，如 2,3,7,8-TCDD 对豚鼠的经口 LD_{50} 仅为 1μg/（kg·bw），人类接触少量就会中毒。接触裸露的皮肤，会出现脸部、颈部红肿等，数周后出现"氯痤疮"等皮肤受损症状。急性中毒症状称为"废物综合征"，即中毒几天之内便出现严重的体重减轻，并伴有肌肉和脂肪组织的急剧减少。二噁英类化合物慢性中毒症状临床表

现为体重减轻、肝脏损伤、免疫系统损伤、生殖影响、致癌、致畸等。

2. 致癌性和致畸性

二噁英有很强的致癌作用，对婴儿和孕妇影响较大。目前，二噁英致癌机制还不明确，有学者认为其致癌机制是间接的，主要表现为促癌作用。二噁英还有极强的致畸作用，胚胎和胎儿是二噁英最敏感的靶器官之一，二噁英可影响胎盘雌激素的产生和胎盘葡萄糖代谢，从而造成胎盘缺氧，引起胎儿死亡、器官永久性伤害、发育迟缓、生殖缺陷、癌变等。

3. 生殖毒性

二噁英主要通过抑制生物体的雌性激素和雌二醇代谢酶的活力而产生生殖毒性。二噁英的生殖毒性对男性的影响更大，主要表现为精子数降低、精子形态异常、睾丸畸形、性功能减退、雄性激素水平下降、激素和行为反应女性化等。二噁英对女性也有一定的生殖毒性，主要表现为受孕率下降、子宫中雌性激素受体减少、妊娠晚期流产率增加、月经周期紊乱等。

4. 内分泌干扰

二噁英是一种环境类雌激素，能够干扰人类的内分泌系统，破坏人体细胞和分子水平的信号传递。二噁英会改变甲状腺激素的代谢水平从而引起甲状腺功能紊乱，还能够通过降低胰岛素水平或影响胰岛素与受体的结合能力而影响胰岛素的代谢和吸收，从而引起糖代谢紊乱，增加糖尿病的病发率。

5. 免疫毒性

二噁英具有免疫毒性，二噁英中毒会导致机体对传染病的易感性增加，造成机体免疫功能下降。其免疫毒性表现为胸腺萎缩、胸腺皮质中淋巴细胞减少、抗体产生的数量减少、机体抗病毒的能力降低等。

6. 神经毒性

二噁英的靶器官为中枢神经系统，机体中毒后主要表现出失眠、头痛、烦躁不安、易激动、视力和听力减退、四肢无力、感觉丧失、性格变化以及意志消沉等症状。

7. 皮肤性疾病

二噁英中毒导致的皮肤性疾病主要为氯痤疮，主要症状为黑头粉刺和淡黄色囊肿，一般分布于面部及耳后等。其形成机理可能是未分化的皮脂腺细胞在二噁英作用下转化为鳞状上皮细胞，致使局部上皮细胞出现过度增殖，从而引起角化过度、色素沉着和囊肿等病理变化。

（二）预防控制措施

1. 制定食品中二噁英类化合物的限量指标

为控制人们暴露的二噁英类物质的水平在安全范围内，欧盟制定了食品中二噁英类化合物的最高限量标准（EC）No 1881/2006。2013 年我国《食品安全国家标准　食品中二噁英及其类似物毒性当量的测定》（GB 5009.205—2013）已建立起了二噁英的检测方法和规程标准，但还应加快制定食品中二噁英的相关限量标准。

食品中二噁英类
化合物的最高限量

2. 减小二噁英的排放

减少二噁英的排放量是控制其污染的重要措施。应避免城市固体废弃物的无控制焚烧，加强对焚烧后易产生二噁英的废弃物的循环利用，积极提倡垃圾分类收集和处理，从而降低二噁英的排放量。同时，减少或停止含氯化学品及农药的生产及应用，减少纸浆和造纸工业中氯气漂白过程二噁英的排放。

3. 完善相关法律体系，加强监管力度

制定适合我国国情的二噁英类化合物每日最大耐受剂量标准和法规、防治规划和具体实施方案，严格按照制定的标准法规进行监管。建立食品和饲料中二噁英及其类似物定期监控和膳食摄入量监测、大气中二噁英的环境质量标准及每日可耐受摄入量标准等。

4. 大力开发科学的处理技术，提高二噁英污染残留检测水平

大力开展有关二噁英分析方法的研究，以期研发出成本更低、步骤简单、周期短以及智能化多残留系统的检测和筛选方法，为二噁英的检测提供快速、便捷的筛检手段。

5. 提高公众环保意识

加大宣传力度，注重培养全民环保意识，动员全民自觉加入二噁英环境污染物的防控治理中。减少环境污染，充分利用和节约资源，提高物资的循环利用效率，降低垃圾的排放量。

第五节　杂环胺对食品安全的影响

一、杂环胺概述

杂环胺（heterocyclic aromatic amines，HAs）一类由高蛋白类食品在高温烹调加工时产生的具有致癌和致突变性的有机物。根据杂环胺的结构及形成可将其分成两类：氨基咪唑氮杂芳烃类（amino-imidazo-azaarenes，AIAs）和氨基咔啉类（amino-carbolines，ACs）。AIAs 类杂环胺通常在 100~300℃产生，因此又被称为"热型杂环胺"，其主要由氨基酸和糖经过加热脱水环化形成吡嗪或吡咯，环化产物进一步与肌酸酐及 Strecker 降解产生的醛类物质发生缩合反应产生。AIAs 可分为喹啉类（quinoline congeners）、喹喔啉类（quinoxaline congeners）和吡啶类（pyridine congeners），其结构如表 7-5 所示。ACs 通常是由蛋白质或氨基酸加热到300℃以上发生热解而产生，因此被称为"热解型杂环胺"，可分为 α-咔啉类、β-咔啉类、γ-咔啉类、δ-咔啉类以及苯基吡啶类等（表 7-6）。

表 7-5　氨基咪唑氮类杂环胺的结构

类别	主结构	基团	名称缩写	全称
氨基咪唑喹啉类		R＝H	IQ	2-氨基-3-甲基咪唑并［4,5-f］喹啉（2-amino-3-methylimidazo［4,5-f］quinolone）
		R＝CH₃	MeIQ	2-氨基-3,4-二甲基咪唑并［4,5-f］喹啉（2-amino-3,4-dimethylimidazo［4,5-f］quinolone）
			IQ［4,5-b］	2-氨基-3-甲基咪唑并［4,5-b］喹啉（2-amino-3-methylimidazo［4,5-b］quinolone）

续表

类别	主结构	基团	名称缩写	全称
氨基咪唑喹喔啉类	(结构图 R₃, R₂, R₁, N, NH₂, CH₃)	R₁/R₂/R₃=H	IQx	2-氨基-3-甲基咪唑并［4，5-f］喹喔啉（2-amino-3-methylimidazo［4，5-f］quinoxaline）
		R₁/R₂=H，R₃=CH₃	8-MeIQx	2-氨基-3,8-二甲基咪唑并［4,5-f］喹喔啉（2-amino-3,8-dimethylimidazo［4,5-f］quinoxaline）
		R₁/R₃=CH₃，R₂=H	4,8-DiMeIQx	2-氨基-3,4,8-三甲基咪唑并［4,5-f］喹喔啉（2-amino-3,4,8-trimethylimidazo［4,5-f］quinoxalne）
		R₁/R₂=CH₃，R₃=H	7,8-DiMeIQx	2-氨基-3,7,8-三甲基咪唑并［4,5-f］喹喔啉（2-amino-3,7,8-trimethylimidazo［4,5-f］quinoxalne）
	(结构图 R₃, CH₃, R₂, N, NH₂, R₁, N)	R₁/R₂/R₃=H	IgQx	2-氨基-1-甲基咪唑并［4,5-g］喹喔啉（2-amino-1-methyl-imidazo［4,5-g］quinoxaline）
		R₁/R₃=H，R₂=CH₃	7-MeIQx	2-氨基-3,7-二甲基咪唑并［4,5-f］喹喔啉（2-amino-3,7-dimethylimidazo［4,5-f］quinoxaline）
		R₁/R₂=CH₃，R₃=H	6,7-DiMeIQx	2-氨基-3,6,7-三甲基咪唑并［4,5-f］喹喔啉（2-amino-3,6,7-trimethylimidazo［4,5-f］quinoxalne）
		R₁=H，R₂/R₃=CH₃	7,9-DiMeIQx	2-氨基-3,7,9-三甲基咪唑并［4,5-f］喹喔啉（2-amino-3,7,9-trimethylimidazo［4,5-f］quinoxalne）
氨基咪唑吡啶类	(结构图 phenyl, CH₃, N, NH₂, N)		PhIP	2-氨基-1-甲基-6-苯基咪唑并［4,5-b］吡啶（2-amino-1-methyl-6-phenyl-imidazo［4,5-b］pyridine）
	(结构图 O, H₃C, CH₃, N, NH₂)		IFP	2-氨基-1,6-二甲基呋喃-［3,2-e］-咪唑并［4,5-b］吡啶（2-amino-1,6-dimethyl-furo［3,2-e］imidazo［4,5-b］pyridine）
	(结构图 R₂, CH₃, R₁, N, NH₂, N)	R₁=H，R₂=CH₃	1,6-DMIP	2-氨基-1,6-二甲基咪唑并［4,5-b］吡啶（2-amino-1,6-dimethylimidazo［4,5-b］pyridine）
		R₁/R₂=CH₃	1,5,6-TMIP	2-氨基-1,5,6-三甲基咪唑并［4,5-b］吡啶（2-amino-1,5,6-trimethylimidazo［4,5-b］pyridine）

表 7-6　氨基咔啉类杂环胺的结构

类别	主结构	基团	名称缩写	全称
α-咔啉类	(结构图 R, NH₂, N, H)	R=H	AαC	2-氨基-9H-吡啶并［2,3-b］吲哚（2-amino-9H-pyrido［2,3-b］indole）
		R=CH₃	MeAαC	2-氨基-3-甲基-9H-吡啶并［2,3-b］吲哚（2-amino-3-methyl-9H-pyrido［2,3-b］indole）

续表

类别	主结构	基团	名称缩写	全称
β-咔啉类		R＝H	Norharman	9H-吡啶并［3,4-b］吲哚 （9H-pyrido［3,4-b］indole）
		R＝CH₃	Harman	1-甲基-9H-吡啶并［3,4-b］吲哚 （1-methyl-9Hpyrido［3,4-b］indole）
γ-咔啉类		R＝H	Trp-P-2	3-氨基-1-甲基-5H-吡啶并［4,3-b］吲哚 （3-amino-1-methyl-5H-pyrido［4,3-b］indole）
		R＝CH₃	Trp-P-1	3-氨基-1,4-二甲基-5H-吡啶并［4,3-b］吲哚 （3-amino-1,4-dimethyl-5H-pyrido［4,3-b］indole）
δ-咔啉类		R＝H	Glu-P-2	2-氨基-6-甲基二吡啶并［1,2-a:3',2'-d］咪唑 （2-aminodipyrido［1,2-a:3',2'-d］imidazole）
		R＝CH₃	Glu-P-1	2-氨基-6-甲基二吡啶并［1,2-a:3',2'-d］咪唑 （2-amino-6-methyldipyrido ［1,2-a:3',2'-d］imidazole）
其他咔啉类			Phe-P-1	2-氨基-1,5,6-三甲基咪唑并［4,5-b］吡啶 （2-amino-1,5,6-trimethylimidazolium ［4,5-b］pyridine）
			Orn-P-1	4-氨基-6-甲基-1H-2,5,10,10b-四氮杂荧蒽 （4-amino-6-methyl-1H-2, 5,10,10b-tetraazafluoranthene）
			Cre-P-1	4-氨基-1,6-二甲基-2-甲基氨基-1H,6H-吡咯并［3,4-f］苯并咪唑-5,7-二酮 （4-amino-1,6-dimethyl-2-methylamino-1H,6H-pyrrolo-［3,4-f］benzimidazole-5,7-dione）

二、食品中杂环胺的来源

（一）杂环胺的形成途径

1. IQ 型和 IQx 型杂环胺的形成

IQ 型和 IQx 型杂环胺在食品中形成主要有美拉德反应途径和自由基反应途径。

（1）美拉德反应途径　还原糖如己糖与氨基酸通过美拉德反应或 Strecker 降解形成醛类、吡啶或吡嗪，这些产物再与肌酸酐通过羟醛缩合反应生成相应的 IQ 型和 IQx 型杂环胺（图 7-5）。

（2）自由基反应途径　一个途径是由糖醛烷基胺的烯醇式结构环化形成双分子环，然后氧化形成自由基。另一个途径是乙二醛单烷基胺生成 N,N-二烷基吡嗪离子，然后还原生成自由基。这两个途径产生的烷基吡啶自由基和二烷基吡嗪自由基再与醛和肌酐反应，分别形成 IQ 型和 IQx 型杂环胺，但自由基机制仍然存在争议。

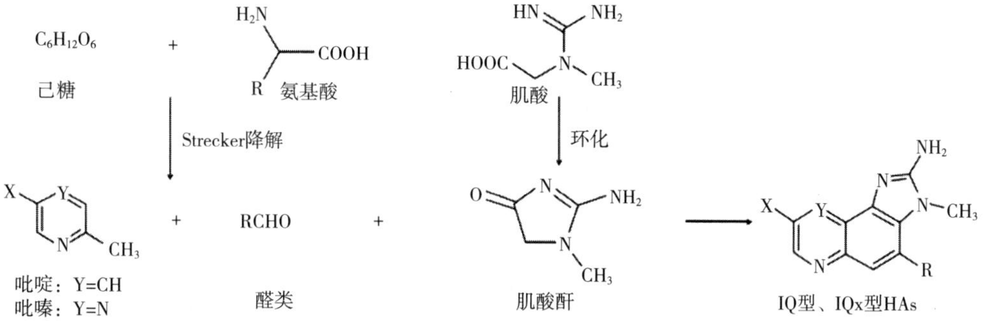

图 7-5　IQ 型和 IQx 型杂环胺的形成

2. PhIP 型杂环胺的形成

PhIP 是肉类加工和烹饪过程中形成的含量最高的杂环胺，其反应机理如图 7-6 所示。苯丙氨酸通过 Strecker 降解生成苯乙醛，所产生的苯乙醛与肌酐发生醛醇反应，形成中间产物，再经过缩合反应产生 PhIP。此外，在肌酸与异亮氨酸、酪氨酸及亮氨酸等其他氨基酸的模拟体系中也检测到 PhIP，说明通过加热肌酸与氨基酸也可以生成 PhIP。

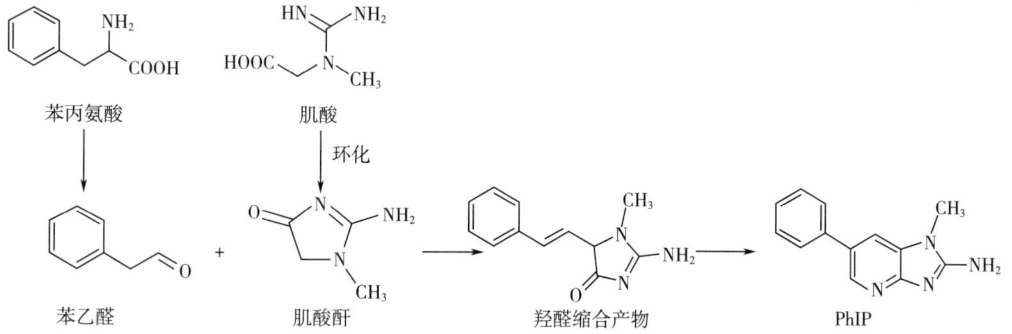

图 7-6　PhIP 型杂环胺的形成

3. β-咔啉类杂环胺的形成

β-咔啉类杂环胺可在较低温度下反应形成，通常存在于熟肉、腊肠、香肠等肉制品中。β-咔啉类杂环胺的形成机制如图 7-7 所示：色氨酸与葡萄糖经美拉德反应形成色氨酸 Amadori 重排产物，然后重排产物在活性羰基化合物参与下进行环化（Pictet-Spengler 反应）生成四氢-β-咔啉，再经分子内亲核取代等一系列氧化反应最终形成 β-咔啉杂环胺。

4. AαC 类杂环胺的形成

AαC 属于氨基咔啉，由氨基酸或蛋白质在高温条件下（≥300℃）发生热解反应产生。

（二）食品中杂环胺的来源

食品中的杂环胺类化合物主要来源于食品的高温加工过程，尤其是蛋白质含量丰富的鱼、肉类等食品中杂环胺含量较高。

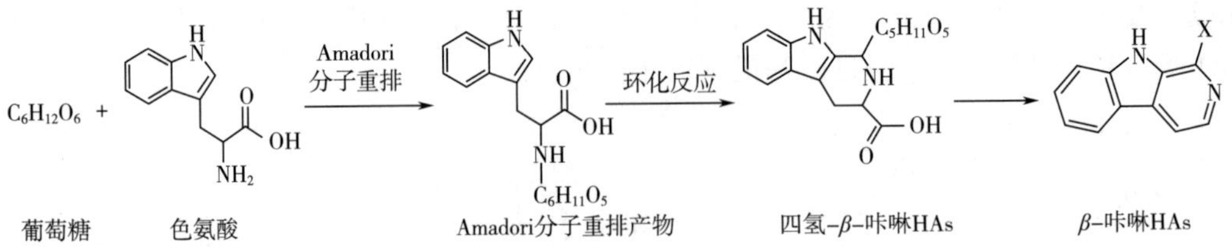

图 7-7 β-咔啉类的形成

1. 肉制品

肉制品属于高蛋白质食品，易在烹调等热加工过程中产生杂环胺。例如，酱牛肉中含有 IQ、MeIQ、Norharman、Harman 等杂环胺；烤羊肉中含有 PhIP、AαC、MeAαC、IFP 等杂环胺；烟熏香肠、肉汤、肉丸等肉制品均含有杂环胺；熏鱼肉中可以检测到 DMIP、IQ、MeIQx 和 PhIP 等杂环胺；烤鱼中可以检测到 IQ、PhIP、MeAαC 和 AαC 等杂环胺（表 7-7）。

表 7-7 常见肉及肉制品中 HAs 的类型和总 HAs 含量

食品类型	HAs 的类型	总 HAs 含量（ng/g 或 ng/mL）
卤猪肉	IQ、MeIQ、MeIQx、4，8-DiMeIQx、Norharman、Harman、PhIP、Trp-P-1、AαC	0.06~32.98
酱牛肉	IQ、MeIQ、MeIQx、7，8-DiMeIQx、4，8-DiMeIQx、Norharman、Harman、Trp-P-1、Trp-P-2	4.33~480.45
卤牛肉	IQ、MeIQ、MeIQx、4，8-DiMeIQx、PhIP、Norharman、Harman、Trp-P-1、Trp-P-2、AαC	0.49~92.72
炖羊肉	IQ、MeIQx、4，8-DiMeIQx、Norharman、Harman	51.07~120.32
驴肉	Harman、Norharman、Trp-P-1	1.11
卤鸡腿	Harman、Norharman	1.03~35.54
酱板鸭	IQ、MeIQ、MeIQx、Harman、Norharman	254.92~282.30
辣鸭腿	IQ、Harman、Norharman、Trp-P-1	7.45
五香兔肉	Norharman、Harman	2.49
水煮鱼	Norharman、Harman	ND~1.78
熏肉	Norharman、Harman	14.71
培根	Norharman、Harman、Trp-P-1、MeAαC、IQ、IQx、MeIQ、MeIQx、4，8-DiMeIQx、7，8-DiMeIQx	ND~296.27
烤排骨串	IQ、Norharman、Harman、PhIP、AαC	235.39~283.87
猪肉脯	IQ、MeIQx、4，8-DiMeIQx、PhIP、Norharman、Harman、Trp-P-2、AαC	30.55
熏羊肉	Norharman、Harman、AαC	2.74~5.42
炸鸡	IQ、MeIQ、MeIQx、4，8-DiMeIQx、Norharman、Harman、Trp-P-2、AαC、PhIP	0.14~34.98

续表

食品类型	HAs 的类型	总 HAs 含量 （ng/g 或 ng/mL）
煎炸鱼	IQ、MeIQ、MeIQx、4，8-DiMeIQx、7，8-DiMeIQx、PhIP、Norharman、Harman、Trp-P-1、Trp-P-2、AαC、MeAαC	0.23~125.07
烤鹅	IQ、IQx、MeIQ、7，8-DiMeIQx、PhIP、Me AαC、Norharman、Harman	41.67
炸排骨	DMIP、MeIQx、4，8-DiMeIQx、Norharman、Harman、PhIP	3.87~14.19
煎炸牛排	DMIP、IQ、1，5，6-DMIP、8-MeIQx、4，8-DiMeIQx、Norharman、Harman、PhIP	223.76
牛肉干	IQ、MeIQ、MeIQx、4，8-DiMeIQx、DMIP、PhIP、Norharman、Harman、Trp-P-2、Glu-P-1、AαC、MeAαC	11.5~44.01
香肠	IQ［4，5-b］、MeIQ、PhIP、DMIP、1，5，6-TMIP、Norharman、Harman、AαC、MeAαC、Glu-P-1、Phe-P-1	3.4~164.82
烟熏肠	IQ［4，5-b］、Norharman、Harman、PhIP、AαC、Phe-P-1	330~422
腊肠	IQ、MeIQx、4，8-DiMeIQx、PhIP、Norharman、Harman、Trp-P-2	14.77
烤肠	IQx、MeIQx、4，8-DiMeIQx、Norharman、Harman、PhIP、AαC、Phe-P-1	0.18~306

注：ND 指未达到检测限。

2. 咖啡制品

速溶咖啡和咖啡粉一般经过高温蒸馏、喷雾干燥、烘焙等热加工工序制作而成，因此，咖啡制品中也存在杂环胺污染的可能。炒咖啡中含有 AαC、MeAαC 等杂环胺，咖啡粉和速溶咖啡中普遍含有 Harman、Norharman 等杂环胺。

3. 酒精饮料

研究报道，发酵酒中杂环胺主要有 Harman 和 Norharman，含量为 0~41μg/L。葡萄酒中杂环胺主要包括 IQ、PhIP 和 MeAαC，含量为 8~107ng/L。

4. 焙烤食品

焙烤食品是以小麦等谷物粉料为基本原料，经过发酵、高温焙烤而熟化的一类食品。在高温焙烤过程中，这类食品中的还原糖和氨基酸或蛋白质发生美拉德和焦糖化反应等，这些反应均可产生杂环胺。

5. 其他食品

除上述食品，其他食品中也有可能存在杂环胺。如软奶酪等食品中可以检测到 8-MeIQx、Harman、Norharman 和 MeAαC 等杂环胺，其含量为 0.004~0.023μg/L。此外，牛乳、豆饼、醋、番茄酱、酱油、可可豆、猪油、椰子油、植物油等食品也可能存在杂环胺。

（三）食品中杂环胺形成的影响因素

影响食品中杂环胺形成的因素主要是食物成分、加热温度和时间、烹调方式。

1. 食物原料

杂环胺的主要前体物质包括葡萄糖、肌酸、肌酸酐以及多种游离氨基酸等。在烹调温度、时间和水分相同的情况下，蛋白质含量较高的食物产生杂环胺较多。但对于同样富含蛋白质的不同种类的食物来说，产生的杂环胺也有差别，如肉、鱼的汤汁和牛肉调味品中可检测到较多的杂环胺，而在富含蛋白质的蔬菜制成的粒状汤料和以水解植物蛋白质为主要成分的调味品中未检测到杂环胺。研究发现，高脂肪的肉类比低脂肪的肉类加热后产生的杂环胺少，如汉堡中含5%油脂的肉饼煎后杂环胺的含量是含15%油脂的肉饼煎后的5倍。

2. 加热温度和时间

加热温度和时间是影响杂环胺生成的重要因素。温度在100℃左右的烹饪方式如蒸煮等，生成的杂环胺较少。当烹饪温度高于100℃时，杂环胺开始生成；当温度从200℃升至300℃时，杂环胺的生成量增加5倍。随着烹饪温度的升高和加热时间的延长，食品中杂环胺的含量和种类也逐渐增多。

3. 烹调方式

不同的加工方式对杂环胺生成的种类和数量具有显著影响。在煎炸、深炸、炭烧、烤等不同烹调方法下鸡胸肉中杂环胺总量的顺序为：炭烧鸡胸肉（112ng/g）>煎炸鸡胸肉（27.4ng/g）>深炸鸡胸肉（21.3ng/g）>烤鸡胸肉（4ng/g）。采用酱卤、烘烤、油炸和煎炸4种不同烹饪方式烹饪羊肉，羊肉制品中杂环胺含量的顺序为：酱卤>烘烤>油炸>煎炸。总之，烧烤等直接加热方式有利于杂环胺的生成，原因是直接加热方式使食品直接与金属或明火接触，导致食品组分在短时间内急剧升温。

三、杂环胺的健康危害及预防控制措施

（一）杂环胺的健康危害

1. 致突变性

杂环胺具有很强的致突变作用，但其必须经过代谢活化才能发挥作用。杂环胺的代谢活化有两个过程：环外氨基被细胞色素 P-450 酶系催化生成的 N-羟基衍生物，可直接与 DNA 或其他细胞大分子结合；氧化的氨基（N—OH）再经乙酰基转移酶、磺基转移酶、氨酰-tRNA 合成酶或磷酸激酶酯化，形成具有高度亲电子活性的终端代谢产物。有些杂环胺代谢产物可能会引起富含鸟嘌呤区域的 DNA 链断裂、染色体畸变等。

2. 致癌性

杂环胺是引发乳腺癌、结肠癌、前列腺癌、胃癌、膀胱癌和肾癌等的主要因素。流行病学研究表明，人体大量摄入过熟肉类患结肠癌的风险增加2.8倍，患直肠癌的风险增加6倍。国际癌症研究机构已将多种杂环胺列为可能的人类致癌物，其中 IQ 为ⅡA 类；PhIP、MeIQ、MeIQx、AαC、MeAαC、Trp-P-1、Trp-P-2 和 Glu-P-1 等为ⅡB 类。

3. 心肌毒性

杂环胺具有心肌毒性。杂环胺对心血管系统的损伤主要是 PhIP 和 IQ 在心肌中形成高水平的 DNA 加合物所导致。动物实验研究表明，经口摄入 IQ 和 PhIP 的动物出现心肌组织改变，包括灶性细胞坏死伴慢性炎症、肌原纤维融化和排列不齐以及 T 小管扩张等。

4. 神经毒性

杂环胺具有神经毒性，可增加人体患帕金森病、阿尔茨海默病等疾病的风险。研究表明，PhIP 促进了 β-淀粉样蛋白的聚集，而 β-淀粉样蛋白的积聚正是阿尔茨海默病的标志性病理症状。

（二）预防控制措施

1. 合理的加工方式

炖、焖、煨、煮等间接加热方式的介质是水或者水蒸气，温度相对较低，环境湿度也较高，因此产生的杂环胺较少。与烘烤和油炸等直接加热草鱼鱼糜相比，水煮产生的杂环胺最少。微波预处理肉制品可降低肉制品中肌酐、葡萄糖、氨基酸、水分和脂肪含量等，从而抑制杂环胺的形成。如煎制培根中总杂环胺含量达 5.43ng/g，但培根经微波预处理后，煎制培根中杂环胺含量降低至 2.19ng/g。此外，使用新型绿色的制作工艺可在保证良好口感的基础上最大限度降低杂环胺的含量（表 7-8）。

表 7-8　新型绿色的制作工艺对传统肉制品中杂环胺的减控效果

减控方法	研究对象	减控效果
双阶段干燥工艺	烤猪肉	以第一阶段 90℃烘烤 40min，第二阶段 130℃烘烤 30min 的产品，HAs 含量较传统电烤降低了 73.36%
热风射流干燥	烤牛肉	以第一阶段 90℃干燥 25min，第二阶段 130℃干燥 50min 工艺烤制的样本中 HAs 的抑制率在 45.78%～80.02%
过热蒸汽红外光波烤制	烤羊腿	过热蒸汽红外光波烤制（240℃下蒸汽烤制 50min 后，240℃下红外光波烤制 60min）样本中总 HAs 含量减少至 19.28ng/g，抑制率为 96.8%
红外蒸汽烤制	烤鸭	烤制温度 210℃，烤制时间 42min，蒸汽喷射时间 3s，HAs 抑制率可达 62.4%
定量卤制	酱牛肉	以定量卤制的酱牛肉总 HAs 抑制率 48.92%，其中 Harman 含量降低 40.68%，而 Norharman 降低 32.85%

2. 添加外源抑制剂

（1）油脂　在肉制品烹饪过程中，美拉德反应过程中醛类物质的生成与油脂有关，尤其是植物油中的单不饱和脂肪酸和多不饱和脂肪酸在高温烹饪过程中会发生氧化分解而产生自由基。这些自由基可诱导 Amadori 化合物的分解，有利于美拉德反应中吡嗪和吡啶的生成。此外，植物油中含有多种抗氧化剂，如酚类化合物、维生素 E、β-胡萝卜素等，可在烹饪过程中清除自由基，从而也可能抑制杂环胺的形成。

（2）植物提取物　在食品加工过程中添加多酚、黄酮类物质等植物提取物，能够有效抑制杂环胺中间产物的产生，进而抑制食品中杂环胺的生成。研究发现，添加 0.3%苹果皮提取物对肉饼中 PhIP、4,8-DiMeIQx 和 MeIQx 的抑制率分别是 60%、21%和 41%，而在肉饼表面涂抹苹果皮多酚提取物，对加工过程中肉饼中 PhIP、4,8-DiMeIQx 和 MeIQx 生成的抑制率分别提高至 83%、56%和 68%。

（3）香辛料　香辛料具有良好的抗氧化性，能够抑制食品加工过程中杂环胺的生成。研究发现，生姜、肉桂、花椒、红辣椒、孜茴香和黑胡椒均对烤羊肉饼中杂环胺的形成具有显著抑制作用，对杂环胺的抑制作用顺序为：生姜>肉桂>花椒>红辣椒>孜茴香>黑胡椒。

（4）氨基酸　部分氨基酸可与杂环胺或杂环胺中间体形成加合物，从而减少或阻断杂环胺的生成，也可通过清除反应体系中的自由基而阻断杂环胺的生成。此外，部分氨基酸还可以减少杂环胺中间体或前体的产生，从而抑制 β-咔啉类和 AIAs 类杂环胺的生成。研究发现，脯氨酸可与 PhIP 形成 PhIP-脯氨酸加合物，从而减少 PhIP 的形成。组氨酸可清除苯乙醛，进而抑制 PhIP 的形成。色氨酸和赖氨酸可与苯乙醛形成苯乙醛-氨基酸加合物而抑制 PhIP 的生成。因此，在肉制品中添加组氨酸、脯氨酸、色氨酸和赖氨酸等氨基酸可有效降低其在烹饪过程中杂环胺的含量。

（5）其他　研究表明，海藻酸钠、羧甲基纤维素钠、壳聚糖、卡拉胶、魔芋葡甘聚糖、黄原胶等可抑制牛肉饼中杂环胺的形成，其中羧甲基纤维素钠抑制效果最佳。此外，铁离子也可抑制牛肉饼中 PhIP 的形成，而镁离子和钙离子则促进杂环胺的生成。丁基羟基茴香醚、丁基羟基甲苯和没食子酸丙酯等合成抗氧化剂也可以显著抑制食品中杂环胺的生成。

3. 合理饮食

膳食纤维能吸附杂环胺，增加蔬菜、水果摄入可降低杂环胺的生物活性。因此，合理饮食可有效降低杂环胺对人体的危害。

4. 加强监测

建立和完善杂环胺的检测方法，开展食物中杂环胺含量的监测，制定食品中允许含量标准。研发出成本低、步骤简单、周期短以及智能化多残留系统的检测和筛选方法，为杂环胺的检测提供快速、便捷的筛检手段。

第六节　丙烯酰胺对食品安全的影响

一、丙烯酰胺概述

丙烯酰胺（acrylamide）是一种不饱和酰胺，分子量为 71.08，化学式为 C_3H_5NO（图 7-8），熔点为 84~85℃，沸点为 125℃。丙烯酰胺单体为无色、无味的透明片状晶体；易溶于水，微溶于苯、甲苯；在乙醇、乙醚、丙酮、氯仿等有机试剂中易聚合和共聚，在酸性环境中可水解成丙烯酸；固体在室温下性质稳定。2002 年，瑞典科学家首次发现食品在高温加工烹饪过程中会产生丙烯酰胺，如薯片、炸鸡、面包和咖啡等油炸、焙烤食品均存在丙烯酰胺，引起广泛关注。

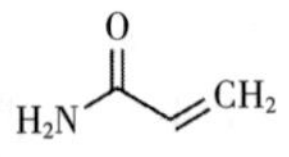

图 7-8　丙烯酰胺的化学结构式

二、丙烯酰胺的来源

（一）丙烯酰胺形成机制

丙烯酰胺是美拉德反应中的常见产物，特别是在 120℃ 以上高温处理过的富含游离氨基酸（天冬酰胺等）和羰基化合物（还原糖等）的食品中较易生成（图 7-9）。此外，丙烯酰胺的形成还与酶催化下的天冬酰胺脱羧脱氨基反应、D-葡萄糖经烯醇化和异构化后分解生成丙烯醛、水解肽生成丙氨酸以及 Strecker 降解反应等有关。

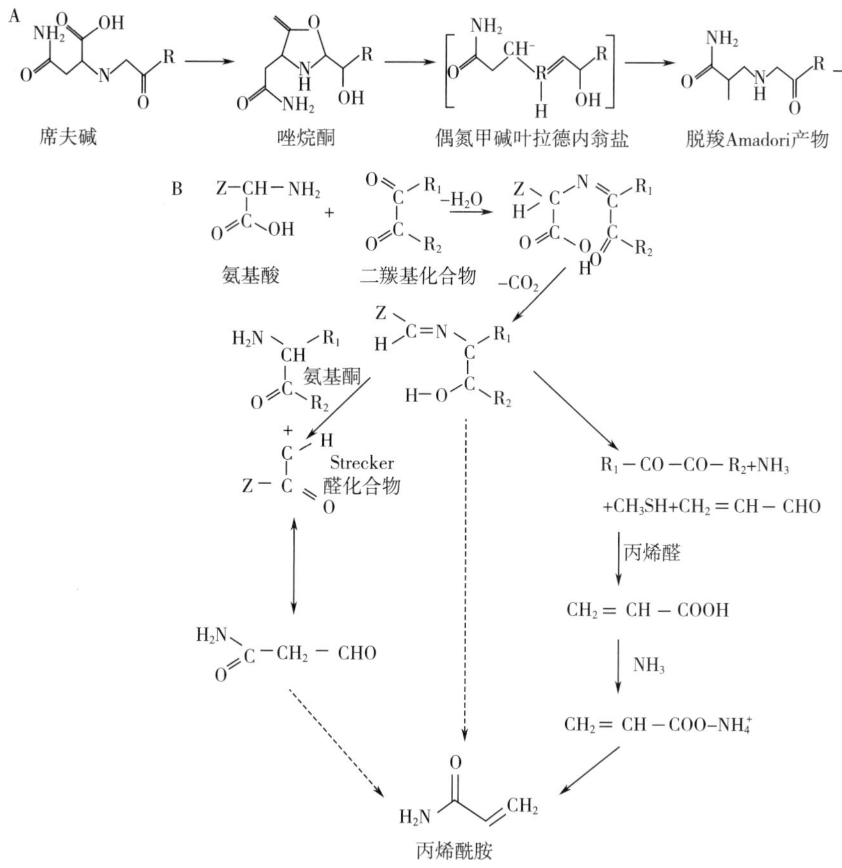

图 7-9 食品中丙烯酰胺形成的主要途径

（二）食品中丙烯酰胺的来源

研究发现，富含还原糖和天冬氨酸的食品原料，经高温加工会发生美拉德反应并产生丙烯酰胺。因此，如马铃薯、谷类等植物性原料比动物性原料更容易在热加工过程中产生丙烯酰胺（表 7-9）。

表 7-9 部分常见食品中丙烯酰胺的含量

品类	样品数	均值/（μg/kg）	最大值/（μg/kg）
谷物	3304	343	7834
水产	52	25	233
肉类	138	19	313
乳类	62	5.8	36
坚果类	81	84	1925
豆类	44	51	320
根茎类	2068	477	5312
煮土豆	33	16	69
烤土豆	22	169	1270

续表

品类	样品数	均值/（μg/kg）	最大值/（μg/kg）
炸土豆片	874	752	4080
炸土豆条	1097	334	5312
冻土豆片	42	110	750
糖、蜜	58	24	112
蔬菜	84	17	202
煮、罐头	45	4.2	25
烤、炒	39	59	202
咖啡	469	509	7300
咖啡（煮）	93	13	116
咖啡（烤、磨，未煮）	205	288	1291
咖啡提取物	20	1100	4948
咖啡（去咖啡因）	26	668	5399
可可制品	23	220	909
绿茶（烤）	29	306	660
酒精饮料	66	6.6	46

注：表7-9引自生吉萍．丙烯酰胺与食品安全［J］．食品安全导刊，2020，48（5）：48-51．

消费者对丙烯酰胺的平均摄入量因国家和饮食习惯而异，普通膳食人群的平均摄入量约为 0.4mg/（kg·bw·d），但以高丙烯酰胺含量膳食为主的人群的平均摄入量高达 1.0mg/（kg·bw·d）。研究证实，大多数国家人体经膳食途径摄入丙烯酰胺的主要来源是薯片（6%~46%）、咖啡（16%~30%）、糕点（13%~39%）、甜饼干（10%~20%）和面包（10%~30%）。

1. 烘焙产品

根据不同国家的烹饪习惯，烘焙产品约占每日饮食中丙烯酰胺摄入量的 10%~30%，糕点占 10%~20%。在德国，面包和面包卷约占丙烯酰胺日摄入量的 25%；在荷兰和比利时，面包占丙烯酰胺日摄入量的 10%；在瑞典，面包占比高达 17%。

2. 咖啡

生咖啡豆通常不含有丙烯酰胺，但含有形成丙烯酰胺的关键前体物质游离天冬酰胺和还原糖，从而导致咖啡在高温烘焙过程生成丙烯酰胺。罗布斯塔咖啡豆有高含量的还原糖（葡萄糖和果糖等）和游离氨基酸（天冬酰胺和丙氨酸等），极易在焙烤过程中产生丙烯酰胺。

3. 高淀粉含量食品

淀粉含量高的食品或食品原料，如马铃薯，其块茎含有丰富的天冬酰胺和还原糖。因此，炸薯条和薯片的丙烯酰胺含量相对较高。

4. 油炸食品

食物中的葡萄糖、果糖等还原糖与氨基酸在油炸过程中会发生反应生成丙烯酰胺。研究表明油条、薯片、炸薯条、炸鸡等高温油炸食品，烤得越焦黄、香味越浓郁，丙烯酰胺含量就越高。

5. 非膳食来源

丙烯酰胺也可通过非饮食来源进入人体。非膳食来源主要是人类通过口腔、皮肤和吸入途径接触到丙烯酰胺。此外，含有聚丙烯酰胺的食品包装也可导致人体间接接触丙烯酰胺。

三、丙烯酰胺的健康危害及预防控制措施

(一) 丙烯酰胺的健康危害

丙烯酰胺是极性分子且分子量低，渗透性强，能透过血脑屏障和胎盘屏障，因此丙烯酰胺被吸收后可随血液循环广泛分布于全身的组织器官，吸收的丙烯酰胺除少部分（<10%）以原形随尿液排出外，大部分在肝脏中代谢，主要有两条途径（图7-10）：①丙烯酰胺在谷胱甘肽 S-转移酶的作用下与还原型谷胱甘肽结合生成硫醇尿酸化合物（mercapturic acids of acrylamide，AAMA）；②丙烯酰胺在细胞色素 P450 2E1 酶（CYP2E1）的催化下生成环氧丙酰胺（glycidamide，GA），并与谷胱甘肽生成 2 种硫醇尿酸化合物（mercapturic acids of glycidamide，GAMA 和 iso-mercapturic acids of glycidamide，异 GAMA）或在环氧化物水解酶的作用下转化成无毒的 1,2-二羟基丙酰胺（glyceramide）。

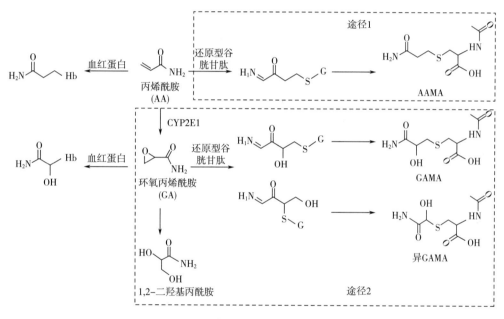

图 7-10　丙烯酰胺的体内代谢过程

1. 神经毒性

丙烯酰胺具有神经毒性，以职业暴露为主，主要表现为皮肤脱皮红斑、四肢麻木、手足多汗、体重减轻、远端触痛觉减退、深反射减退等神经功能受损症状。丙烯酰胺的神经毒性致病机理主要是导致氧化损伤、诱导神经细胞凋亡、损伤血脑屏障功能等。

2. 致癌性

丙烯酰胺为ⅡA类致癌物。研究证实，子宫内膜癌、卵巢癌、乳腺癌等病发率与饮食中丙烯酰胺的摄入量呈正相关。丙烯酰胺对机体的致癌性可能与环氧丙酰胺有关。一方面，丙烯酰胺和环氧丙酰胺均能明显影响癌症相关基因的表达，从而激活 PI3K、ErbB 等癌症相关通路，最终引发癌症；另一方面，丙烯酰胺生成的环氧丙酰胺和大量的活性氧可造成 DNA

氧化损伤，诱导癌症发生。

3. 生殖毒性

研究表明，丙烯酰胺主要对雄性动物产生生殖毒性，其作用机理是丙烯酰胺或其代谢产物甘氨酰胺与多巴胺的感受器及精子细胞的精蛋白结合，改变精子的形态，抑制驱动蛋白和动力蛋白的活性，从而干扰细胞间物质的传输和精子的迁移，最终导致雄性动物生殖能力降低。研究发现，丙烯酰胺还能诱导雌性动物卵巢功能障碍，抑制妊娠期胎盘的健康发育，孕期接触丙烯酰胺会增加母体及胎儿患肾脏疾病的风险。

4. 免疫毒性

丙烯酰胺会损伤胸腺和脾脏等免疫器官，从而抑制细胞免疫功能。研究发现，丙烯酰胺会导致雌性小鼠的体重、脾脏功能、胸腺功能及肠系膜淋巴结质量显著下降，淋巴细胞数减少，脾细胞增殖受到抑制，且淋巴结、胸腺、脾脏等组织病理学也有所改变。研究还发现丙烯酰胺会诱导类似过敏的反应（如哮喘、发烧、打喷嚏等），这可能与丙烯酰胺导致的免疫缺陷相关。

5. 其他毒性

丙烯酰胺还会对肝、肾、肺、膀胱、消化道等造成损害，主要表现为显著抑制组织中抗氧化物酶、谷胱甘肽和谷胱甘肽 S-转移酶的水平，引发脂质代谢产物丙二醛的积累，造成组织损伤等。此外，研究发现丙烯酰胺能够抑制小肠的吸收和消化功能，从而导致机体消瘦。

（二）预防控制措施

1. 控制原料中游离天冬酰胺和还原糖含量

控制原料中游离冬酰胺和还原糖含量是控制食品中丙烯酰胺含量的重要途径之一，其主要包括：通过品种选育和改变栽培条件降低原料中天冬酰胺和还原糖含量；采用适当温度贮藏高淀粉含量食品，从而可抑制淀粉转化成葡萄糖以降低还原糖浓度；采用天冬酰胺酶可将天冬酰胺水解生成天冬氨酸和氨，从而在一定程度上抑制食品中丙烯酰胺的生成。

2. 优化食品加工工艺

（1）控制食品加工温度与时间　研究表明，食品加工温度和时间是影响食品中丙烯酰胺含量的主要因素。随着加工温度的升高和加工时间的延长，食品中丙烯酰胺含量明显上升。加工过程中，将加工温度控制在 120℃ 以下，食品中丙烯酰胺的生成量较少；当加工温度从 120℃ 升高到 180℃ 时，油炸薯条薯片中丙烯酰胺含量会增加 58 倍。因此，在食品加工过程中，控制温度和时间对食品中丙烯酰胺的生成具有显著效果。

（2）热烫处理和降低 pH 值　适当的热烫处理可减少原料尤其是高淀粉含量原料表面和内部的还原糖和游离天门冬酰胺含量，使原料表面淀粉凝胶化，减少油炸过程中吸油量。研究发现，中性条件下有利于丙烯酰胺的产生，而酸性条件下则对其不利。添加焦磷酸二氢二钠、柠檬酸、醋酸和乳酸可降低食品体系的 pH 值，抑制美拉德反应中 Schiff 碱的形成，从而抑制食品中丙烯酰胺的形成。

3. 丙烯酰胺抑制剂

（1）氨基酸和蛋白质　研究发现，半胱氨酸、赖氨酸和精氨酸等氨基酸对食品中丙烯酰胺的产生具有较好的抑制作用，对丙烯酰胺的抑制率最高可达 90%。因此，向马铃薯样品中加入游离甘氨酸、半胱氨酸、谷氨酸和高蛋白物质可显著降低成品中丙烯酰胺的含量。

（2）盐类　据报道，一些单价和二价阳离子（Na^+或Ca^{2+}）可有效减少食物中丙烯酰胺的形成。例如，在$CaCl_2$溶液中浸泡的马铃薯经油炸后形成的丙烯酰胺含量可减少95%，且不会对炸薯条的感官特性产生负面影响。Ca^{2+}能够与天冬酰胺相互作用并抑制Schiff碱的形成，从而减少食品加热过程中丙烯酰胺的生成。

（3）天然抗氧化剂　研究发现，多酚、黄酮类化合物等天然抗氧化剂可有效减少食品加工过程中丙烯酰胺的形成。如柚皮素可降低食品中20%~50%的丙烯酰胺形成，其抑制效果与柚皮素用量呈现一定的剂量效应；石榴、蔓越莓中提取的黄酮类化合物对丙烯酰胺的抑制率高达30%~85%；也有研究发现黄酮苷能够抑制其至阻断食品加工过程中丙烯酰胺的形成，同时对成品的感官特性不造成影响。

（4）提倡平衡膳食　改变油炸和高脂肪食品为主的饮食习惯，从而减少因丙烯酰胺可能导致的健康危害。

（5）加强丙烯酰胺的风险监测，完善相关限量标准　食品中丙烯酰胺已被纳入我国食品安全风险监测计划中，同时相关部门应及时的更新和评估人群中丙烯酰胺的暴露水平，从而为建立丙烯酰胺的限量标准提供可靠的依据。

（6）提高检测水平　随着丙烯酰胺毒性研究报告的公布和检测技术的发展，许多国家对食品中丙烯酰胺的测定制定了标准。如我国《食品安全国家标准　食品中丙烯酰胺的测定》（GB 5009.204—2014）规定了食品中丙烯酰胺的测定方法为稳定性同位素稀释的液相色谱/质谱法和稳定性同位素稀释的气相色谱/质谱法。

第七节　氯丙醇和氯丙醇酯对食品安全的影响

一、氯丙醇和氯丙醇酯概述

（一）氯丙醇

氯丙醇（chloropropanol）是丙三醇上羟基被氯原子取代所生成的化合物总称。根据所取代羟基的数目和位置不同，可分为单氯取代的单氯丙醇（monochloropropanol，MCPD）和双氯取代的双氯丙醇（dichloropropanol，DCP）两大类。其中单氯丙醇包括2-氯-1,3-丙二醇（2-MCPD）和3-氯-1,2-丙二醇（3-MCPD），双氯丙醇包括1,3-二氯-2-丙醇（1,3-DCP或DC2P）和2,3-二氯-1-丙醇（2,3-DCP或DC1P），其结构见图7-11。

氯丙醇化合物密度均比水大，沸点高于100℃，常温下为液体，一般溶于水、丙酮、苯、甘油、乙醇、乙醚、四氯化碳等。目前3-MCPD在食品中的检出率和污染水平最高，因此常作为氯丙醇的代表物和毒性参照物。

（二）氯丙醇酯

氯丙醇酯（chloride propyl alcohol ester）是氯丙醇类化合物与脂肪酸进行酯化反应或三酰基甘油上的酰基被氯原子取代所形成的化合物。根据氯原子取代数目的不同，氯丙醇酯可以分为单氯取代的单氯丙醇酯（monochloropropyl alcohol ester，MCPDE）和双氯取代的双氯丙醇

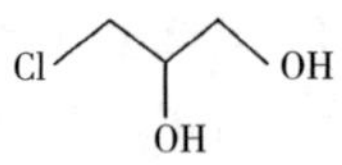

3-氯-1,2-丙二醇

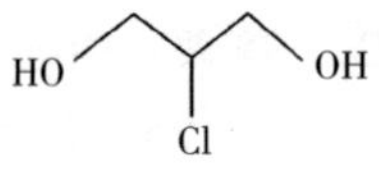

2-氯-1,3-丙二醇

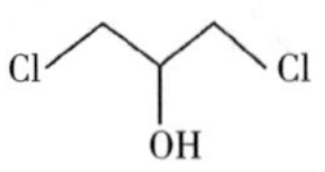

1,3-二氯-2-丙醇

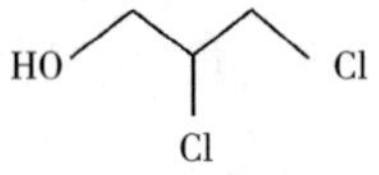

2,3-二氯-1-丙醇

图 7-11　氯丙醇结构式

酯（dichloropropyl alcohol ester，DCPE）两大类。根据单氯丙醇酯中的羟基与脂肪酸缩合的个数不同，MCPD 酯又分为 MCPD 单酯（monochloropropyl alcohol monoester）和 MCPD 双酯（monochloropropyl alcohol diester）。由于脂肪酸取代位置的不同，3-MCPD 单酯又分为 SN1 和 SN2 两种取代类型。故氯丙醇酯理论上分为 7 类化合物，即单氯丙醇酯 5 种（包括 3 种单氯丙醇单酯和 2 种单氯丙醇双酯）及 2 种双氯丙醇酯，其结构见图 7-12。目前 3-MCPDE 是检出率和污染水平最高的一类氯丙醇酯。

3-MCPD 酯形成机理

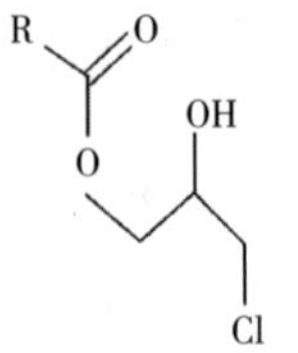

SN1-3-氯丙醇单酯

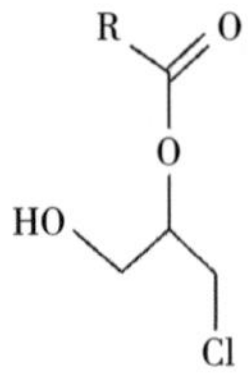

SN2-3-氯丙醇单酯

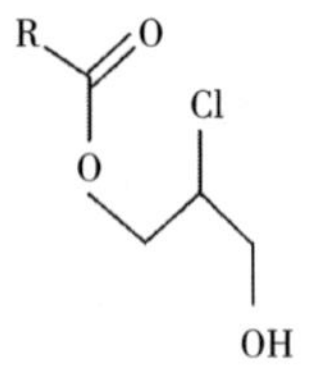

2-氯丙醇单酯

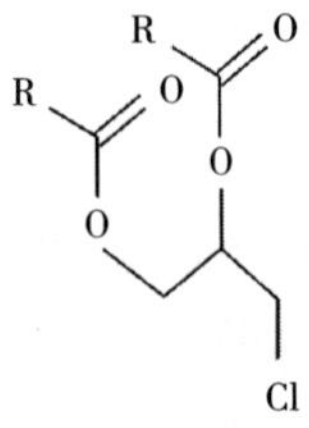

3-氯丙醇双酯

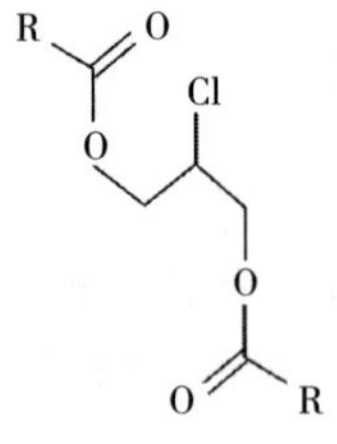

2-氯丙醇双酯

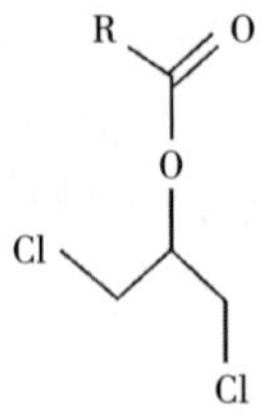

1,3-二氯丙醇酯

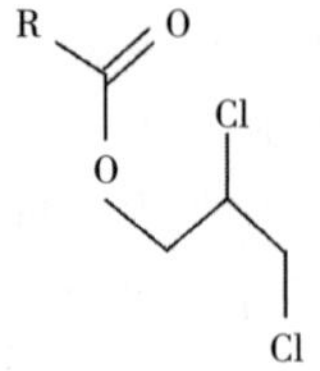

2,3-二氯丙醇酯

图 7-12　氯丙醇酯结构式

二、食品中氯丙醇和氯丙醇酯的来源

(一) 食品中氯丙醇的来源

食品中氯丙醇来源广泛,最早发现于配制酱油中。此外,高温烘焙、熏制以及食品加工过程中糖类物质的裂解等也会生成氯丙醇。

1. 植物蛋白的酸解

鲜味调味品主要是以食用植物蛋白为原料经盐酸水解等工艺得到。大豆等原料含有一定量的脂肪,在强酸作用下脂肪断裂水解产生丙三醇,丙三醇与盐酸的氯离子发生亲核取代反应,从而生成氯丙醇。

2. 谷物制品加工

在面包、饼干等焙烤过程中,发酵面团中的氯离子和酵母无氧呼吸产物甘油(前体物质)可发生反应生成3-MCPD。研究发现,糖、乳化剂等烘焙配料对面包中3-MCPD的形成具有重要影响。

3. 糖类物质裂解

高温条件下,纤维素、葡萄糖会裂解产生2-羟基丙酮,而甘油醛、1,3-二羟基丙酮、丙烯醛等具有羟基、酮基或醛基的C3结构,这些物质都可能是3-MCPD的前体物质。研究发现葡萄糖、果糖、半乳糖、甘露糖、木糖、核糖都能生成3-MCPD(图7-13),其中核糖生成的3-MCPD量最高(30.6μg/kg)、木糖次之,果糖生成的3-MCPD量最小(2.5μg/kg)。此外,研究发现五碳糖产生的缩水甘油和3-羟基丙酮显著高于六碳糖产生的,而这两种化合物在一定条件下可与氯离子反应生成3-MCPD,因此五碳糖更易生成氯丙醇。

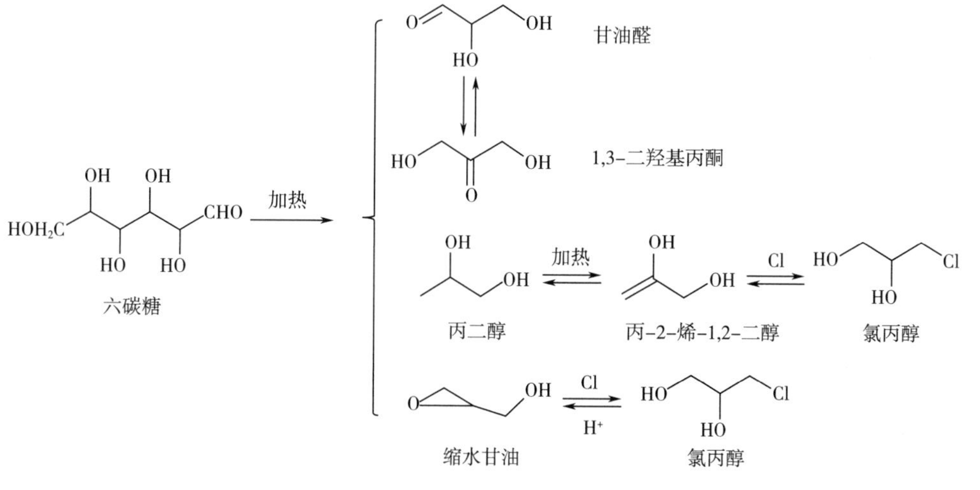

图7-13　单糖生成氯丙醇反应机理

4. 焦糖色素的不合理生产和使用

焦糖色素俗称酱色,是目前食用色素中使用量最大、使用范围最广的着色剂之一。焦糖色素一般是氨法焦糖,采用开口式常压法或密闭式加压法,以氢氧化铵为催化剂,结晶葡萄糖的母液、蔗糖糖蜜、碎米等为原料生产。但有些焦糖色素生产厂家为节约成本,采用氨水、碱和铵盐为催化剂，红薯渣等淀粉为原料，加压酸解得到焦糖色素。在该生产工艺中，残存脂肪会与盐酸反应生成氯丙醇。因此，向食品中添加不规范工艺生产的焦糖色素将会导致食品中氯丙醇超标。

5. 食品生产用水或包装材料中 1,2-环氧-3-氯丙烷的溶出

某些自来水厂和食品厂采用含有 1,2-环氧-3-氯丙烷成分的阴离子交换树脂进行水处理，1,2-环氧-3-氯丙烷单体将会从树脂中溶出，并与水中的氯离子反应生成氯丙醇，从而随食品加工过程进入食品。此外，用 1,2-环氧-3-氯丙烷作交联剂生产的食品包装材料如茶袋、咖啡滤纸等，在使用过程中 1,2-环氧-3-氯丙烷会迁移到食品中，与食品中的其他成分反应生成氯丙醇，从而造成食品污染。

6. 其他来源

高温烘焙、熏制等加工也会生成氯丙醇。焙烤咖啡和速溶咖啡中含有 3-MCPD，且随焙烤时间的延长，咖啡中的 3-MCPD 含量也随之增加。德国学者调查了熏肉制品中氯丙醇的含量，发现其含量与熏制时间和产生熏烟的木材有关。研究发现熏制过程是氯丙醇生成的主要过程，烟熏时所用木屑在高温条件下裂解产生的 3-羟基丙酮是氯丙醇的前体物质。

（二）食品中氯丙醇酯的来源

3-MCPDE 普遍存在于植物油中，在棕榈油中含量最高，因此精炼植物油是氯丙醇酯污染的主要来源。此外，焙烤、油炸等加工工艺也会生成氯丙醇酯（表 7-10）。

表 7-10　不同食品中氯丙醇及氯丙醇酯含量

食品种类	3-MCPD 含量/(μg/kg)	3-MCPDE 含量/(μg/kg)
菜籽油（精炼）	5	520
橄榄油（精炼）	5	1500
法式炸薯条	15	6100
面包	6	7
吐司面包	93	160
固体咖啡	11	140
黑麦芽	28	580
酥脆面包卷	11	420
咸味饼干	11	140
炸面包圈	17	1210
腌鲱鱼	28	280

1. 食用油的脱臭工艺

食用油中的氯丙醇酯类物质多集中在油精炼过程的脱臭程序产生，该程序是在高温高真空（200~500Pa 以下）条件的蒸馏过程，能够加快生成氯丙醇酯的反应进程。在油脂精炼过程中，三酰基甘油与油脂在高温下游离出的氯离子发生反应并生成氯丙醇酯。同时缩水甘油酯作为 3-MCPDE 的前体物质与氯丙醇酯在特定条件下可以相互转化，其还能够与氯离子结

合，生成 2-MCPDE 或 3-MCPDE。实验表明，食用油中有 10%~60% 的 3-MCPDE 是通过缩水甘油酯途径产生的。研究发现，天然的植物油原本没有或只有微量 3-MCPDE（<0.1mg/kg），而天然植物油经过精炼后 3-MCPDE 的含量显著增加（0.2~20mg/kg）。

2. 焙烤、煎炸等高温处理

研究发现，面粉、面包、烤白面包、面包屑和面包皮中均存在 3-MCPDE。在这几种面包类食品中，面包皮和烤白面包的 3-MCPDE 含量最高，分别为 547μg/kg 和 160μg/kg，是原面团的 81.6 和 23.8 倍。焙烤类咖啡中 3-MCPDE 的含量会随焙烤咖啡豆颜色的加深而增加，为 1~390μg/kg。

3. 熏制和腌制工艺

除高温加工食品，在熏制和腌制食品中也检出了氯丙醇酯。其中，火腿、意大利香肠和牛肉酱中 3-MCPDE 的含量分别为 0~2940μg/kg、930~1490μg/kg 和 1120~2310μg/kg。Svejkovska 等检测出熏制/腌制鱼制品中 3-MCPDE 的含量为 530~1080μg/kg，说明长时间腌制也可以产生氯丙醇酯类污染物。

4. 肉味香精生产过程的热反应

肉味香精生产过程会添加高含量（一般 10% 以上）的预处理动物脂肪，目前脂肪最常用的预处理方式是利用脂肪酶对其进行酶解，在此过程中动物脂肪的主要成分甘油三酯（triglyceride，TAG）被水解生成二酰基甘油（diacylglycerol，DAG）和单酰基甘油（monoacylglycerol，MAG），而 DAG 和 MAG 是形成 3-MCPDE 的重要前体物质，且 DAG 和 MAG 比 TAG 更易氯化形成 3-MCPDE。同时在香精生产过程中，由于调味的需求，通常会加入 10% 的氯化钠，导致热反应体系中氯离子含量增高，从而促进氯丙醇酯的生成。

5. 添加含氯丙醇或氯丙醇酯的配料

食品加工过程中添加含氯丙醇或氯丙醇酯的配料也是导致食品受氯丙醇或氯丙醇酯污染的重要因素。Becalski 和 Arisseto 等在多个国家生产的婴儿配方奶粉中检出 3-MCPDE，推测可能是因为这些奶粉添加了含有氯丙醇酯的精制植物油。联合国粮食及农业组织、世界卫生组织和食品添加剂联合专家委员会规定，必须严格检测和控制食品中的 3-MCPDE，尤其是婴儿配方奶粉和婴儿食品。

三、氯丙醇和氯丙醇酯的健康危害及预防控制措施

（一）氯丙醇和氯丙醇酯的健康危害

毒理学数据表明，氯丙醇具有肾脏毒性、生殖毒性、神经毒性以及致癌性等。目前有关氯丙醇酯的毒性研究报道很少，且尚未有氯丙醇酯的人体毒理学评估数据，研究通常认为 3-MCPDE 的毒性是由于其在人体消化过程中转化为游离态 3-MCPD 而引起的（表 7-11）。

3-MCPD 的体内代谢

表 7-11 部分国家氯丙醇推荐限量值

国家及标准	3-MCPD	2-MCPD	1,3-DCP	2,3-DCP
中国 SB 10338—2000 标准	≤1mg/kg	未提及	未提及	未提及
美国 FCC 法规	≤1mg/kg	未提及	≤50μg/kg	≤50μg/kg

续表

国家及标准	3-MCPD	2-MCPD	1,3-DCP	2,3-DCP
欧盟 FAC 法规	≤20μg/kg	未提及	≤50μg/kg	未提及
日本 HP 企业	≤1mg/kg	未提及	未提及	未提及
澳大利亚 FSANZ	≤0.3mg/kg	未提及	≤50μg/kg	未提及

1. 肾脏毒性

大鼠毒性试验得到 3-MCPD 的经口 LD_{50} 为 150mg/（kg·bw）。亚急性毒性试验发现，肾脏是 3-MCPD 的主要毒性作用靶器官。3-MCPD 代谢产物草酸钙可沉积于肾小管内膜，从而造成大鼠肾脏损伤，引起实验动物多尿和糖尿等症状。慢性毒性试验发现，大鼠摄入 3-MCPD 后可引起肾脏重量增加，肾小管增生。研究表明氯丙醇酯的毒性与其连接的脂肪酸的碳链长度、饱和度、取代数量和取代位置相关。

2. 神经毒性

氯丙醇类物质具有一定的神经毒性。研究证实，3-MCPD 会引起小鼠中枢神经系统乙酰胆碱酯酶和腺苷三磷酸酶的变化，且小鼠和大鼠的中枢神经对 3-MCPD 的敏感性相同。

3. 遗传毒性

啮齿动物长期毒性研究和体内、外遗传毒性检测结果表明 1,3-DCP 具有潜在的遗传毒性。目前认为体外实验中 3-MCPD 呈现的遗传毒性，是由 3-MCPD 和培养基成分发生化学反应生成的产物所致，而不是生物转化的结果，因此，目前大多数研究者认为 3-MCPD 本身不具有遗传毒性。

4. 致突变性

体外试验发现 1,3-DCP 对沙门氏菌菌株 TA1535 具有诱变作用，对沙门氏菌菌株 TA1538 无作用。Ames 试验发现 1,3-DCP 和 2,3-DCP 混合液对沙门氏菌菌株 TA1535 和 TA100 均具有致突变性，且呈剂量效应关系。

5. 生殖毒性

3-MCPD 具有减少精子数、降低精子活性并干扰体内性激素平衡的作用，从而使雄性动物生殖能力减弱。许多研究表明，低剂量 3-MCPD 可抑制附睾精子中甘油醛-3-磷酸脱氢酶活性，且 3-MCPD 的代谢产物与糖酵解过程中产生的 3-磷酸甘油醛结构相似，进而影响精子的糖酵解作用，导致精子的能量供应减少。啮齿类动物摄入高剂量 3-MCPD 会引起细胞内部和外部产生空泡，部分上皮细胞脱落基膜形成精液囊肿，导致附睾头部精子运输受阻，从而引起睾丸血管损伤和纤维变性。

6. 致癌毒性

研究发现氯丙醇可引起动物肝、肾、甲状腺、睾丸、乳房等器官的癌变。国际癌症研究机构将 3-MCPD 列为ⅡB 类致癌物（对人类可能有致癌性）。美国 FDA/WTO 第 837 号技术报告中报道了 1,3-DCP 致癌性问题，指出 1,3-DCP 会引起肝脏、肾脏、甲状腺等癌变，为动物遗传毒性致癌物，无法制定其最大耐受量。致癌性试验发现 1,3-DCP 可显著地增加至少 3 种组织的良性和恶性肿瘤的发生率。

（二）预防控制措施

1. 加强原料管理

生产鲜味调味品时，蛋白质原料中含有的甘油三酸酯是形成氯丙醇的前体物质，会在蛋白酸水解过程中生成氯丙醇。因此，严格控制原料中甘油三酸酯的含量可从源头上杜绝氯丙醇的产生。食用植物油经精炼后氯丙醇酯类污染物的含量与植物油料的种类密切相关，如棕榈油/棕榈油精中氯丙醇含量较高，其他种类植物油的氯丙醇含量较低，特级初榨橄榄油基本不含氯丙醇或含量很低，因此优先选择污染水平较低的植物油料可有效降低植物油中氯丙醇的含量。

2. 改进加工工艺

食品中大部分氯丙醇或氯丙醇酯类物质产生于食品的加工过程中，因此改进加工工艺可有效减少食品中氯丙醇或氯丙醇酯类物质的产生。例如，酸水解蛋白质过程中采用酶解和酸解相结合的新工艺可显著降低产品中氯丙醇含量到安全可接受水平。研究发现油脂精炼过程降低脱臭温度和缩短脱臭时间均可有效减少氯丙醇酯的产生。此外，酸度对油脂精炼过程中 3-MCPDE 的形成也具有显著影响，如油脂精炼过程中加入碳酸氢钾或碳酸氢钠可以中和游离脂肪酸，从而显著抑制 3-MCPDE 的形成。研究证实烹饪方式对食品中氯丙醇的含量具有重要影响。我国居民习惯采用油炸、爆炒等方式来处理食材，同时由于食盐的添加引入大量氯离子，导致食品高油温下产生大量的 3-MCPDE。因此，少盐少油的烹饪方式可有效控制食品中 3-MCPDE 的形成。

3. 加强标准的制定与修订

随着氯丙醇毒性研究报告的公布及氯丙醇检测技术的发展，许多国家制定了氯丙醇限量标准（表 7-12）。2015 年国家食品安全风险评估中心首次将食品中氯丙醇酯的监测纳入了《国家食品安全风险监测计划》。2019 年国际食品法典委员会制定了《减少在精炼油和精炼油食品中的 3-MCPDE 和 GEs 的操作规范》，以帮助企业减少精炼油和精炼油食品中 3-MCPDE 和 GEs 的含量。2020 年 9 月 30 日，国家卫生健康委员会发布《关于印发 2020 年度食品安全国家标准立项计划的通知》，计划制定《食品中 3-氯丙醇酯和缩水甘油酯污染控制规范》。我国《食品安全国家标准　食品中污染物限量》（GB 2762—2022）规定了食品中 3-MCPD 的限量标准。

表 7-12　不同国家/组织对食品中 3-MPCD 的限量要求

年份	国家/组织	建议内容
1993 年	WHO	对氯丙醇类物质的毒性提出警告
1995 年	FDA	食物所含 3-MCPD 的水平应低于 1mg/kg（以干物质质量计）
2001 年	FAO/WHO	3-MCPD 的最高日允许摄取量（PMTDI）为 2μg/kg
2011 年	国际癌症研究机构	将 3-MCPD 归为 2B 类，认为其是"可能的人类致癌物"
2011 年	欧盟	调味品中 3-MCPD 含量须低于 0.02mg/kg
2012 年	中国	固态调味的 3-MCPD 含量须低于 1.0mg/kg；液态调味品（含配制酱油等）的 3-MCPD 含量须低于 0.4mg/kg

第八节 其他有害有机物对食品安全的影响

一、缩节胺

(一) 食品中缩节胺的来源

缩节胺 (mepiquat chloride) 别名助壮素 (图7-14),是一种广泛使用、高效低毒的植物生长调节剂,能抑制植物的过度生长、增强抗倒逆性、提高光合速率和产量、促进植物营养分配和生长协调等。

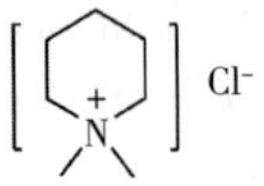

图7-14 缩节胺的分子结构

食品中的缩节胺主要有两大来源。

1. 作为植物生长调节剂形成外源的残留和污染

缩节胺大多数情况下为喷雾施用,喷雾过程中会污染空气并直接威胁参与药物喷洒的农业工作人员。一部分缩节胺会附着在农产品表面;另一部分缩节胺进入空气或残留在植物表面受重力和雨水的作用,会被土壤胶体吸附,污染土壤和地下水源,经生物富集作用对食物链顶端的人产生毒害作用。

2. 高温焙烤加工会生成一定量内源性的缩节胺污染物

在200~300℃的高温焙烤条件下,食品中的赖氨酸与还原糖发生美拉德反应,赖氨酸分子脱羧脱氨环化生成生物碱哌啶,其环化产物经甲基化和重排异构生成缩节胺 (图7-15)。高温焙烤的速溶咖啡和麦片产品检出了~1mg/kg水平的缩节胺。研究发现,反应温度、时间、pH、水分和反应底物等均会影响缩节胺的生成。

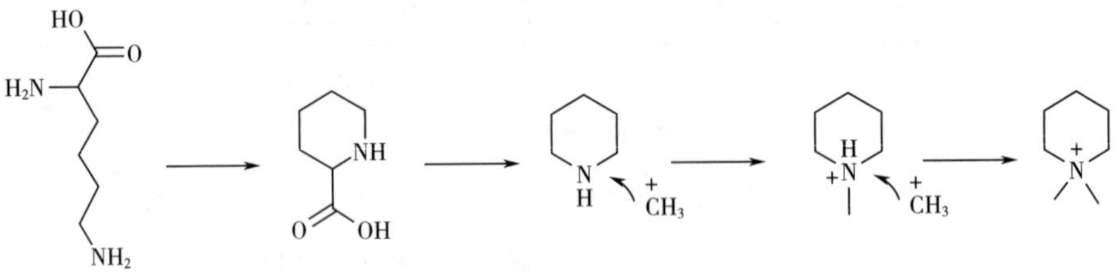

赖氨酸　　　　　　　　　　　哌啶　　　　　　　　　　缩节胺

图7-15 缩节胺的生成途径

(二) 食品中缩节胺的危害和控制

大鼠毒性试验中,缩节胺的口服 LD_{50} 值为464mg/(kg·bw)。目前,缩节胺的慢性毒性、遗传毒性、致癌毒性和毒理机制等尚不明确，但欧盟、日本、巴西等组织和国家均规定了动植物食品中缩节胺残留量的标准。2019 年我国在《食品安全国家标准　食品中农药最大残留限量》（GB 2763—2019）标注了缩节胺的每日允许摄入量为 0.195mg/（kg·bw·d），并规定了其在谷物、油料、油脂以及蔬菜中的最大残留量。

　　缩节胺作为一种常用的低毒生长调节剂，被广泛应用于农业生产。监管部门和农业生产者应落实相关政策和使用规则，减少缩节胺的残留和环境污染问题，消费者要重视产品的合格资质和食用前清洗环节。缩节胺也是食品加工过程中产生的污染物，应加快其形成机制、毒性效果、毒理机制的探索，研发相应的生成控制技术并完善残留检测方法和限量法规。

二、5-羟甲基糠醛

（一）食品中 5-羟甲基糠醛的来源

　　5-羟甲基糠醛（5-hydroxymethylfurfural，HMF），又名 5-羟甲基-2-呋喃甲醛，分子内含有一个醛基、一个羟甲基和一个呋喃环（图 7-16），其化学性质非常活泼，是化工生产的重要原料。

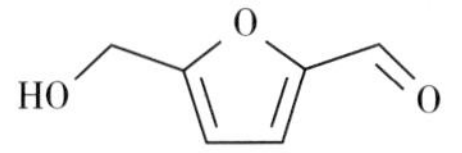

图 7-16　5-羟甲基糠醛的分子结构

　　美拉德反应和糖的热反应（焦化和降解）是食品中产生 5-羟甲基糠醛的主要途径。美拉德反应生成 5-羟甲基糠醛有以下几个步骤：①羰基化合物上游离羧基和氨基化合物上游离氨基缩合生成不稳定的亚胺衍生物（薛夫碱）。②薛夫碱环化生成的 N-葡萄糖基胺经过 Amadori 重排作用生成果糖基胺。③果糖基胺脱去胺残基并逐步脱水生成 5-羟甲基糠醛。与美拉德反应途径中的第三步类似，果糖等己酮糖也可以在酸性催化下发生热分解脱水生成 5-羟甲基糠醛（图 7-17）。

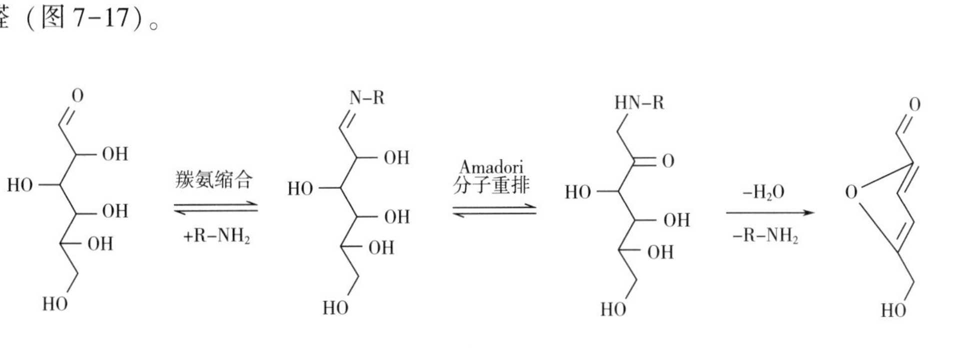

图 7-17　美拉德反应中 5-羟甲基糠醛的生成机制

　　5-羟甲基糠醛广泛存在于经高温加工的高含糖量食品和药品中，如蜂蜜的存放、啤酒的陈酿、果汁的热杀菌、咖啡的焙烤、糕点的焙烤、乳粉的干燥、药材的炮制等加工都会产生

5-羟甲基糠醛，尤其在饮料和酒的加工中还把5-羟甲基糠醛作为反应程度的指示物。研究证实，反应温度、加热时间、pH、反应物种类、金属离子、亚硫酸盐、水分等都会影响食品中5-羟甲基糠醛的生成。

（二）食品中5-羟甲基糠醛的危害和控制

1. 5-羟甲基糠醛的危害

5-羟甲基糠醛作为美拉德反应和焦糖化反应的重要产物，少量的5-羟甲基糠醛能提升食品香味和色泽，产生类似于食品添加剂5-甲基糠醛的作用。但人体过量的摄入5-甲基糠醛可能会造成一定的毒性。欧洲食品安全委员会推荐5-羟甲基糠醛摄入上限为 0.027mg/（kg·bw·d）。研究表明，5-羟甲基糠醛对眼睛、黏膜和皮肤有一定的刺激作用，会引起神经、生殖、内脏、肌肉和基因的损伤。

2. 5-羟甲基糠醛的预防控制

食品工业中可以采用改良反应物（添加酚类物质或微胶囊包裹反应物）、降低反应温度（非热处理、发酵法处理）、提高反应效率（更改催化剂、紫外处理、微波处理）等优化反应条件来减少食品中5-甲基糠醛的生成。监控食品中的5-羟甲基糠醛不仅保障了食品的安全性，而且能有效地反馈食品中反应的进行程度、反映产品的加工状态和贮藏品质等，例如：如果蜂蜜中的5-羟甲基糠醛含量过高，则可能存在蜂蜜贮存过久品质不良或添加了人工合成的果葡糖浆等问题。

现阶段，5-羟甲基糠醛尚未被列入《食品安全国家标准 食品中的污染物限量》（GB 2762—2022）。只有少部分国家标准规定了其最大检出限量和检测方法，例如《中华全国供销合作总社的行业标准蜂蜜》（GH/T 18796—2012）规定了羟甲基糠醛的检出限不得超过40mg/kg，这与蜂蜜的国际贸易标准相一致。目前高效液相色谱被首选为蜂蜜（GB/T 18932.18—2003）、乳与乳制品（NY/T 1332—2007）、饮料（SN/T 1859—2007）、葡萄酒（SN/T 4675.8—2016）、果汁（DB61/T 968—2015）、咖啡（T/YNBX 033—2021）和调味品（T/SATA 034—2022）中5-羟甲基糠醛的检测手段，但此检测手段复杂成本高。因此，我国应大力开展有关5-羟甲基糠醛快速分析检测方法，以期研发出成本低、步骤简单、周期短以及智能化的多残留系统的检测和筛选方法，为5-羟甲基糠醛的检测提供快速、便捷的筛检手段。

三、呋喃

（一）食品中呋喃的来源

呋喃（furan）是一种具有芳香性的亲脂杂环化合物。食品中呋喃及其衍生物的生成途径主要包括（图7-18）以下4种。

（1）食品中还原糖或美拉德反应的中间体发生裂解和脱水环化后生成呋喃。

（2）氨基酸降解为醛和醇小分子后，发生醛醇缩合生成醛糖基衍生物，经过脱水环化生成呋喃。

（3）抗坏血酸经氧化脱羧裂解生成呋喃。

（4）多不饱和脂肪酸和类胡萝卜素，在自由基的攻击下降解后经过环化脱水生成呋喃。

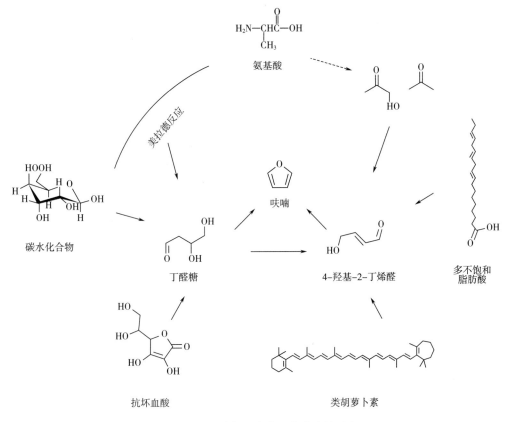

图 7-18　几种食品成分生成呋喃的过程

（二）食品中呋喃的危害和控制

1. 呋喃的危害

呋喃分子量小，沸点低，具有高度脂溶性，极易透过肠和肺的生物膜被人体吸收。研究表明，呋喃具有一定的刺激作用和细胞毒性。人体短期摄入呋喃会产生恶心、头晕和血压下降等症状，同时会损伤肝和肾等器官。人体长期摄入呋喃会诱发癌变，因此国际癌症研究机构将呋喃列为可能使人类致癌的 IIB 类物质。自从 2004 年后美国食品药品监督管理局和欧洲食品安全局检出一些经过热处理的食品中含有呋喃污染物以后，食品中呋喃的暴露及其对人体的潜在危害备受关注。

2. 食品中呋喃的预防控制

呋喃主要产生于食品加工中的各类热处理过程，控制反应条件是减少此类产物的最有效途径。

（1）通过改变加热温度、加热时间和食品体系的 pH 可以抑制美拉德反应、糖热解反应和油脂分解反应，从而抑制食品中呋喃的生成。

（2）通过改变加热方式，例如咖啡焙烤加热时不断搅拌，选择微波和压力蒸煮婴儿食品或在开口容器中加热食物，改变加热方式后食品中呋喃的含量都会降低，这可能是由于呋喃具有易挥发的性质。

（3）研发食品加工新技术，如超声波、高静水压加工等非热加工手段。

（4）添加抗氧化剂、茶多酚等天然提取物可有效抑制食品中呋喃的生成。研究发现金属离子也会影响食品中呋喃的生成，如葡萄糖模型里，锌离子和镁离子对呋喃的生成有抑制作用，而铁离子却能促进呋喃的生成。

目前，国内缺少食品中呋喃污染物的相关规定，为了更好消除它对食品安全造成的危害，必须研究其生成机制和工艺改进方式，评估其食品毒理风险，在此基础上制定新的呋喃检测手段和相关标准。2022 年 3 月，欧盟委员会发了一份针对食品中呋喃和烷基呋喃的监测意见书，要求监测咖啡、罐装婴儿食品、果汁、麦片、饼干等食品中呋喃和 3-烷基呋喃的含量，并建议咖啡中呋喃检出量不得超过 20μg/kg，其他种类食品不得超过 5μg/kg。因此，完善相关标准制定与提高检测技术可以有效预防和减少食品中呋喃物质的产生。

四、消毒副产物

（一）食品中消毒副产物的来源

消毒副产物（disinfection by-products，DBPs）是对水进行消毒处理时，消毒剂与水中成分（天然有机物、人工合成有机物、溴等）反应生成的有安全隐患的物质。1974 年，荷兰和美国分别报道了自来水检出以氯仿为主的三氯代烃类物质，引起广泛关注。研究证实，消毒方式、消毒剂种类、消毒剂添加量、消毒反应时间、温度、pH 及消毒对象的有机残留物、离子浓度等都会影响消毒副产物的生成（表 7-13）。

表 7-13　常用的消毒方式及其带来的消毒副产物

消毒剂	消毒副产物	化合物	毒性作用	消毒效果
液氯	氯代和溴代消毒副产物	三卤甲烷	肝、肾、神经、生殖毒性	迅速、广谱、持久一般
		卤代乙腈	致癌、致突变、致畸	
		卤代乙酸	肝、肾、脾、生殖毒性、致癌	
		卤代酚	致癌变	
二氧化氯	亚氯酸盐	氯酸盐	生殖发育毒性	迅速、广谱、持久一般
		亚氯酸盐	引起贫血，影响发育	
氯胺	卤代物比游离氯少、产生亚硝酸	亚硝酸	致癌变	慢、对病毒效果差、持久
		亚硝胺		
		卤酰胺类	肝、肾、神经毒性	
臭氧	AOC、溴酸盐	溴酸盐	致癌	极迅速、广谱、持久性弱
		甲醛	致突变	
物理法	几乎无消毒副产物	—	—	迅速、广谱、无持久性

1. 氯化消毒

氯化消毒是世界上运用时间最长，范围最广泛的水消毒手段。常用的含氯消毒剂有液氯、次氯酸、氯胺和二氧化氯。液氯或次氯酸产生的主要消毒副产物包括三卤甲烷类、卤乙酸类、卤乙腈类，卤代酮类、卤代醛、卤代呋喃衍生物等。氯胺消毒水时可以明显降低上述有毒副产物的产生，但它会产生亚硝胺类、卤酰胺类和亚硝酸盐等有毒物质。二氧化氯消毒水时其主要生成亚氯酸根和氯酸根，因此亚氯酸盐类是其主要的消毒副产物。

2. 臭氧消毒

臭氧有较强的氧化性，可氧化水中的有机物生成酮类、醛类和羧酸类等生物可同化有机碳类（assimilable organic carbon，AOC）的非卤代消毒副产物。此外，它也能氧化水中的溴离子产生次溴酸根和溴酸根从而产生含溴的消除副产物。

3. 物理消毒法

水的物理消毒法包括紫外、加热、超滤和超声法等，几乎不会产生消毒副产物。比起化学消毒法，其效率低，成本高。

（二）食品中消毒副产物的危害和控制

1. 食品中消毒副产物的危害

研究表明，消毒副产物三卤甲烷会造成机体细胞染色体畸形，引发肠肿瘤、肝肿瘤、肾肿瘤和精子异常；卤乙酸会引起机体器官畸形，并干扰细胞的增殖和凋亡过程，从而诱发癌变；溴酸盐能引起实验动物的肾损伤，导致肿瘤和遗传疾病。此外，消毒剂本身同样具有生殖毒性、致畸性、致突变性和致癌性，因此必须控制消毒剂带来的消毒副产物。

2. 食品中消毒副产物预防控制

（1）选择低毒、高效的消毒剂 不同的消毒剂产生的消毒副产物的种类和数量不同，由此可选择低毒的消毒剂作为主要的消杀处理方式。联合使用消毒剂可有效减少消毒副产物的生成量，以三卤代烃和卤乙酸类为例，其生成消毒副产物量的顺序为：氯>氯/氯胺>臭氧/氯>臭氧/氯胺>二氧化氯/氯胺>紫外线/氯胺。

（2）去除消毒对象中不利杂质 消毒剂消毒含有天然有机物（腐殖酸、富里酸等）、人工合成有机物、溴和金属离子等的水体时，消毒副产物的生成的量和种类也会增多。因此，在化学消毒前可使用吸附、过滤、混凝、生物降解等物理手段去除水体中的有机物和离子等杂质，从而可有效减少消毒副产物的产生。

（3）减少消毒剂投放量 以氯化消毒为例，水中加入的氯越多，氯代消毒副产物生成的速率就越快，其生成量也越大。因此，减少投放量、采用多点投放能达到消毒效果的同时可有效降低消毒副产物的生成量和消毒剂的残留。此外，降低反应温度、控制消毒时间和 pH 等均可降低消毒副产物的生成量。

（4）完善相关标准、建立完善的饮用水数据库 《生活饮用水卫生标准》（GB 5749—2022）规定了各种消毒剂的使用方式、残留浓度以及消毒副产物的限量标准；《食品安全国家标准 包装饮用水》（GB 19298—2014）规定食品饮用水仅能通过紫外线和臭氧作消杀处理，并限制了饮用水中余氯、四氯化碳、三氯甲烷、溴酸盐的理化指标上限。此外，要加快对消毒副产物毒理、监测方法和抑制手段的研究，建立机制健全的资料库，为饮用水安全提供完善的数据和理论基础。

【本章小节】

（1）N-亚硝基化合物广泛存在于环境和食品中，是影响食品安全的重要风险因素之一，为减少 N-亚硝基类化合物对人类健康的危害，应采取合理的预防控制措施，如阻断 N-亚硝基化合物的体内外合成，改进食品贮藏与加工方式，加强管理措施等。

（2）多环芳烃作为一种生活中常见的化学污染物，可引发多种环境污染和食品安全问题，尤其是多环芳烃经膳食摄入的占比最高。可通过改进食品加工工艺、加工前去毒处理、加工中添加抗氧化剂等减少食品中多环芳烃的含量。

（3）多氯联苯是具有持久性的有机污染物，其对食品的污染主要是通过环境污染和生物富集作用，人体摄入后会对人体健康造成危害。因此，应提高我国多氯联苯污染的处置水平、提高监测能力和水平、加强宣传教育等，从而预防控制多氯联苯对人类的危害。

（4）二噁英是一类持久性有机环境污染物，经过食物链的富集作用以较高的剂量进入人体，从而严重危害人类的健康。因此，制定相关限量标准、提高检测水平、完善相关法律体系、建立可追溯系统、提高公众环保意识等对预防控制二噁英对人类健康的危害具有重要作用。

（5）杂环胺是一类热加工形成的有害物，具有较强的致癌致突变性，广泛存在于富含蛋白质的加工食品中，危害人类健康。合理的加工方式、添加外源抑制剂、合理饮食、加强监测等均可有效控制食品中杂环胺的含量。

（6）丙烯酰胺是食品热加工中产生的一种潜在致癌物质，并且具有神经毒性、生殖毒性和遗传毒性，对人体健康危害较大。因此，优化加工工艺、提高检测水平、提倡平衡膳食、完善相关限量标准等对控制食品中丙烯酰胺的含量具有重要意义。

（7）氯丙醇和氯丙醇酯是国际公认的污染物，具有肾脏毒性、神经毒性、生殖毒性、致癌性等。因此，加强原料管理、改进加工工艺、加强标准的制定与修订等可有效控制食品中氯丙醇和氯丙醇酯的含量。

（8）缩节胺、5-羟甲基糠醛、呋喃和消毒副产物等未被直接纳入国家食品中的污染物标准的监管范畴，但在食品中检出率较高，且对人类健康造成一定危害。应研发食品加工新技术、提高检测水平、完善相关限量标准等，从而有效预防和控制上述有害有机物对人类健康的危害。

【思考题】

（1）简述 N-亚硝基化合物的危害及控制措施。
（2）简述多环芳烃的来源及控制措施。
（3）简述多氯联苯的危害及控制措施。
（4）简述二噁英的危害及预防控制措施。
（5）简述食品中杂环胺的预防控制措施。
（6）简述丙烯酰胺的形成机理和控制措施。
（7）简述食品中氯丙醇和氯丙醇酯的来源及控制措施。

参考文献

［1］鲁煊. N-亚硝基化合物对人体的危害及防治措施研究［J］. 食品研究与开发，2014，35（2）：128-130.

［2］蔡鲁峰，李娜，杜莎，等. N-亚硝基化合物的危害及其在体内外合成和抑制的研究进展［J］. 食品科学，2016，37（5）：271-277.

［3］ Zhang Y，Chen XQ，Zhang Y，Analytical chemistry，formation，mitigation，and risk assessment of polycyclic aromatic hydrocarbons：From food processing to *in vivo* metabolic transformation ［J］. Comprehensive Reviews in Food Science and Food Safety，2021，20（2）：1422-1456.

［4］ 曾健雄，吴时敏，王琳，等. 高脂食品中多环芳烃研究 ［J］. 粮食与油脂，2013，26（10）：6-9.

［5］ 张浪，杜洪振，田兴垒，等. 煎炸食品中多环芳烃的生成及其控制技术研究进展 ［J］. 食品科学，2020，41（3）：272-280.

［6］ 叶海云，俞国珍，张蓓蕾. 食品中PCDD/Fs和dl-PCBs的检测方法研究进展 ［J］. 食品工业科技，2018，39（2）：331-337.

［7］ 王瑞国. 指示性多氯联苯在蛋鸡体内迁移转化及代际传递规律研究 ［D］. 北京：中国农业科学院，2021.

［8］ 朱晓楼，沈超峰，黄荣浪，等. 多氯联苯的膳食暴露及健康风险评价研究进展 ［J］. 环境化学，2014，33（1）：10-18.

［9］ Mesfin MO，Bezabih KW，Polychlorinatedbiphenyls（PCBs）and their impacts on human health：A review ［J］. Journal of Environment Pollution and Human Health，2019，7（2）：187-193.

［10］ González N，Domingo JL. Polychlorinated dibenzo-p-dioxins and dibenzofurans（PCDD/Fs）in food and human dietary intake：An update of the scientific literature ［J］. Food and Chemical Toxicology，2021，56：157-163.

［11］ 熊楠. 典型地区二噁英及其类似物的暴露水平评估及标准物质研制 ［D］. 武汉：中南民族大学，2019.

［12］ Barzegar F，Kamankesh M，Mohammadi A. Heterocyclic aromatic amines in cooked food：A review on formation，health risktoxicology and their analytical techniques ［J］. Food Chemistry，2019，280：240-254.

［13］ 李永. 烤肉及其模拟体系中杂环胺和晚期糖基化终末产物的联动效应研究 ［D］. 无锡：江南大学，2022.

［14］ 程轶群，雷阳，周兴虎，等. 传统肉制品中杂环胺研究进展 ［J］. 食品科学，2022，43（5）：316-327.

［15］ Rifal L，Saleh FA. A review on acrylamide in food：Occurrence，toxicity，and mitigation strategies ［J］. International Journal of Toxicology，2020，39（2）：93-102.

［16］ 雷艾彤，苏丹，聂春超，等. 丙烯酰胺风险暴露及毒性控制研究进展 ［J］. 食品研究与开发，2022，43（6）：181-9.

［17］ 张璐佳，杨柳青，王鹏璞，等. 丙烯酰胺毒性研究进展 ［J］. 中国食品学报，2018，18（8）：274-283.

［18］ 生吉萍. 丙烯酰胺与食品安全 ［J］. 食品安全导刊，2020，48（5）：48-51.

［19］ 吴少明，傅武胜，杨贵芝. 食用植物油脂脂肪酸氯丙醇酯形成机制的研究进展 ［J］. 食品科学，2014，35（1）：266-270.

［20］杨普煜.3-氯丙醇酯在大鼠体内的亚慢性毒性作用及其机制研究［D］.上海：上海交通大学，2020.

［21］Kamikata K.，Vicente E.，Arisseto A. P.，et al. Occurrence of 3-MCPD，2-MCPD and glycidyl esters in extra virgin olive oils，olive oils and oil blends and correlation with identity and quality parameters［J］. Food Control，2019，95：135-41.

［22］郝雅茹，闫苍，李书国.热加工食品中呋喃形成机制，动力学及减控方法研究进展［J］.食品科技，2021，46（1）：69-75.

［23］Postigo C，Richardson SD. Transformation of pharmaceuticals during oxidation/disinfection processes in drinking water treatment［J］. Journal of Hazardous Materials，2014，279：461-75.

［24］朱秀清，雷文华，黄雨洋，等.5-羟甲基糠醛在食品中的变化及其安全性研究进展［J］.食品安全质量检测学报，2022，13（15）：4983-4991.

［25］李雪楠.热加工食品中污染物缩节胺形成机制研究［D］.长春：吉林大学，2022.

［26］曾健雄，吴时敏，王琳，等.高脂食品中多环芳烃研究［J］.粮食与油脂，2013，26（10）：6-9.

思政小课堂

第八章　食品添加剂与食品安全

食品添加剂是现代食品工业的重要基料和烹饪行业必备的配料。合理使用食品添加剂对保障食品安全具有重要意义。然而超范围、超限量使用食品添加剂，或非法加入食品添加剂范围之外的化学物质（如三聚氰胺等），将影响食品安全。本章介绍了常用食品添加剂和食品中可能违法添加的非食用物质对食品安全的影响。

本章课件

【学习目标】

（1）掌握食品添加剂的定义、分类、功能及发展趋势。
（2）熟悉常用食品添加剂和食品安全的关系。
（3）了解食品中可能违法添加的非食用物质和可能滥用的食品添加剂。

第一节　食品添加剂概述

我国食品添加剂的使用已有数千年历史，汉代已开始使用卤盐、石膏为凝胶剂和增稠剂制作豆腐，隋代将涂蜡用作柑橘保鲜以延长贮藏期，南宋时将亚硝酸盐用于肉制品的防腐和护色。食品添加剂在改善食品的色、香、味、形，调整食品营养结构，提高食品质量和档次，改善食品加工条件，延长食品的保存期等方面发挥着极其重要的作用。

一、食品添加剂的定义与分类

（一）食品添加剂定义

《中华人民共和国食品安全法》将食品添加剂定义为：为改善食品品质和色、香、味以及为防腐、保鲜和加工工艺的需要而加入食品中的人工合成或者天然物质，包括营养强化剂。营养强化剂是为了增加食品的营养成分（价值）而加入食品中的天然或人工合成的营养素和其他营养成分。

《食品安全国家标准　食品添加剂使用标准》（GB 2760—2014）将食品添加剂定义为：为改善食品品质和色、香、味以及为防腐、保鲜和加工工艺的需要而加入食品中的人工合成或者天然物质。食品用香料、胶基糖果中基础剂物质、食品工业用加工助剂也包括在内。

联合国粮农组织（FAO）/世界卫生组织（WHO）食品添加剂法典委员会将食品添加剂定义为：有意识地加入食品中，以改善食品的外观、风味、组织结构和贮存性质的非营养物质。欧盟将食品添加剂定义为：在食品的生产、加工、制备、处理、包装、运输或存贮过程中，由于技术性目的而人为添加到食品中的任何物质。美国将食品添加剂定义为：具有明确的或有理由认为合理预期用途的，直接或间接地成为食品的某种组分或能够影响食品特征的任何物质。日本将食品添加剂定义为：在食品制造过程为了保存的目的加入食品，使之混合、浸润及其他目的所使用的物质。

目前全球各国和各组织均对食品添加剂进行了定义，虽然定义的表述不同，但均涵盖了食品添加剂的几个特征：①食品添加剂是在食品生产加工过程中有意添加的。②能够满足一定的工艺需求，如改善食品的色、香、味、形等感官特征，或者提高食品的质量和稳定性等。③本质是化学合成或者天然存在的物质。

食品添加剂功能类别

（二）食品添加剂分类

据统计，目前全球开发的食品添加剂总数已达 1.4 万余种，其中直接使用的有 3000 余种，常用的有 680 余种。可按照食品添加剂的来源、安全性评价和功能的不同进行分类。

1. 按照来源进行分类

食品添加剂按照来源可分为天然食品添加剂和化学合成食品添加剂。天然食品添加剂是利用动、植物或微生物的代谢产物为原料，经分离、提取、纯化所获得的天然物质，主要有天然色素、香料等。化学合成食品添加剂是采用化学方法，通过氧化、还原、缩合、聚合等反应而得到的物质，如甜蜜素、柠檬黄等。

2. 按照安全性评价进行分类

联合国粮农组织与世界卫生组织食品添加剂法典委员会（Joint FAO/WHO Expert Committee on Food Additives，JECFA）按食品添加剂安全性评价结果将其分为 A、B 和 C 三类，每类再细分为两个亚类。

（1）A 类　JECFA 已制定人体每日允许摄入量（acceptable daily intake，ADI）和暂定 ADI 者。其中，A1 类：经 JECFA 评价认为毒理学资料清楚，已制定出 ADI 值或认为毒性有限，无需制定 ADI 值者；A2 类：JECFA 已经暂定 ADI 值，但毒理学资料尚不够完善，暂时许可用于食品者。

（2）B 类　JECFA 曾进行过安全性评价，但未建立 ADI 值，或者未进行过安全性评价者。其中，B1 类：JECFA 曾进行过安全评价，因毒理学资料不足未制定 ADI 值者；B2 类：JECFA 尚未进行过安全评价者。

（3）C 类　JECFA 认为在食品中使用不安全或应该严格限制作为某些食品的特殊用途者。其中，C1 类：JECFA 根据毒理学资料，认为在食品中使用不安全者；C2 类：JECFA 认为应严格限制在某些食品中作特殊应用者。

由于毒理学及评价技术在不断进步和发展，一些食品添加剂的安全性不可避免地发生变化，因此其所在的安全性评价类别也将进行必要的调整，应随时注意有关食品添加剂安全性评价分类的最新进展和变化。

3. 按照功能进行分类

按功能的不同，我国《食品安全国家标准　食品添加剂使用标准》（GB 2760—2014）将食品添加剂分为酸度调节剂、抗结剂、消泡剂、抗氧化剂、漂白剂、膨松剂、胶基糖果中基础剂物质、着色剂、护色剂、乳化剂、酶制剂、增味剂、面粉处理剂、被膜剂、水分保持剂、防腐剂、稳定剂和凝固剂、甜味剂、增稠剂、食品用香料、食品工业用加工助剂和其他 22

类。每类食品添加剂所包含的种类不同，少则几种（如抗结剂 5 种），多则达千种（如食用香料 1027 种），而且随着科学研究的发展，允许使用的食品添加剂的数量也会越来越多。《中华人民共和国食品安全法》将营养强化剂归为食品添加剂的一类。

不同国家、地区、国际组织对食品添加剂的定义不同，因而分类也有差异。欧盟将食品添加剂按功能分为 26 类。美国在《食品、药品与化妆品法》中，将食品添加剂按功能分成 32 类。日本在《食品卫生法规》中，将食品添加剂按功能分为 30 类。

（三）食品添加剂功能

1. 防止食品腐败变质，提高食品的稳定性和安全性

防腐剂可以防止由微生物引起的食品腐败变质、延长食品的货架期，防止由微生物污染引起的食物中毒；抗氧化剂可以阻止或推迟食品氧化变质，抑制油脂的自动氧化反应及油脂氧化过程中有害物质的形成，以提高食品的稳定性和安全性。

2. 提高和改善食品的感官品质

受加工过程或产品保存过程的影响，食品易出现脱水、失色、风味失调和质地劣变等问题。因此，在食品加工中适当使用护色剂、增味剂、乳化剂等食品添加剂可以改善食品的感官品质和商品价值。

3. 丰富食品种类，符合特殊群体需求

开发针对不同生长阶段、不同职业岗位以及一些常见病、多发病等特定人群食用的食品，需要借助或依靠食品添加剂。例如，糖尿病人应减少蔗糖摄入，则可用低热能甜味剂代替蔗糖生产无糖甜味食品。营养强化剂则可以在现代营养科学的指导下，根据不同地区、不同人群的营养缺乏状况和营养需要，以及为弥补食品在加工、贮藏时造成的营养损失，在食品中选择性地加入一种或者多种微量营养素，以增加人群对某些营养素的摄入量，从而达到改善或预防人群微量营养素缺乏的目的。

二、食品添加剂的使用原则和安全性管理

（一）食品添加剂的使用原则

依据我国《食品安全国家标准　食品添加剂使用标准》（GB 2760—2014），食品添加剂使用时应符合以下基本要求：不应对人体产生任何健康危害；不应掩盖食品腐败变质；不应掩盖食品本身或加工过程中的质量缺陷或以掺杂、掺假、伪造为目的而使用食品添加剂；不应降低食品本身的营养价值；在达到预期效果的前提下尽可能降低在食品中的使用量。

在下列情况下可使用食品添加剂：保持或提高食品本身的营养价值；作为某些特殊膳食用食品的必要配料或成分；提高食品的质量和稳定性，改进其感官特性；便于食品的生产、加工、包装、运输或者储藏。

使用食品添加剂必须严格执行和遵守《食品安全国家标准　食品添加剂使用标准》（GB 2760—2014）、GB 2760 增补公告、《食品安全国家标准　食品营养强化剂使用标准》（GB 14880—2012）、GB 14880 增补公告、《食品安全国家标准　食品添加剂胶基及其配料》（GB 1886.359—2022）和《中华人民共和国食品安全法》，严禁将非食用物质作为食品添加剂使用。

食品营养强化剂使用标准

食品添加剂胶基及其配料

（二）食品添加剂的安全性管理

食品添加剂应确保安全和有效，其中安全性最为重要。食品添加剂的安全性是指食品添加剂在规定的使用方式和用量条件下，对人体健康不产生任何损害，即不引起急性、慢性中毒，亦不至于对接触者（包括老、弱、病、幼和孕妇）及其后代产生潜在危害。列入我国食品安全国家标准的食品添加剂，均进行了安全性评价。

1. 我国食品添加剂安全监管的标准和法规

为了规范食品添加剂的使用，我国相继出台一系列政策和法规（表 8-1）。《食品安全国家标准　食品添加剂使用标准》（GB 2760—2014）规定了食品添加剂的使用原则、允许使用的食品添加剂品种、使用范围及最大使用量或残留量。

表 8-1　近些年食品添加剂相关的政策和法规

时间	政策/法规	部门	主要内容
2014 年 12 月	《食品安全国家标准　食品添加剂使用标准》（GB 2760—2014）	卫健委	规定了食品添加剂的使用原则、允许使用的食品添加剂品种、使用范围及最大使用量或残留量
2016 年 7 月	《食品药品监管总局办公厅关于进一步加强食品添加剂生产监管工作的通知（食药监办食监〔2016〕96 号）》	国家食品药品监管总局	进一步规范食品添加剂生产许可工作，将食品添加剂生产许可工作有关事项加以明确
2017 年 12 月	《食品添加剂新品种管理办法》（2017 年修订）	卫健委	加强食品添加剂新品种管理
2018 年 6 月	《食品安全国家标准　食品添加剂生产通用卫生规范》（GB 31647—2018）	卫健委	填补食品添加剂生产许可审查细则空白，从而为食品添加剂生产提供参考规范
2019 年 9 月	《市场监管总局办公厅关于规范使用食品添加剂的指导意见（市监食生〔2019〕53 号）》	国家市场监督管理总局	督促食品生产经营者落实食品安全主体责任，严格按标准规定使用食品添加剂，进一步加强食品添加剂监管，防止超范围、超限量使用食品添加剂，扎实推进健康中国行动
2020 年 1 月	《食品生产许可管理办法（2020 年）》	国家市场监督管理总局	规范食品、食品添加剂生产许可活动，加强食品生产监督管理，保障食品安全
2021 年 4 月	修订后的《中华人民共和国食品安全法》	全国人大常委会	规定对食品添加剂的生产实行许可制度
2021 年 12 月	《"十四五"市场监管现代化规划》	国务院	完善食品添加剂、食品相关产品等标准，加快食品相关标准样品研制

2. 食品添加剂的安全性评价

为确保食品添加剂使用安全，必须对其进行安全性评价。食品添加剂的安全性评价主要包括化学评价和毒理学评价。化学评价关注食品添加剂的纯度、杂质、毒性、生产工艺及其成分分析方法，并对食品添加剂在食品中发生的化学作用进行评估。毒理学评价是指确定食品添加剂在食品中的最大安全量，并对有害物质提出禁用或放弃的理由，以确保食品添加剂使用的安全性。食品添加剂的毒理学评价程序参见《食品安全国家标准　食品安全性毒理学评价程序》（GB 15193.1—2014）。

三、食品添加剂涉及的食品安全问题

（一）食品添加剂使用涉及的安全问题

目前食品添加剂涉及的安全问题主要涉及以下几个方面。

1. 违法使用非食用物质

为了掩盖食品腐败变质或不良品质、用于作假或伪造产品，一些不法分子会将一些成本低廉的非食用物质添加到食品中，如三聚氰胺、苏丹红等。违法添加的非食用物质不属于食品添加剂，造成了严重的食品安全问题，威胁消费者健康。

食品中可能滥用的
食品添加剂名单
（第1~6批汇总）

2. 超范围、超限量使用食品添加剂

超范围使用是指超出国家标准所规定的食品中可以使用的食品添加剂的种类和范围。超限量使用是指超出国家标准所规定的食品中可以使用的食品添加剂最大使用量，如食品防腐剂的超量使用，虽然可以延长食品的保质期并降低企业的生产成本，但超量使用会危害人体健康。

3. 使用劣质、过期及污染的食品添加剂

在食品加工过程，优质的食品添加剂能够有效改善食品的部分功能，且不会影响消费者的身体健康。然而，劣质食品添加剂中含有汞、铅等有害物质，食用后对消费者的健康造成严重危害。过期及污染的食品添加剂，主要是因生产企业对食品添加剂管理不当造成的，过期或已经污染的食品添加剂因其质量下降，可能对产品的质量和消费者的健康产生危害。

（二）食品添加剂问题解决对策

1. 加强食品添加剂的安全监管

严厉打击非法生产、使用非食用物质的违法行为，杜绝非食用物质进入食品生产经营环节。由政府建立规范的食品安全管理机制，加强对食品生产企业的管理，监督企业根据法律和国家标准使用食品添加剂，对企业的违法、违规使用非食用物质的行为零容忍并严肃处理。加大对食品添加剂使用的检测范围，提高对餐饮行业的监督管理力度。

2. 完善法律法规制度建设

应在《中华人民共和国食品安全法》和食品添加剂相关标准的基础上，进一步完善有关食品添加剂相关的法律法规制度，确保食品产业链各相关主体都能严格按照有关规章制度进行生产，真正做到有法可依。同时，依照法律法规加大对违法商家的处罚力度，发挥法律的震撼作用，切实保障食品安全。

3. 提高消费者食品安全意识和维权意识

目前，部分消费者的食品安全意识和维权意识相对淡薄，给企业的违法行为以可乘之机。可以利用网络、传媒等手段，向消费者宣传食品安全和维权知识。全社会齐抓共治，公众参与食品安全监督，人民共享食品安全，促进食品行业的健康发展，增强人民群众对食品安全的信心。

第二节　食品添加剂对食品安全的影响

食品添加剂在合法使用情况下是安全的。超范围、超限量使用食品添加剂和添加非食用物质等"两超一非"的违法行为，是导致食品安全问题发生的重要原因。

一、甜味剂对食品安全的影响

（一）概述

目前我国批准使用的甜味剂有二十余种。按营养价值，甜味剂可分为营养性甜味剂和非营养性甜味剂两类。营养性甜味剂的特点是其本身含有热量，主要是碳水化合物。非营养性甜味剂的热值为蔗糖的 2% 以下，又称低热量或无热量甜味剂，只提供甜味，几乎不提供热量，少量添加就可使食品具有较强的甜味，如糖精、甜蜜素、阿斯巴甜和三氯蔗糖等。甜味剂按来源可分为天然甜味剂和人工合成甜味剂，天然甜味剂如麦芽糖醇、木糖醇等，人工合成甜味剂如糖精钠、甜蜜素、安赛蜜等。

（二）甜味剂对人体健康的潜在影响

一些企业盲目逐利，在生产加工过程存在着不同程度违规使用甜味剂的问题，主要包括超范围和超限量使用甜味剂、滥用复合甜味剂、重复使用甜味剂、标识不符合规定、甜味剂质量不合格和用甜味剂掩盖食品的质量缺陷或以掺杂、掺假、伪造而使用等。易滥用的甜味剂主要包括：糖精钠、甜蜜素等滥用于腌菜、糕点、面点和月饼；甜蜜素和安赛蜜滥用于酒类。

甜蜜素是一种常用人工合成甜味剂，分子式为 $C_6H_{12}NNaO_3S$，是由氨基磺酸与环己胺及氢氧化钠反应而成，其甜度是蔗糖的 30~40 倍。甜蜜素对热、光、空气稳定，不易受微生物感染，易溶于水。甜蜜素的 LD_{50} 为 18g/（kg·bw）（小鼠，经口），ADI 值为 0~15mg/（kg·bw）。GB 2760—2014 规定甜蜜素可用于面包、糕点、饮料、配制酒及蜜饯等食品中，但不允许在调味品、熟制面食品、白酒中使用。但个别企业为片面追求口感，降低生产成本，超限量或超范围使用甜蜜素，导致产品不合格。以白酒为例，检出甜蜜素可能是由于生产企业为增强成品白酒的口感，违规添加甜蜜素；也可能是白酒、配制酒生产过程中造成交叉污染（图 8-1）。

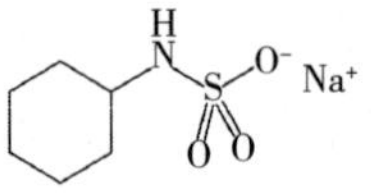

图 8-1　甜蜜素结构式

长期过量摄入甜蜜素含量超标的饮料或其他食品，可能对人体的肝脏和神经系统造成危害，特别是对代谢排毒能力较弱的老人、孕妇、儿童危害更明显，甚至会引发癌症或胎儿畸形等。此外，长期过量摄入甜蜜素等甜味剂，会导致食量增加，不利于人体健康。

根据《食品安全国家标准　食品添加剂使用标准》（GB 2760—2014），甜蜜素在冷冻饮品（食用冰除外）、水果罐头、腐乳类、饼干、复合调味料、饮料类（包装饮用水除外）、配制酒和果冻中最大使用量≤0.65g/kg（以环己基氨基磺酸计），在果酱、蜜饯凉果、腌渍蔬菜和熟制豆类中最大使用量≤1.0g/kg。

二、着色剂对食品安全的影响

（一）概述

着色剂是赋予食品色泽和改善食品色泽的物质。目前世界上常用的着色剂有60余种，按其来源和性质可分为合成着色剂和天然着色剂两类。合成着色剂是用人工合成方法所制得的有机着色剂，合成着色剂的着色力强、色泽鲜艳、稳定性好、易溶解、易调色、成本低，但安全性较低。天然着色剂大部分取自植物，部分取自动物、矿物和微生物，具有安全性较高、着色色调比较自然等优点，且一些品种还具有维生素活性（如 β-胡萝卜素），但也存在成本高、着色力弱、稳定性差、难以调出任意色调等缺点。

（二）着色剂对人体健康的潜在影响

合成着色剂的安全性问题日益受到重视。易滥用的着色剂主要包括胭脂红、柠檬黄、诱惑红、日落黄等，主要滥用于渍菜、葡萄酒、腌菜等。

1. 胭脂红

胭脂红又名丽春红4R，为红色至深红色均匀颗粒或粉末，无臭，溶于水，是我国使用最广泛、用量最大的单偶氮类人工合成色素。胭脂红在食品行业中应用广泛，可改善食品的外观和色泽。胭脂红可用于果汁饮料、配制酒、碳酸饮料、糖果、糕点、冰淇淋、酸奶等食品的着色，而不能用于肉干、肉脯制品、水产品等食品中，主要是为防止不法分子通过使用色素掩盖不良的原料肉，危害消费者身体健康（图8-2）。

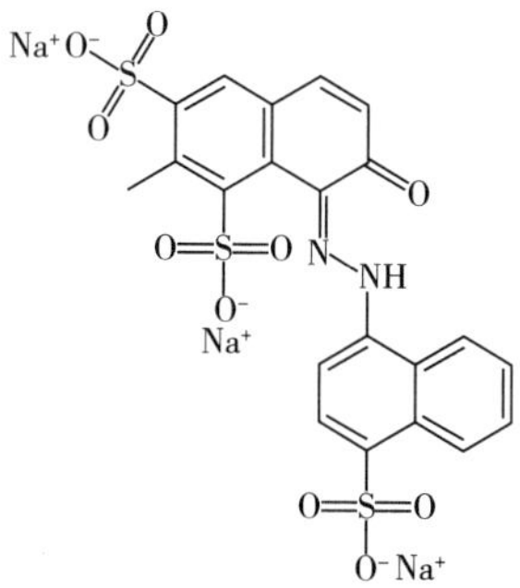

图 8-2　胭脂红结构式

胭脂红的 LD_{50} 为 19.3g/（kg·bw）（小鼠，经口），ADI 值为 0~4mg/（kg·bw），目前除美国和加拿大不许可使用外，绝大多数国家都允许在食品中使用胭脂红。胭脂红属于安全性较高的合成色素，但若长期过量食用胭脂红超标的食品，可能对人体肝肾功能产生影响。胭脂红可被氧化产生自由基，进而再与体内物质代谢产生一系列活性氧，造成 DNA 氧化损伤等。毒理学研究表明胭脂红具有潜在的致癌和致突变作用。此外，胭脂红在加工过程中易受到砷、铅、铜、苯酚、苯胺、乙醚、氯化物等物质的污染，对人体造成潜在的危害。

2. 柠檬黄

柠檬黄又称酒石黄，是水溶性偶氮类着色剂，为橙黄色粉末，主要用于食品、饮料及化妆品的着色。柠檬黄的 ADI 值为 0~7.5mg/（kg·bw），世界各国普遍许可使用。依据《食品安全国家标准　食品添加剂使用标准》（GB 2760—2014），柠檬黄用于蜜饯凉果、装饰性果蔬、腌制性蔬菜、虾味片、饮料类、膨化食品等的最大使用量为 0.1g/kg；用于风味发酵乳、调制炼乳、冷冻饮品、果冻等的最大使用量为 0.05g/kg。柠檬黄着色力强、色泽鲜明、不易褪色、稳定性好。然而，部分食品存在超范围或超限量使用柠檬黄，可能原因是企业为增加产品卖相或者弥补原料品质较低而超限量添加（图 8-3）。

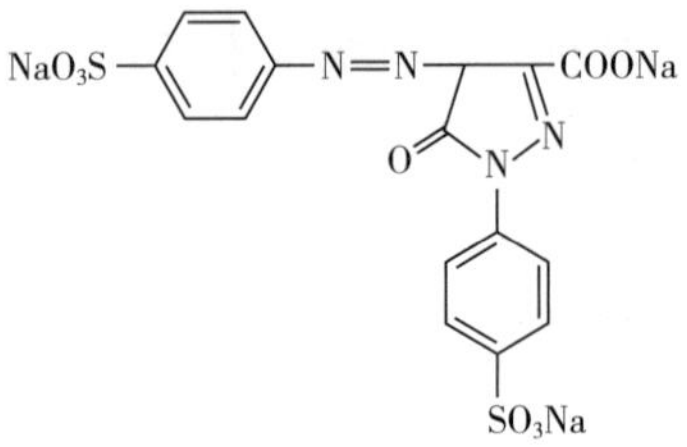

图 8-3　柠檬黄结构式

少量柠檬黄会被人体消化代谢排出。如果长期过量食用柠檬黄含量超标的食品，可能会引起过敏、腹泻等症状。当摄入量超过肝脏负荷时，柠檬黄会在体内蓄积，对肾脏、肝脏产生损伤，甚至有致癌风险。

三、膨松剂对食品安全的影响

（一）概述

膨松剂是指在食品加工过程中加入的，能使产品发起形成致密多孔组织，从而使制品具有膨松、柔软或酥脆的物质，常用于糕点、饼干、面包、馒头等焙烤食品的生产。膨松剂可分为无机膨松剂、有机膨松剂和生物膨松剂三大类。无机膨松剂，又称化学膨松剂，包括碱性膨松剂（碳酸氢钠和碳酸氢铵等）、酸性膨松剂（硫酸铝钾、硫酸铝铵和磷酸氢钙等）以及复合膨松剂。有机膨松剂如葡萄糖酸-δ-内酯，生物膨松剂如酵母等。

（二）膨松剂对人体健康的潜在影响

膨松剂（硫酸铝钾、硫酸铝铵等）易滥用于糕点、油条、面制品和膨化食品；硫酸铝钾易滥用于小麦粉。

硫酸铝钾和硫酸铝铵是常用的含铝膨松剂，常用于油条、粉丝、米粉等食品的生产。《食品安全国家标准　食品添加剂使用标准》（GB 2760—2014）规定，豆类制品、面糊、裹粉、煎炸品、油炸面制品、调味品和焙烤食品中可按生产需要适量使用含铝食品添加剂，但产品中铝的残留量不能超过 100mg/kg（干样品，以 Al 计）。然而个别企业为增加产品口感，降低生产成本，在加工过程中超限量使用含铝添加剂，或者使用的复配添加剂中铝含量过高。以油炸面制品为例，铝的残留量超标主要原因是企业在生产过程中，超限量添加硫酸铝钾以增加产品的口感，使成品更加膨大。

铝含量超标的食品发涩，食用后可能引起呕吐，腹泻。长期摄入铝残留超标的食品，可能影响人体对铁、钙等营养元素的吸收，导致骨质疏松、贫血等，甚至影响神经细胞发育，引起神经系统病变。儿童长期过量摄入铝会影响骨骼和智力发育，导致运动和学习记忆能力下降。

此外，膨松剂中常用的磷酸二氢钙、焦磷酸二氢二钠等磷酸盐也存在一定的安全隐患。如果摄入磷过多，可能会造成钙流失，导致骨质疏松等症状。

监管部门应加强对含铝食品添加剂使用标准的落实情况，强化对含铝食品添加剂生产、经营和使用行为的监管，以膨化食品、小麦粉及其制品、焙烤食品为主，严厉打击超限量使用含铝食品添加剂违法违规行为。

四、护色剂对食品安全的影响

（一）概述

护色剂又称发色剂，指能与肉及肉制品中呈色物质作用，使之在食品加工、保藏等过程中不致分解、破坏，呈现良好色泽的物质。护色剂因其是通过化学作用而使食品呈现出稳定的色泽，所以区别于一般食用色素。硝酸盐和亚硝酸盐类物质是常用的护色剂。硝酸盐和亚硝酸盐本身并无着色能力，但当其应用于动物类食品后，腌制过程中产生的一氧化氮能使肌红蛋白或血红蛋白形成亚硝基肌红蛋白或亚硝基血红蛋白，从而使肉制品保持稳定的鲜红色。除具有护色作用外，亚硝酸盐还具有良好的抑菌防腐作用，在 pH 值 4.5~6.0 范围内对金黄色葡萄球菌、肉毒梭菌等具有良好的抑制作用，并能够抑制脂肪氧化，提高肉品稳定性。但由于腌肉中的亚硝酸盐能生成强致癌物——亚硝胺，因而硝酸盐和亚硝酸盐的使用存在一定争议。

（二）护色剂对人体健康的潜在影响

硝酸盐、亚硝酸盐等护色剂可能被滥用于肉制品和卤制熟食、腌肉料产品。当人体大量摄入的亚硝酸盐（0.3g 以上）进入血液后，可使正常的血红蛋白（Fe^{2+}）变成正铁血红蛋白（Fe^{3+}），使血红蛋白失去携氧功能，导致组织缺氧，产生头晕、呕吐、全身乏力、心悸、皮肤发紫、严重时呼吸困难、血压下降甚至昏迷、抽搐而衰竭死亡。由于亚硝酸盐的外观、口味与食盐相似，所以必须防止误用而引起中毒。此外，亚硝酸盐还是形成亚硝胺的前体物质，具有潜在致癌性，故在肉制品中应严格控制其使用量。

硝酸盐对人体的主要影响是硝酸盐被人体摄入后会被还原变成亚硝酸盐而产生毒性。与硝酸钠相似，硝酸钾对人体的危害也是在身体内被还原成亚硝酸盐，但硝酸钾的毒性较强。

（三）护色剂的安全使用

1. 严格控制硝酸盐和亚硝酸盐的使用量和残留量

考虑到亚硝酸盐的安全性，各国均严格限制其使用范围及用量，FAO/WHO 规定其 ADI 值为 0~5mg/（kg·bw）（以亚硝酸钠计的亚硝酸盐总量）。我国对食品中亚硝酸盐使用量和残留量进行了严格规定，要求肉制品加工中亚硝酸盐使用量不能超过 0.15g/kg，硝酸盐使用量不能超过 0.5g/kg，西式火腿（熏烤、烟熏、蒸煮火腿）中的残留量（以亚硝酸钠计）≤

70mg/kg，肉罐头类≤50mg/kg，腌腊肉制品类、酱卤肉制品类、熏烧烤肉类、油炸烤肉类、油炸肉类、肉灌肠类、发酵肉制品类均≤30mg/kg。

2. 降低肉制品中亚硝酸盐对人体的危害

在使用护色剂的同时配合使用一些护色助剂，如抗坏血酸、异抗坏血酸、烟酰胺等，可以提高护色效果，改善产品色泽并减少硝酸盐或亚硝酸盐的添加量。也可以通过添加大蒜素、茶多酚等以降低亚硝酸盐残留，阻断 N-亚硝基化合物合成；消费者要减少亚硝酸盐含量较高食品的摄入，如咸鱼、咸菜、腊肉、腊肠、火腿、熏肉类等。

五、漂白剂对食品安全的影响

（一）概述

漂白剂是指能够破坏、抑制食品的发色基团，使其褪色或使食品免于褐变的物质。漂白剂不仅可以改善食品色泽，还具有钝化生物酶活性、抑制微生物繁殖、控制酶促褐变和抑菌等作用。漂白剂按其作用机理分为还原型漂白剂和氧化型漂白剂。漂白剂多数具有毒性和一定的残留量，适合用于食品的漂白剂品种较少。

能使着色物质还原而起漂白作用的物质为还原型漂白剂，主要是通过其中的二氧化硫成分的还原作用。列入《食品安全国家标准　食品添加剂使用标准》（GB 2760—2014）中的还原型漂白剂以亚硫酸类化合物为主（表8-2），如焦亚硫酸钾、焦亚硫酸钠、亚硫酸钠、亚硫酸氢钠和低亚硫酸钠等。氧化型漂白剂是通过本身的氧化作用破坏着色物质或发色基团，从而达到漂白目的。

表8-2　亚硫酸类化合物的使用范围及最大使用量

食品名称	最大使用量/（g/kg）	备注
啤酒和麦芽饮料	0.01	最大使用量以二氧化硫残留量计
食用淀粉	0.03	最大使用量以二氧化硫残留量计
淀粉糖（果糖、葡萄糖、饴糖、部分转化糖等）	0.04	最大使用量以二氧化硫残留量计
经表面处理的鲜水果、蔬菜罐头（仅限竹笋、酸菜）、干制的食用菌和藻类、食用菌和藻类罐头（仅限蘑菇罐头）、坚果与籽类罐头、生湿面制品（如面条、饺子皮、馄饨皮、烧卖皮）、冷冻米面制品（仅限风味派）、调味糖浆、半固体复合调味料	0.05	最大使用量以二氧化硫残留量计
果蔬汁（浆）、果蔬汁（浆）类饮料	0.05	最大使用量以二氧化硫残留量计，浓缩果蔬汁（浆）按浓缩倍数折算，固体饮料按稀释倍数增加使用量
水果干类、腌渍的蔬菜、可可制品、巧克力和巧克力制品（包括代可可脂巧克力及制品）以及糖果、饼干、食糖	0.1	最大使用量以二氧化硫残留量计

续表

食品名称	最大使用量/ （g/kg）	备注
干制蔬菜、腐竹类（包括腐竹、油皮等）	0.2	最大使用量以二氧化硫残留量计
葡萄酒、果酒	0.25g/L	甜型葡萄酒及果酒系列产品最大使用量为0.4g/L，最大使用量以二氧化硫残留量计
蜜饯凉果	0.35	最大使用量以二氧化硫残留量计
干制蔬菜（仅限脱水马铃薯）	0.4	最大使用量以二氧化硫残留量计

（二）漂白剂对人体健康的潜在影响

当还原型漂白剂存在或达到一定的浓度时，有色物质的消退效果很好，但当漂白剂消失时，或当食品在加工、储藏过程中，由于氧化作用，有色物质会再次显色。因此，部分企业为了使产品长期保持较好的外观，可能超限量使用漂白剂，如采用硫黄处理馒头，采用焦亚硫酸钠滥处理陈粮、米粉等。

硫黄是一种非金属单质，为淡黄色脆性结晶或粉末，有特殊臭味。食品级硫黄可作为漂白剂和防腐剂，主要用于水果干类、蜜饯凉果、干制蔬菜、经表面处理的鲜食用菌和藻类、食糖和魔芋粉 6 类食品的加工，最大使用量分别为 0.1g/kg、0.35g/kg、0.2g/kg、0.4g/kg、0.1g/kg 和 0.9g/kg，但只限用于熏蒸。硫黄在熏蒸过程中燃烧产生二氧化硫气体，与食品中的水分发生化学反应，可生成亚硫酸。亚硫酸可将食品的着色物质还原，使食品保持鲜艳的色泽，还可抑制食品中的氧化酶，防止食品褐变，起到护色作用。硫黄具有还原作用，可抑制微生物繁殖，延长食品保质期，从而起到防腐作用。

但是部分不法商家超量使用硫黄以降低成本和增强产品外观。人体若摄入过多硫黄会破坏消化道和呼吸道系统，导致器官黏膜受损变异，严重者还会损害肝、肾等器官。质量较差的硫黄还含有大量的铅、汞等重金属，长期摄入会导致人体慢性中毒，轻度患者会出现眼红、头晕、失眠、恶心、乏力等症状，严重者可能会吞咽困难、表达能力下降、智力衰退等。

亚硫酸盐溶液易分解而失去漂白作用，宜现配现用；使用亚硫酸盐类漂白的物质，由于二氧化硫消失容易复色，通常要严格控制食品中二氧化硫的残留量；亚硫酸盐能破坏硫胺素，不宜用于肉类、乳制品和鱼类食品。此外，开发低毒性和低残留量的复合型食品漂白剂也是未来发展趋势之一。

第三节　违禁非食用物质对食品安全的影响

一、概述

在食品中违法添加非食用物质是造成食品安全问题的重要原因之一。为进一步打击在食品生产、流通、餐饮服务中违法添加非食用物质和滥用食品添加剂的行为，保障消费者健康，全国打击违法添加非食用物质和滥用食品添加剂专项整治领导小组自 2008 年以来陆续发布了六批《食品中可能违法添加的非食用物质和易滥用的食品添加剂名单》（表 8-3）。

表 8-3　食品中可能违法添加的非食用物质名单（第 1~6 批汇总）

序号	名称	可能添加的食品品种	序号	名称	可能添加的食品品种
1	吊白块	腐竹、粉丝、面粉、竹笋	25	敌敌畏	火腿、鱼干、咸鱼等制品
2	苏丹红	辣椒粉、含辣椒类的食品	26	毛发水	酱油等
3	王金黄、块黄	腐皮	27	工业用乙酸	勾兑食醋
4	蛋白精、三聚氰胺	乳及乳制品	28	肾上腺素受体激动剂类药物	猪肉、牛羊肉及肝脏等
5	硼酸与硼砂	腐竹、肉丸、凉粉、凉皮、面条	29	硝基呋喃类药物	猪肉、禽肉、动物性水产品
6	硫氰酸钠	乳及乳制品	30	玉米赤霉醇	牛羊肉及肝脏、牛奶
7	玫瑰红 B	调味品	31	抗生素残渣	猪肉
8	美术绿	茶叶	32	镇静剂	猪肉
9	碱性嫩黄	豆制品	33	荧光增白物质	双孢蘑菇、金针菇、面粉
10	工业用甲醛	海参、鱿鱼等干水产品、血豆腐	34	工业氯化镁	木耳
11	工业用火碱	海参、鱿鱼等干水产品、生鲜乳	35	磷化铝	木耳
12	一氧化碳	金枪鱼、三文鱼	36	馅料原料漂白剂	焙烤食品
13	硫化钠	味精	37	酸性橙 II	黄鱼、鲍汁、腌卤肉制品
14	工业硫黄	白砂糖、辣椒、蜜饯、银耳	38	氯霉素	生食水产品、肉制品、蜂蜜
15	工业染料	小米、玉米粉、熟肉制品等	39	喹诺酮类	麻辣烫类食品
16	罂粟壳	火锅底料及小吃类	40	水玻璃	面制品
17	革皮水解物	乳与乳制品　含乳饮料	41	孔雀石绿	鱼类
18	溴酸钾	小麦粉	42	乌洛托品	腐竹、米线等
19	β-内酰胺酶	乳与乳制品	43	五氯酚钠	河蟹
20	富马酸二甲酯	糕点	44	喹乙醇	水产养殖饲料
21	废弃食用油脂	食用油脂	45	碱性黄	大黄鱼
22	工业用矿物油	陈化大米	46	磺胺二甲嘧啶	叉烧肉类
23	工业明胶	冰淇淋、肉皮冻等	47	敌百虫	腌制食品
24	工业酒精	勾兑假酒	48	邻苯二甲酸酯类	乳化剂类食品添加剂

二、三聚氰胺对食品安全的影响

（一）概述

三聚氰胺的分子式为 $C_3H_6N_6$，是三嗪类含氮杂环有机化合物，俗称密胺、蛋白精，几乎无味，常温下微溶于水（3.1g/L），主要用于生产三聚氰胺甲醛树脂，还可用于生产医药、阻燃剂、甲醛清洁剂和化肥等。三聚氰胺不是食品原料，也不是食品添加剂，禁止人为添加到食品中（图8-4）。

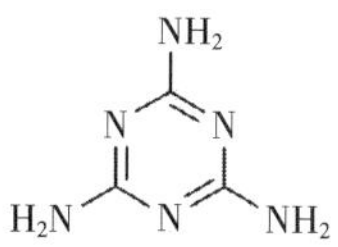

图8-4 三聚氰胺结构式

2007年3月，"美国宠物食品污染事件"爆发，原因是宠物食品的原料小麦面筋粉和大米浓缩蛋白粉中掺杂了三聚氰胺，动物食用含有三聚氰胺的饲料后导致肾衰竭，甚至死亡。2008年，"三聚氰胺奶粉事件"爆发，事故起因是食用三鹿奶粉的婴儿被发现患有肾结石，随后在问题奶粉中检测出三聚氰胺。

（二）潜在来源

1. 人为添加

食品企业主要采用凯氏定氮法测定食品中蛋白质含量，然而该方法并不是直接检测蛋白质，而是通过检测氮含量换算成蛋白质含量。根据三聚氰胺分子式计算出其含氮量为66%左右，如果每100g牛奶中添加0.1g三聚氰胺，理论上就能将牛奶中蛋白质含量提升0.625%，因此被违法添加在牛奶等食品中提高所谓"蛋白质"的含量，造成蛋白质检测指标虚高。此外，三聚氰胺无臭无味，掺入食品后不易被发现。

2. 奶粉生产过程中添加尿素加热形成三聚氰胺

为了人为提高"蛋白质"含量，一些企业会在原料奶中添加尿素。在高温脱水干燥过程中，添加的尿素经过脱水缩聚可形成三聚氰胺。

3. 其他途径

三聚氰胺甲醛树脂，又称密胺树脂，广泛用于制造餐饮器皿，其质感接近陶瓷且韧性好，不易破碎。如果在聚合反应过程中，原料配比、反应温度/时间或搅拌方法等与标准工艺偏差较大，可能会出现过量的三聚氰胺或甲醛未充分反应而进入树脂，并在使用过程中或极端条件下逐渐释放出来。因此，由三聚氰胺甲醛树脂制造的仿瓷餐具应尽量避免与油脂接触和高温使用。此外，三聚氰胺还是常用农药环丙氨嗪的降解产物，在蔬菜和谷物等农产品中可能残留。

（三）毒性

三聚氰胺进入人体后，在胃酸环境中部分发生取代反应生成三聚氰酸，三聚氰胺和三聚氰酸可以形成层状超分子复合物，从体液中沉淀下来，造成结石。长期摄入三聚氰胺可能造成生殖能力损害、膀胱或肾结石、膀胱癌等。对于饮水少且身体器官处于发育阶段的婴幼儿，则较易形成结石，病情严重者甚至可致肾功能衰竭或死亡。2017年，国际癌症研究机构认定三聚氰胺属于ⅡB类致癌物。

（四）预防控制措施

加强监管，依法打击在食品中人为添加三聚氰胺。2011年4月，原卫生部等五部门联合发布公告，规定了我国食品中的三聚氰胺限量值：婴儿配方食品中三聚氰胺的限量值为1mg/kg，其他食品中三聚氰胺的限量值为2.5mg/kg，高于上述限量的食品一律不得销售。规定乳品中三聚氰胺的限量值，并不是允许将三聚氰胺添加到乳品中，而是为了将环境自然带入的极少量三聚氰胺和人为恶意添加区分开。

三、吊白块对食品安全的影响

（一）概述

吊白块化学名称为甲醛次硫酸氢钠（HCHO·NaHSO₂·2H₂O）（图8-5），熔点为60℃，呈半透明白色块状或结晶粉粒状，无臭或略有韭菜气味，溶于水，常温时较稳定，在高温时分解出亚硫酸，具有强还原性，是工业用增白剂，但不得用于食品漂白。

添加吊白块可使食品外观色泽亮丽、久煮不烂，并可延长保存时间，能掩盖食品本身的质量缺陷，达到以次充好、欺骗消费者的目的。因而不法商户在生产和销售面粉、腐竹、竹笋、米粉、豆制品、粉丝、银耳、白糖和水产品等食品时，可能违法添加吊白块。

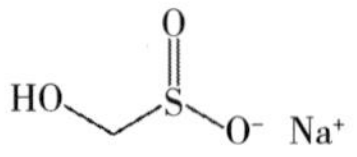

图 8-5　吊白块结构式

（二）毒性

吊白块在60℃以上开始分解出有害物质，120℃高温下可分解产生甲醛、二氧化硫和硫化氢等有毒气体，可使人头痛、乏力、食欲差，严重时甚至导致鼻咽癌等。口服吊白块中毒者表现为胃肠道黏膜损伤、出血和穿孔，还可出现脑水肿和代谢性中毒等。

（三）预防控制措施

近年来吊白块违法加入食品中的安全事件时有发生，人们需要健全监管体制，协调部门间工作，加强执法力度。此外，还要对吊白块的危害性进行科普和宣传，提高消费者对吊白块的认识及鉴别能力，食品从业人员要树立诚信意识、道德意识和法律意识。

四、苏丹红对食品安全的影响

（一）概述

苏丹红为亲脂性偶氮染料，共分为苏丹红Ⅰ、苏丹红Ⅱ、苏丹红Ⅲ和苏丹红Ⅳ四大类。苏丹红Ⅰ为橙红色粉末，化学名称为1-苯基偶氮-2-萘酚，相对分子质量248.28，苏丹红Ⅱ（红色粉末）、Ⅲ（红棕色粉末）、Ⅳ（深褐色粉末）都是苏丹红Ⅰ的衍生物（图8-6）。苏丹红属于化工染色剂而非食品添加剂，主要用于石油、鞋油等产品的增色及皮革、地板的增光。一些不法商家违法将苏丹红添加到辣椒粉、辣椒油、辣椒酱、红豆腐和禽蛋等食品中。苏丹红染色可使食品色泽鲜艳，且固色时间持久，能激起食欲。2008年苏丹红被列入食品中可能违法添加的非食用物质（第一批）的名单。

（二）毒性

进入体内后，苏丹红会代谢成苯胺类和萘胺类物质。苏丹红的致敏性、致突变性和致癌性与代谢生成的胺类物质有关。苏丹红及其代谢产物均属于Ⅱ类或Ⅲ类致癌物。苏丹红脂溶性强，能在动物或者人体内积累，尤其脂肪组织中容易产生富集，因此如果长期低剂量摄入苏丹红，也可能给健康带来潜在危害。

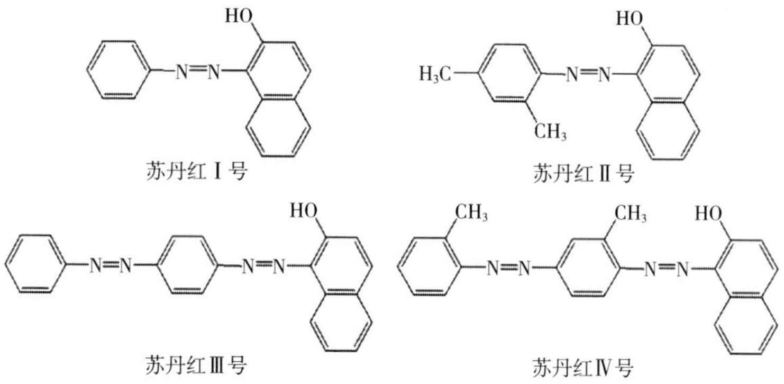

图 8-6　苏丹红结构式

（三）预防控制措施

加强对辣椒酱、禽蛋、辣椒油等食品的监管，加大对违法添加苏丹红的处罚力度。加强舆论监督力度，建立明确的"链接式"责任追究体系，使得政府、相关食品企业与公众监督构成互动的社会体系，确保食品安全。还应加强宣传教育，增强消费者对添加苏丹红食品的辨别能力。

五、甲醛对食品安全的影响

（一）概述

甲醛是一种无色、有强烈刺激性气味的化学物质，易与蛋白质的—NH_2、—SH、—COOH、—OH 等结合，生成次甲基衍生物，破坏蛋白质功能，从而杀灭各种微生物。甲醛在农业、畜牧业、生物学和医药中普遍用作消毒、防腐和熏蒸剂。部分不法商家为了保持食物的新鲜，违法将甲醛添加于海产品、低劣肉制品、水饺、包子等食品中。

（二）毒性

甲醛与蛋白质、氨基酸结合后，可使蛋白质变性凝固，严重干扰人体细胞正常代谢，因此对细胞具有极大伤害作用。甲醛会降低机体的呼吸功能、神经系统并影响机体的免疫应答，对心血管系统、内分泌系统、消化系统、生殖系统和肾脏也具有毒性作用。皮肤接触甲醛可能引起过敏性皮炎、色斑、皮肤坏死等病变。世界卫生组织确定甲醛为致癌和致畸形物质，是公认的变态反应原和潜在的强致突变物。

（三）预防控制措施

甲醛具有防腐和改善部分蛋白质类食物质构的作用，常被违法用于水产品。2015 年 6 月，原国家食品药品监督管理总局要求严禁经营者将甲醛作食用农产品防腐剂使用，对发现使用违禁物质保鲜防腐的违法行为，要坚决依法查处。2019 年 7 月，甲醛被列入有毒有害水污染物名录（第一批）。

六、美术绿对食品安全的影响

(一) 概述

美术绿也称铅铬绿、翠铬绿或油漆绿，主要成分为铅铬绿（铬黄和铁蓝或酞菁蓝），是一种工业颜料，主要用于生产油漆、涂料等。然而，为冒充新茶，一些不法商贩在茶叶内违法加入美术绿以增加其色泽，提高卖相，严重威胁消费者身体健康。

(二) 毒性

茶叶中如果掺入美术绿，铅、铬等重金属超标约 60 倍，食用后可能对人体中枢神经、肝、肾等器官造成极大损害，并会引发多种病变。此外，铅、铬在人体中不能降解，进入人体后会引起机体的慢性损伤。

(三) 预防控制措施

2019 年，国家市场监督管理总局发布《茶叶中美术绿（铅铬绿）的测定》食品补充检验方法的公告，进一步明确了茶叶中违法添加美术绿的危害及茶叶中美术绿的检测方法。由于市场销售的茶叶品种繁多，应提高监管人员对染色茶叶的初步辨识能力，其次要加强对工业添加剂美术绿的生产企业监督，对其产品的销售流向进行调查、跟踪，从源头遏制非法添加事件的发生。

七、过氧化苯甲酰对食品安全的影响

(一) 概述

过氧化苯甲酰别名过氧化二苯（甲）酰，为白色或淡黄色微有杏仁气味的粉末状固体，能溶于苯、氯仿、乙醚，微溶于水，具有强氧化性，可被还原成苯甲酸，可因加热、撞击而发生爆炸。过氧化苯甲酰在食品工业中曾作为面粉增白剂使用（图 8-7）。

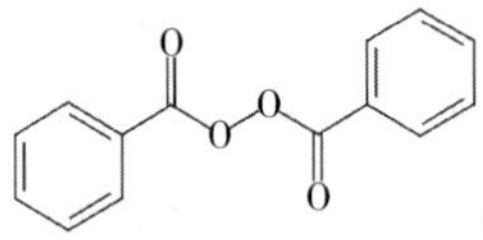

图 8-7　过氧化苯甲酰结构式

(二) 毒性

过氧化苯甲酰在面粉中水解生成的苯甲酸随食品进入人体后，90% 可与甘氨酸结合成马尿酸随尿液排出；部分与葡萄糖醛酸结合成 1-苯甲酰葡萄糖醛酸而使毒性降低。由于过氧化苯甲酰进入人体后需要在肝脏内进行代谢，过多的苯甲酸会加重肝脏负担，严重时肾、肝会出现病理变化。2017 年，国际癌症研究机构将过氧化苯甲酰列为 Ⅲ 类致癌物。

(三) 预防控制措施

我国自 2011 年 5 月 1 日起，禁止在面粉中添加过氧化苯甲酰。2017 年 11 月，《食品药品监管总局关于进一步加强小麦粉质量安全监管的公告》要求严禁在小麦粉中添加过氧化苯甲酰等非食品原料。各地监管部门应加强对小麦粉生产企业的日常监督检查、监督抽检与风险监测，严肃查处在小麦粉中超范围、超限量使用食品添加剂的行为，严肃查处在小麦粉中添加非食品原料的行为，涉嫌犯罪的及时移送公安机关追究刑事责任。

八、废弃食用油脂对食品安全的影响

废弃食用油脂俗称"地沟油"，来源为餐厨和食品工业废弃的油脂，其中包括洗涤餐具用的洗洁精、剩饭剩菜、宰杀动物时清理出的动物内脏、瓜果蔬菜上残留的农药等，是许多致病菌的主要来源，此外还包含了大量的甲苯、丙醛和磷等化学物质，经常食用会对人体产生严重的危害，如破坏白细胞、消化道黏膜，引起食物中毒，甚至致癌。

【本章小节】

（1）食品添加剂是为改善食品品质和色、香、味以及为防腐、保鲜和加工工艺的需要而加入食品中的人工合成或者天然物质，包括营养强化剂。在食品添加剂的使用中，除保证其发挥应有的功能和作用外，最重要的是保证食品的安全。

（2）食品添加剂在合法使用情况下是安全的。超范围、超限量使用食品添加剂和添加非食用物质等"两超一非"的违法行为，是导致食品安全问题发生的主要原因。

（3）我国《食品安全法》明令禁止生产经营超范围、超限量使用食品添加剂的食品；禁止非食品原料生产的食品或者添加食品添加剂以外的化学物质和其他可能危害人体健康物质的食品。

（4）食品添加剂与非法添加物是完全不同的，消费者不必刻意回避食品添加剂，应科学理性看待。

【思考题】

（1）简述食品添加剂的定义、分类和功能。

（2）简述食品添加剂的使用原则和发展趋势。

（3）简述常见食品添加剂的作用及对食品安全的潜在影响。

（4）简述常见的食品中可能违法添加的非食用物质和易滥用的食品添加剂。

参考文献

［1］甘敏敏. 无处不在的食品添加剂［J］. 食品科学，2018，39（12）：326.

［2］张辉，贾敬敦，王文月，等. 国内食品添加剂研究进展及发展趋势［J］. 食品与生物技术学报，2016，35（3）：225-233.

［3］郝丽萍. 食品添加剂［M］. 北京：中国农业大学出版社，2010.

［4］王常柱，武杰，高晓宇. 食品添加剂的基本属性、主要功能与三大特征［J］. 中国食品添加剂，2015，（10）：154-158.

［5］孙宝国. 躲不开的食品添加剂：院士、教授告诉你食品添加剂背后的那些事［M］. 北京：化学工业出版社，2012.

［6］汤高奇，曹斌. 食品添加剂［M］. 北京：中国农业大学出版社，2010.

［7］汪建军. 食品添加剂应用技术［M］. 北京：科学出版社，2010.

［8］冯彦军，徐玮，周秀银，等. 食品添加剂使用标准在食品安全监管中的应用［J］.

食品工业，2020，41（4）：276-280.

［9］惠伯棣，张旭，宫平．食品原料在我国功能性食品中的应用研究进展［J］．食品科学，2016，37（17）：296-302.

［10］高玉婷，张鹏，杜刚，等．人造甜味剂对人体健康的影响［J］．食品科学，2018，39（7）：285-290.

［11］孙学颖，辛晓琦，刘建林，等．复合发酵剂和香辛料对发酵香肠中 N-亚硝胺形成的抑制作用［J］．中国食品学报，2021，21（5）：194-202.

［12］佟蕊，齐颖，扈晓鹏，等．薄层色谱与表面增强拉曼光谱联用快速检测辣椒油高脂肪基质中的苏丹红［J］．中国食品学报，2019，19（6）：223-229.

思政小课堂

第九章 食品接触材料及制品与食品安全

除食品本身的安全问题，食品接触材料及制品引起的食品安全问题也不容忽视。本章介绍了食品接触材料的定义、各类食品接触材料和食品接触用涂料及印刷油墨对食品安全的影响。

本章课件

【学习目标】

(1) 了解食品接触材料的作用，掌握食品接触材料的定义和迁移规律。
(2) 掌握各类食品接触材料的分类及安全性。
(3) 了解食品接触用涂料及印刷油墨对食品安全的影响。

第一节 概述

一、食品接触材料的定义

食品接触材料（food contact materials，FCMs）及其制品的安全性是食品安全不容忽视的一部分。食品接触材料及制品不仅可能在与食品接触的过程中影响食品的气味、味道以及色泽，而且其可能含有毒有害物质迁移并渗入至食品中，造成食品污染并严重危害消费者健康。近年来，食品接触材料及制品的安全性问题已成为人们对食品安全一个新的关注点，越来越受到世界各国食品安全监督管理机构和消费者的广泛关注。

《中华人民共和国食品安全法》第一百五十条规定，用于食品的包装材料和容器，指包装、盛放食品或者食品添加剂用的纸、竹、木、金属、搪瓷、陶瓷、塑料、橡胶、天然纤维、化学纤维、玻璃等制品和直接接触食品或者食品添加剂的涂料。为进一步指导和规范食品接触材料及制品的生产与使用，我国还发布实施了 GB 4806 系列食品安全国家标准。根据《食品安全国家标准 食品接触材料及制品通用安全要求》（GB 4806.1—2016），食品接触材料及制品是指在正常使用条件下，各种已经或预期可能与食品或食品添加剂（以下简称食品）接触，或其成分可能转移到食品中的材料及制品。食品接触材料及制品包括食品生产、加工、包装、运输、储存、销售和使用过程中用于食品的包装材料、容器、工具和设备，以及可能直接或间接接触食品的油墨、黏合剂、润滑油等，但不包括洗涤剂、消毒剂和公共输水设施。

二、食品接触材料的分类和基本安全要求

（一）食品接触材料的分类
欧盟在关于食品接触材料的框架法规（EC）No 1935/2004《关于拟与食品接触的材料和

制品暨废除 80/590EEC 和 89/109/EEC 指令》中具体列出 17 类食品接触材料，包括活性与智能材料及制品、黏合剂、陶瓷、软木、橡胶、玻璃、离子交换树脂、金属及合金、纸及纸板、树胶、影印墨水、再生纤维素、硅化物、纺织品、油漆、蜡、木头等，并对这 17 类材料制定了专门的管理要求。

我国发布实施的 GB 4806 系列食品安全国家标准列出包括搪瓷制品、陶瓷制品、玻璃制品、食品接触用塑料材料及制品、食品接触用纸和纸板材料及制品、食品接触用金属材料及制品、食品接触用涂料及涂层、食品接触用橡胶材料以及食品接触用竹木材料及制品 9 类材料。

（二）食品接触材料的基本安全要求

根据《食品安全国家标准　食品接触材料及制品通用安全要求》（GB 4806.1—2016），各类食品接触材料及制品均应遵循以下几个方面的基本要求：

（1）食品接触材料及制品在推荐的使用条件下与食品接触时，迁移到食品中的物质水平不应危害人体健康。

（2）食品接触材料及制品在推荐的使用条件下与食品接触时，迁移到食品中的物质不应造成食品组分、结构或色香味等性质的改变，不对食品产生技术效果（有特殊规定的除外）。

（3）食品接触材料及制品中使用的物质在可达到预期效果前提下应尽可能降低接触材料及制品中的用量。

（4）食品接触材料及制品中使用的物质应符合相关规格要求。

（5）食品接触材料及制品生产企业应对食品中的非有意添加物质进行控制，使其迁移到食品中的量符合《食品安全国家标准　食品接触材料及制品通用安全要求》（GB 4806.1—2016）的要求。

（6）对于不和食品直接接触的且与食品之间有有效阻隔层阻隔的、未列入相应食品安全国家标准的物质，食品接触材料及制品生产企业应对其进行安全性评估和控制，使其迁移到食品中的量不超过 0.01mg/kg，但致癌、致畸、致突变物质及纳米材料不适用于以上原则，应按照相关法律规定执行。

（7）食品接触材料及制品的生产应符合《食品安全国家标准　食品接触材料及制品生产通用卫生规范》（GB 31603—2015）的要求。

三、食品接触材料的作用

食品接触材料又称食品包装材料，包装对食品流通起着极为重要的作用。包装的科学合理性会影响食品的质量可靠性以及能否以完美的状态传达到消费者手中。

（一）保护食品

包装最重要的作用就是保护食品。食品在储运、销售、消费等流通过程中常会受到各种不利条件及环境因素的破坏和影响，采用科学合理的包

包装"瘦身"
再出新招

装可使食品免受或减少这些破坏和影响，以期达到保护商品的目的。食品接触材料具有防振动、防冲击、防压挤、隔热、阻光、阻氧、阻水蒸气、阻隔异味、防氧化、防老化、防锈蚀、

防虫、防鼠等作用，保护食品在保质期内的质量。

（二）方便储运

利用食品接触材料对食品进行包装，能为生产、流通和消费等环节提供诸多方便，如方便厂家及运输部门搬运装卸、仓储部门堆放保管、商店陈列销售，也方便消费者的携带、取用和消费。现代包装还注重包装形态的展示方便、自动售货方便及消费时的开启和定量取用的方便等方面。一般来说，食品离开接触材料就不能储运和销售。

（三）促进销售

包装是提高食品竞争能力、促进销售的重要手段。包装形象直接反映一个企业或一个品牌的形象，已成为企业营销略的重要组成部分。精美的包装能在心理上征服购买者，增加其购买欲望。在超级市场中，包装更是充当着无声销售员的角色。随着市场竞争由食品内在质量、价格、成本竞争转向更高层次的品牌形象竞争，通过包装来传达和树立企业品牌形象更显重要。

（四）提高价值

包装是食品生产的延续，产品通过包装才能免受各种损害，避免降低或失去其原有的价值。因此，投入包装的价值不但在食品出售时得到补偿，而且能给食品增加价值。包装的增值作用不仅体现在包装直接给食品增加价值，而且更体现在通过包装塑造名牌所体现的品牌价值这种无形而巨大的增值方式。适当运用包装增值策略，将取得事半功倍的效果。

四、食品接触材料的迁移

食品接触材料的迁移是指食品接触材料中的化学物质通过接触材料进入食品的过程。在食品从农场到餐桌的过程中，食品接触材料是贯穿食品加工、运输、销售和储存等环节直接或间接接触食品的必不可少的材料。受材料理化性质以及食品特性的影响，食品接触材料中的有害物质在使用过程可能会迁移到食品中，达到一定的量时是有害的，一方面可能引起食品的变质，另一方面可能对摄入食品的消费者的健康带来极大危害。因此，对食品接触材料中化学物质的迁移行为进行关注、研究、测试和控制，对保证食品安全、保护消费者健康具有非常重要的意义。

（一）食品接触材料中有害物质化学迁移的来源

食品接触材料中有害物质化学迁移主要有以下来源：

1. 生产原材料过程中带入的污染物

例如聚苯乙烯中的乙苯、丙苯、异丙苯残留是在生产聚苯乙烯原料过程中使用的苯乙烯单体带入的。

2. 已知组成塑料、纸、有涂层和无涂层金属、陶瓷等材料本身的基本成分

例如塑料中的单体和添加剂残留、用于造纸的化学试剂残留、制作陶瓷的颜料迁移等。

3. 将食品接触材料转化为特定功能产品或成型品的化学物质

例如食品包装印刷用的油墨、复合食品包装中使用的黏合剂等。

4. 原材料中的未知污染物

例如纸和纸板中可能出现多氯联苯污染物等。特别当使用的材料是回收再利用的材料时，

更容易造成有害物质迁移。

（二）总迁移量、特定迁移量和特定迁移总量

总迁移量是指从食品接触材料及制品中迁移到与之接触的食品模拟物中的所有非挥发性物质的总量，一般表示为每千克食品模拟物中非挥发性迁移物的毫克数（mg/kg）或每平方分米接触面积迁移出的非挥发性迁移物的毫克数（mg/dm²）。特定迁移量是指从食品接触材料及制品中迁移到与之接触的食品或食品模拟物中的某种或某类物质的量，一般表示为每千克食品或食品模拟物中迁移物质的毫克数（mg/kg）或食品接触材料及制品与食品或食品模拟物接触的每平方分米面积迁移物质的毫克数（mg/dm²）。特定迁移总量是指从食品接触材料及制品中迁移到与之接触的食品或食品模拟物中的两种或两种以上物质的总量，一般表示为每千克食品或食品模拟物中指定的某种或某类物质（或基团）的毫克数（mg/kg）或食品接触材料及制品与食品或食品模拟物接触的每平方分米面积中某种或某类物质（或基团）的毫克数（mg/dm²）。

（三）影响食品接触材料迁移的主要因素

食品接触材料中化学物质的迁移是一个遵循动力学和热力学的扩散过程。因此，影响食品接触材料中化学物质组分迁移量的因素主要包括食品接触材料本身的内在特性、食品接触材料中所含化学物质的特性和浓度、食品的性质及食品接触材料与食品接触的条件等。

例如，如果食品接触材料中所含的某种化学物质易于溶解于食品中，则通过溶解将产生高迁移量；相反，一种化学物质扩散小的惰性材料，产生的迁移量就相对较小。因此，必须了解影响迁移的因素，从而获得避免或限制向食品中发生有害迁移的方法。

（四）食品接触材料中化学迁移物质一般检测方法

食品接触材料及制品迁移试验应符合《食品安全国家标准　食品接触材料及制品迁移试验通则》（GB 31604.1—2015）等标准的要求。食品接触材料中化学迁移物质的检测一般采用食品模拟物的方法，一般可分为以下几步：选取典型样品；选择适当的食品模拟物；选择合适的接触条件，主要是选择合适的接触温度和接触时间；选择合适的暴露方式；监测暴露量方式；分析包装的安全性。

1. 食品模拟物的选择

由于食品本身成分复杂，直接在食品中对迁移物进行检测分析成本昂贵且灵敏度比较低。因此，一般采用食品模拟物进行相关迁移实验。食品模拟物是指能够接近真实地反映食品接触材料及制品中组分向与之接触的食品中的迁移，具有某类食品的典型共性，用于模拟食品进行迁移试验的测试介质。当食品接触材料及制品预期接触某一类食品（如酸性食品）时，应当选择相应的食品模拟物进行迁移试验。详细的食品接触材料及制品预期接触的食品类别与对应食品模拟物的选择参见 GB 31604.1—2015 附录 A1。

2. 总迁移试验条件

GB 31604.1—2015 规定的总迁移试验条件见表 9-1。

表 9-1 总迁移试验条件

预期使用条件	迁移试验条件
冷冻和冷藏	
不在容器内热处理	20℃，10d
食用前在容器内再加热	100℃，2h
室温灌装并在室温下长期贮存（包括 $T \leqslant 70℃$、$t \leqslant 2h$ 或 $T \leqslant 100℃$、$t \leqslant 15min$ 条件下的热灌装及巴氏消毒）	40℃，10d
$T \leqslant 70℃$、$t \leqslant 2h$ 或 $T \leqslant 100℃$、$t \leqslant 15min$ 条件下的热灌装及巴氏消毒后，不再在室温或低于室温的条件下长期贮存	70℃，2h
在 $T \leqslant 100℃$、$t > 15min$ 的条件下使用（如蒸煮或沸水消毒）	100℃，1h
在 $T \leqslant 121℃$ 的温度下使用（高温热杀菌或蒸馏）	100℃或回流温度，2h 或 121℃，1h
在 $T > 40℃$ 的温度下接触水性食品、酸性食品、含酒精饮料［乙醇含量 $\leqslant 20\%$（体积分数）］	100℃或回流温度，4h
在 $T > 121℃$ 的温度下使用（如高温烘烤）	175℃，2h（仅限植物油）

注：^a 较高温度下的测试结果可以代替较低温度下的测试结果。相同贮存或使用温度下，较长时间下的测试结果可以代替和涵盖较短时间下的测试结果。

第二节 食品接触材料对食品安全的影响

一、食品接触用纸和纸板材料及制品

食品接触用纸和纸板材料及制品是指在正常使用条件下，各种已经或预期可能与食品接触，或其成分可能转移到食品中的纸和纸板材料及制品，包括涂蜡纸、硅油纸和纸浆模塑制品等。纸质包装材料具有原料来源广、生产成本低、保护性能优良、易于回收处理和良好的物理性能等优点。随着国家"限塑令"的提出，消费者的环保意识越来越高，纸质包装材料的市场需求变大，在食品工业中应用得越来越广泛。由于在加工处理过程中需要加入各种添加剂，纸质包装材料所含的助剂、单体、低聚体、降解物等化学残留物就可能通过吸收、溶解、扩散等途径迁移到食品中，进而污染食品，造成一定的食品安全隐患。

（一）食品接触用纸和纸板材料的分类

食品接触用纸和纸板材料中，定量在 $225g/m^2$ 以下或厚度小于 0.1mm 的称为纸，定量在 $225g/m^2$ 以上或厚度大于 0.1mm 的称为纸板。但这划分标准不是很严格，如有些折叠盒纸板、瓦楞原纸的定量虽小于 $225g/m^2$，通常也称为纸板；有些定量大于 $225g/m^2$ 的纸，如白卡纸、绘图纸等通常也称为纸。

食品接触用纸和纸板材料主要包括包装类产品和容器类产品两大类。包装用纸包括牛皮纸、羊皮纸、半透明纸、玻璃纸、茶叶袋过滤纸、涂布纸和复合纸等。包装用纸板包括白纸板、标准纸板、箱纸板、瓦楞原纸和加工纸板等。包装用容器包括包装纸盒、纸杯、纸罐、瓦楞纸箱和纸浆模塑制品等。

（二）食品接触用纸和纸板材料的安全性及控制

1. 食品接触用纸和纸板材料的安全性

目前，食品包装用纸存在的安全性问题主要是由于以下 5 点。

（1）原料本身的问题　生产食品包装纸的原材料本身不清洁、存在重金属超标、农药残留和多环芳烃等污染问题，或采用了霉变的原料，使成品污染霉菌。

（2）回收废纸污染　回收废纸残留的化学物质成分极为复杂，也是影响食品包装用纸安全的重要原因。虽然采用脱色工艺能够洗去回收废纸中的油墨染料，但其中重金属、油墨、增塑剂、漂白剂等有害物质仍残留在纸浆中不可能完全去除。因此，不应采用回收纸生产食品包装纸。

（3）造纸过程中的添加剂及加工助剂　为增强纸质的各项性能，在造纸过程中需添加防油剂、防水剂、消泡剂、漂白剂、滑石粉、胶料、施胶剂等填料和功能型助剂，从而引入安全隐患。例如，为了使纸增白，往往添加荧光增白剂。荧光增白剂具有光毒和光敏作用，对皮肤黏膜有强烈的刺激作用；接触过量的荧光增白剂，具有致癌的可能性。因此，应禁止向食品包装用原纸中添加荧光增白剂。

（4）油墨造成的污染　目前，食品包装纸的油墨污染比较严重。在纸包装上印刷的油墨，大多是含甲苯、二甲苯的有机溶剂型凹印油墨，容易造成残留的苯类溶剂超标。同时，油墨中所使用的颜料、染料中，存在着重金属（铅、镉、汞、铬等）、苯胺或稠环化合物等物质。这些金属即使在 mg/kg 级时都能溶出，并危及人体健康，而苯胺类或稠环类染料则是明显的致癌物质。印刷时因相互叠在一起，造成无印刷面也接触油墨，形成二次污染。

（5）储存、运输过程中的污染　食品纸质包装制品在储存、运输等过程中易受到灰尘、杂质及微生物的污染，也对食品安全造成影响。

2. 食品接触用纸和纸板材料的安全控制

为了保障消费者健康，我国食品接触用纸的相关标准也一直在更新，2022 年颁布了修订后的《食品安全国家标准　食品接触用纸和纸板材料及制品》（GB 4906.8—2022），从原料要求、感官要求、理化指标要求、微生物限量、添加剂要求、标签标识要求等方面对食品接触用纸和纸板的安全进行管控。

二、食品接触用塑料材料及制品

塑料因其原材料来源丰富、质轻、成本相对低廉、综合性能优良，成为近年来发展最快、用量最大的包装材料，逐渐成为现代食品包装的四大支柱材料之一。塑料包装材料广泛用于食品的包装，大量取代了玻璃、金属和纸类等传统包装材料，使食品包装的面貌发生巨大的改观。在塑料包装材料使用时，主要危害是由于包装材料中的聚合物单体、添加剂、残留溶剂以及由催化剂带来的重金属元素溶出，对人体健康构成严重危害，长期接触会造成人体免疫功能下降，引起各类疾病。

（一）食品接触用塑料材料及制品组成

塑料是一类以高分子量的合成树脂为基本成分，再加入一些用来改善其性能的各种添加剂（如增塑剂、稳定剂、抗氧化剂、阻燃剂、润滑剂、着色剂等）制成的高分子材料。主要由高分子树脂和各类助剂（或添加剂）等两大主要成分组成。

1. 树脂

树脂作为塑料的主要组成成分（占 40%～100%），树脂的种类、性质以及在塑料中所占的比例大小对塑料性能起着主导作用。

2. 塑料添加剂

塑料添加剂是指各类用于改善塑料的使用性能或加工性能的物质，其加入不仅可以赋予塑料制品一定的形态、色泽，而且最重要的是可以改善塑料的加工成型性能和使用性能，并最终延长塑料的使用寿命，而且在一定程度上可降低制品的生产成本。

（1）增塑剂　这是一类可以增加塑料制品可塑性的添加剂。增塑剂主要有邻苯二甲酸酯类、磷酸酯类、己二酸二辛酯等。其中，邻苯二甲酸酯类应用最广，毒性较低；己二酸二辛酯耐低温性较好。

（2）稳定剂　它的作用是防止塑料制品在空气中长期受光的作用，或长期在较高温度下降解。稳定剂主要有硬脂酸锌盐、铅盐、钡盐、镉盐等，但铅盐、钡盐、镉盐对人体危害较大，食品包装材料一般不用这类稳定剂。锌盐稳定剂在许多国家都允许使用，其用量规定为1%～3%。

（3）填充剂　主要作用是弥补树脂某些性质不足，改善塑料的使用性能，如提高制品的耐热性、硬度等，同时可降低塑料成本。常用的填充剂主要有滑石粉、碳酸钙、陶土、石棉、硫酸钙等，其用量一般为 20%～50%。

（4）着色剂　着色剂主要为染料及颜料，用于改变塑料等合成材料固有的颜色，可使制品美观，提高商品价值。

（5）其他添加剂　润滑剂主要是一些高级脂肪酸、高级醇类或脂肪酸酯类；抗氧化剂主要是丁基羟基茴香醚和二丁基羟基甲苯，抗静电剂主要包括烷基苯磺酸盐、烯烃磺酸盐等，毒性均较低。

（二）食品接触用塑料材料及制品的分类

按照塑料在加热、冷却时呈现的性能特点的不同，塑料可分为热塑性塑料和热固性塑料两大类。

1. 热塑性塑料

热塑性塑料指成型后再加热可重新软化加工而化学组成不变的一类塑料。热塑性塑料的树脂在加工前后都为线性结构，加工中不发生化学变化，具有加热软化、冷却硬化的特点。热塑性塑料主要包括聚乙烯（polyethylene，PE）、聚丙烯（polypropylene，PP）、聚氯乙烯（polyvinyl chloride，PVC）、聚苯乙烯（polystyrene，PS）、聚碳酸酯（polycarbonate，PC）、聚四氟乙烯（polytetrafluoroethylene，PTFE）、聚酰胺（polyamide，PA）、聚对苯二甲酸乙二醇酯（polyethylene terephthalate，PET）、聚甲醛（polyoxymethylene，POM）、改性聚苯醚（modified polyphenylene oxide，MPPO）、聚砜（polysulfone，PSU）、聚醚砜（polyethersulfone，PSE）等。

2. 热固性塑料

热固性塑料指成型后不能再加热软化而重复加工的一类塑料。热固性塑料的树脂在加工前为线性预聚体，加工中发生化学交联反应使制品内部成为三维网状结构，受热时不会软化或溶解，因此热固性塑料只可以成型一次。常见的热固性塑料包括酚醛树脂、脲醛树脂、不饱和聚酯、环氧树脂、三聚氰胺甲醛树脂、聚氨酯等。

（三）食品接触用塑料材料及制品的安全性及控制

塑料包装材料的危害主要是由于包装材料中的聚合物单体、添加剂、残留溶剂以及由催化剂带来的重金属元素溶出，对人体健康构成严重危害。

1. 树脂本身具有一定毒性

树脂中未聚合的游离单体、裂解物（氯乙烯、苯乙烯、酚类、丁腈胶、甲醛等）、降解物及老化产生的有毒物质均会对食品安全造成不良影响。残存于PVC中的游离单体氯乙烯具有麻醉作用，可引起人体四肢血管收缩而产生痛感，同时具有致癌、致畸作用；氯乙烯在肝脏中形成氧化氯乙烯，具有强烈的烷化作用，可与DNA结合产生肿瘤。PS中残留物质苯乙烯可抑制大鼠生育，造成肝、肾损伤。PC中残留的双酚A具有雌激素活性，能够干扰内分泌功能。

2. 生产过程中的添加剂具有一定的毒性

在塑料接触材料和制品的生产加工过程中，为使产品具有较好的工艺性能，通常会加入一些增塑剂、阻燃剂、稳定剂、抗氧化剂、防紫外线剂、抗静电剂、着色剂、润滑剂、填充剂等。上述添加剂对人体都有一定的毒害。因其与塑料颗粒之间没有共价键连接，上述添加剂易从塑料制品内部迁移到食品中，造成内包装食品的污染。

（1）塑化剂　邻苯二甲酸酯类（phthalic acid esters，PAEs）常被添加到塑料食品包装材料中以增加塑料制品的可塑性及延展性。PAEs具有类雌激素毒性、致畸、致癌和致突变作用，并能够干扰动物和人体正常的内分泌功能，导致胚胎畸形、女童性早熟、男性精子数量减少等。PAEs可蓄积在人体脂肪组织且很难排出，长期积累可损伤神经系统、肝和肾功能紊乱等（图9-1）。

塑化剂——
食品塑料包装袋
中的隐形"杀手"

（2）阻燃剂　多溴联苯醚（polybrominated diphenylethers，PBDEs）是塑料中使用最广泛的有机阻燃剂。PBDEs是添加型阻燃剂，与塑料成品之间以分子间作用力相结合，因此很容易通过挥发、渗出等方式从塑料制品迁移到食品。研究表明，PBDEs具有生物积累性、环境持久性和生物毒性；PBDEs对哺乳动物和人体具有肝脏毒性、生殖毒性、神经毒性等多种潜在毒性（图9-2）。

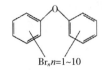

Br_n $n=1\sim10$

图9-1　邻苯二甲酸酯化学结构　　　图9-2　多溴联苯醚化学结构

（3）着色剂　塑料食品包装在加工过程中加入着色剂，大部分都有不同程度的毒性。如很多无机着色剂含有汞、镉、铬、铅等重金属，而有机着色剂多是偶氮类、杂环类和苯胺衍生物，会对消费者身体健康造成严重危害。

此外，塑料制品生产过程中所使用的润滑剂、黏合剂、稀释剂等也大多含有有毒有害化学物质，容易迁移到食品中并造成食品安全隐患。

3. 塑料包装表面污染

因塑料易带电，塑料接触材料和制品易吸附微生物和微尘杂质，导致塑料包装表面污染从而影响食品安全。

4. 非法使用回收塑料

回收再生塑料制品回收渠道复杂，回收塑料上容易残留有害物质，难以保证清洗处理完全，从而造成食品污染；另外，为掩盖回收品质量缺陷，往往添加大量添加剂等，导致残留污染食品。因此，回收再生塑料不能用于制作食品的包装容器。

5. 油墨污染

食品塑料软包装印刷中使用的大多是传统溶剂型的聚氨酯油墨。虽然该类油墨具有印刷适性优良、印后加工性能好、价格低廉、干燥快等优点，但在生产和使用时需要添加苯、苯系物、酮类、乙酸乙酯等，印刷品的残留溶剂值偏高。在食品包装过程中，苯等有害物质能够迁移到食品中，从而污染食品。

国家卫生健康委员会出台了一系列食品接触树脂、材料及制品的国家标准，如《食品安全国家标准　食品接触用塑料树脂》（GB 4806.6—2016）和《食品安全国家标准　食品接触用塑料材料及制品》（GB 4806.7—2016）等。上述标准不仅对添加剂的具体使用做了要求，而且以肯定列表的形式列出了允许使用的塑料树脂及使用要求，使其食品接触用塑料材料的安全管理更加规范和严格。

三、食品接触用金属材料及制品

现代金属包装技术是以 1814 年发明马口铁罐为标志，至今有 200 多年的历史。金属包装材料是将金属压延成薄片，用于商品包装的一种材料。金属包装材料具有高阻隔性、加工适应性好、易成型、废弃物易回收再生等诸多优点，使金属包装具有较大的市场需求，其应用形式也更加多样。食品接触用金属材料存在化学稳定性差和不耐酸碱等缺点，导致金属离子易析出，影响食品风味和安全。为避免该问题所使用的有机涂层，同样也可能因为有机污染物的迁移，导致食品安全问题。

（一）食品接触用金属材料及制品的分类

1. 食品接触用金属材料及制品的分类

食品接触用金属材料按材质来分通常可分为不锈钢、铝、铜、锡、锌、铅等。镀锡薄钢板，又称马口铁，具有很高的强度和阻隔性能，也有一定的抗腐蚀性能和良好的加工性能，大量用于食品工业；主要用来制造罐、盒、桶等包装容器，可以用来包装午餐肉、乳粉、饮料、水果加工品、饼干、粮油、茶叶等。镀铬薄钢板，即无锡钢板，主要用于制作啤酒瓶盖、饮料及中性食品罐涂料盖。铝在包装方面的用量越来越大，在某些方面已取代了钢质包装材料，常用于包装饮料，如啤酒、含气饮料等有内压的食品，还可与纸、纸板和塑料等加工成复合包装材料，广泛用于食品的包装中。

2. 食品接触用金属材料的形式

食品接触用金属材料的形式主要有金属板材、带材、金属丝、箔片等。板材和箔材按厚度来区分，一般将厚度<0.2mm 的称为箔材，厚度>0.2mm 的称为板材。金属板材多为厚度在 0.2~1mm 的薄板材料。金属薄板主要用于制造罐、盒、筒、桶类包装容器；金属薄带主要用于包装捆封；金属丝用于捆扎或制作包装用钉。包装用金属箔材主要为铝箔。箔材主要用于与纸、塑料等材料制成具有特殊性能的软性复合包装材料，广泛应用于食品、医药和日用化学品的包装。此外，金属材料还应用于电镀、真空镀膜等包装的装潢加工。铅及锡还用于制造包装用金属软管容器及焊料等。

（二）食品接触用金属材料及制品的安全性及控制

食品接触用金属材料的安全性问题主要包括以下几个方面。

1. 重金属迁移

目前，约20%的食品罐是未涂层的镀锡罐，其安全问题主要是铁、钡、锡、铝、铬、铅、钴、铜、锂、锌和锰等有害重金属的迁移和溶出。根据欧盟食品和饲料快速预警体系（Rapid Alert System for Food and Feed，RASFF）对华食品接触用金属材料及制品通报，重金属溶出超标为最高的风险，尤其是铬、镍和锰超标。镀锡薄钢板一旦在制罐过程中，出现露铁点，容易形成微电池或局部电池，导致腐蚀，造成食品变色、胀罐或生成黑斑等。对于铝罐，其内壁都会有有机涂层保护，但是在一些特殊情况下，铝可能迁移进食品。此外，回收铝和钢材中的杂质和有害金属更是难以控制，使金属食品包装材料的安全性评价更加复杂。

广东检出韩国
进口食品接触产品
重金属等超标

2. 涂层的安全性

为了防止金属罐内重金属溶入内容食品中，并防止食品内容物腐蚀容器，有效地保持内容物食品的风味，金属食品罐内通常有一个内表面涂层。但有机涂层在金属罐内的迁移会给食品带来一定污染。目前所用的合成树脂内涂料主要是以环氧树脂为主的内涂料，如马口铁罐上使用的环氧酚醛涂料和在铝质易拉罐上使用的水基改性环氧涂料；另外，PVC 有机溶胶树脂也是金属罐常用的内层涂料。涂层类金属包装容器的安全问题主要是其表面涂覆的涂料中游离苯酚、游离甲醛及有毒单体等有害成分能够迁移到食品中并危害人体健康。

3. 塑料垫圈内污染物

为了达到密封的目的，金属罐内盖往往会加软质 PVC 塑料内圈。邻苯二甲酸酯类化合物是塑料内圈中常用的增塑剂，国内瓶盖垫圈中的增塑剂大部分是邻苯二甲酸二（2-乙基己基）酯。邻苯二甲酸二（2-乙基己基）酯是目前日常生活中使用最广泛且毒性较大的一种酞酸酯，会迁移到食品内容物中，特别是油脂性食品，从而危害人体健康。

为保证食品接触用金属材料及制品的安全性，我国于 2016 年 10 月发布了《食品安全国家标准 食品接触用金属材料及制品》（GB 4806.9—2016），并于 2017 年 4 月 19 日实施，取代了《食品安全国家标准不锈钢制品》（GB 9684—2011）和《铝制食具容器卫生标准》（GB 11333—1989）。相对于旧标准，新标准的修改了范围、理化指标、标签标识要求，详细地说明对于不同金属的模拟液和迁移试验条件的选用，增加了特殊使用要求。

四、食品接触用玻璃制品

玻璃是以石英石、纯碱、石灰石为主要原料，加入澄清剂、着色剂、脱色剂等，经 1400~

1600℃高温熔炼成黏稠玻璃液再经冷凝而成的非晶体材料。目前，玻璃使用量占包装材料总量的10%左右，是目前食品包装中的重要材料之一。1804年，法国阿培尔（Nicolas Appert）开始采用玻璃瓶保存食品，开始了玻璃瓶罐头的工业化生产。玻璃材料的透氧率、透视率、透油率、透光率接近于零，并对酸性食品、含盐食品等有好的耐受性。如果严格密封，玻璃材料可有效地将食品与环境介质隔绝，进而很好地保护食品，保持食品原有的风味。玻璃可以加工成各种形状、结构的容器，且易于上色，外观光亮。玻璃制品的价格较便宜，还具有可回收利用的特点，废弃玻璃制品可回炉焙炼，再制成成型制品，形状、质量合格的回收玻璃制品经清洗消毒可再使用。

（一）食品接触用玻璃制品的组成

用于制造玻璃的各种原始物料，统称为玻璃的原料。根据它们的作用和用量可分为主要原料和辅助原料两大类。

1. 主要原料

玻璃的主要原料是指向玻璃中引入各种氧化物的原料，对玻璃的结构和物理、化学性质起主要作用。按氧化物在玻璃结构中的作用，可将其分为玻璃形成体氧化物原料、玻璃中间体氧化物原料和玻璃改变体氧化物原料。本身可以单独形成玻璃的氧化物，称为玻璃形成体（网络形成体）氧化物，主要有 SiO_2、B_2O_3、P_2O_5 等。本身不能单独形成玻璃但能改变玻璃性质（或结构）的氧化物，称为改变体（网络外体）氧化物，如 Li_2O、Na_2O、K_2O、CaO 等。介于这二者之间的，即在一定条件下可以成为玻璃形成体（进入结构网络）的复化物，称为中间体氧化物，如 ZnO、PbO 等。

2. 辅助原料

辅助原料则是为了改善某一方面的性能或加速玻璃的熔制过程而加入的物料，它们用量较少，但种类多，对玻璃的制造和使用性能来讲也是不可缺少的。如三氧化二锑（Sb_2O_3）、硝酸盐、铵盐等作为澄清剂，高温下自身能气化或分解放出气体，能够促进排除玻璃液中气泡。一些过渡或稀土金属的氧化物可作为玻璃的着色剂，起到对光线的选择性吸收和装饰效果。$NaNO_3$、KNO_3、$Ba(NO_3)_2$、Tb_2O_3 等化学脱色剂，可将着色能力强的低价氧化铁氧化成着色能力弱的三价氧化铁，从而提高无色玻璃的透明度。氟化合物、硝酸盐和硫酸盐可以作为助熔剂，降低玻璃熔融温度，加快熔融速度。

（二）食品接触用玻璃制品的安全性及控制

玻璃是以二氧化硅为主要原料，一般来说，玻璃内部离子结合紧密，二氧化硅的毒性很小，经消化道摄入几乎不被人体吸收，高温熔炼后大部分形成不溶性盐类物质而具有极好的化学惰性，不与被包装的食品发生作用，具有良好的包装安全性。玻璃的安全性问题主要是从玻璃中溶出的迁移物。在玻璃制作过程中加入的一些辅料毒性较大。如用砷、锑作澄清剂，加入铅元素，从而增加玻璃包装材料的光泽度。玻璃的着色需要用金属盐和金属氧化物等。如酒青色（蓝色）需要用氧化钴，茶色需要用石墨，竹青色、淡白色及深绿色需要用氧化铜和重铬酸钾，无色需要用硒。食品特别是酸性食品在与玻璃容器接触时，这些物质很容易迁移至食品中，对人体造成危害。

针对食品包装用的玻璃制品，我国于2016年颁布了《食品安全国家标准　玻璃制品》（GB 4806.5—2016），修改了理化指标，增加了原料要求、感官要求、迁移试验要求和玻璃制品标识要求等，使食品接触用的玻璃制品的安全管理更加规范。

五、食品接触用橡胶材料及制品

食品接触用橡胶制品主要指各种适用于预期与食品接触或已接触食品的、由橡胶制成的材料或制品。橡胶拥有独一无二的高弹性性能且密度小、绝缘性好、耐酸碱腐蚀、对流体渗透性低等。这些特性使得食品接触用橡胶制品虽然较少直接用作食品包装材料，但广泛用于奶嘴、瓶盖、高压锅垫圈及输送食品原料、辅料、水的管道等产品中。

（一）种类和组成

橡胶可分为天然橡胶与合成橡胶两大类，天然橡胶是一种以聚异戊二烯为主要成分的不饱和状态的天然高分子化合物，含烃量达 90%以上，含有少量蛋白质、脂肪酸、糖分及灰分等非橡胶物质。天然橡胶既不分解也不被人体吸收，一般认为对人体无害。但由于加工中往往需要添加多种助剂，如促进剂、防老剂、填充剂等，给食品带来了不安全的问题。合成橡胶大多是由二烯类单体聚合而成的高分子化合物，在加工时使用了多种助剂，包括硫化促进剂、抗氧化剂和增塑剂等。橡胶制品在生产过程中所使用和产生的一些化学物质会在消费过程中超量迁移进入食品中从而危害消费者的健康。

橡胶加工中使用的配合剂种类繁多，常用的包括可促进橡胶硫化作用，提高硬度及耐热性等的促进剂。无机促进剂包括氧化锌、氧化镁、氧化钙等，其用量较少，因而较安全。有机促进剂乌洛托品能产生甲醛，对肝脏有毒性；秋兰姆类、胍类、噻唑类、次氯酰胺类对人体也有危害。另外还有防老化剂，可以提高橡胶的耐酸、耐热、耐臭氧等性能，防止橡胶制品老化，主要有叔二丁基羟基甲苯等。除此之外，填充剂是橡胶制品中使用量最多的助剂，主要有碳酸钙和滑石粉等。

（二）食品接触用橡胶材料及制品的安全性和控制

食品接触用橡胶材料及制品存在的主要问题有以下 2 种。

1. 天然橡胶制品

天然橡胶中存在的蛋白质可引发易感人群发生过敏反应。另外，生产不同工艺性能的天然橡胶产品时，所加入的各种添加剂可能会迁移至食品，并影响食品安全。

2. 合成橡胶制品

合成橡胶影响食品安全性的主要是单体和添加剂残留，对人体产生不良影响。由于加工的需要，橡胶制品在加工过程中需要使用各种助剂，如促进剂、防老剂和填充剂等。这些助剂的毒性和不稳定性使盛放的食品或直接与人体接触的橡胶制品中存在潜在的安全隐患。当橡胶制品接触酒精饮料、含油食品或高压水蒸气时极易溶出有毒物质，这应当引起额外的关注。

针对食品接触用橡胶制品的安全性，我国颁布了《食品安全国家标准 食品接触用橡胶材料及制品》（GB 4806.11—2016）。该标准与国际接轨，规定了橡胶的原料、产品本身、添加剂及标识，更加利于企业排查产品的质量问题，市场监管部门有理可依，相关产品的安全性得到更好保障。另外为保护婴幼儿的食品安全及身体健康，对以天然橡胶顺式 1,4-聚异戊二烯橡胶、硅橡胶为主要原料加工制成的奶嘴制定了国家标准《食品安全国家标准 奶嘴》（GB 4806.2—2016）。

六、食品接触用陶瓷制品和搪瓷制品

陶瓷是将瓷釉涂覆在由黏土、长石和石英等混合物烧结成的坯胎上，再经烙烧而成的产品。搪瓷是将瓷釉涂覆在金属坯胎上，经过熔烧而制成的产品，其配方相对复杂。搪瓷、陶瓷容器的主要危害是制作过程中在坯体上涂的彩釉、瓷釉、陶釉等引起的。

搪瓷和陶瓷
是一种器具材料？

（一）食品接触用陶瓷制品

陶瓷制品是常见的食品包装容器之一，在餐饮行业和家庭中常作餐具使用。陶瓷以黏土为主要原料，加入长石、石英等并经配料、粉碎、炼泥、成型、干燥、上釉、彩饰等工序，再经高温烧结而成。根据原料和加工工艺的不同，有陶器和瓷器之分，陶器是用各种矿物黏土在700~1000℃之间烧制而成的，而瓷器一般是用氧化铝含量较高的高岭土在1100℃以上烧制而成的。陶瓷餐具造型多样、细腻光滑、色彩明丽且便于清洗，应用广泛。用作食品包装容器的陶瓷制品主要有瓶、罐、缸、坛等，具有美观大方、耐酸和耐腐蚀性能优良、透气性低、化学稳定性高、不变形等优点，能够更好地保持食品的风味，但陶瓷制品也存在抗张强度低、脆度高、抗热振性能差、重量大等缺点。目前，陶瓷制品主要用于白酒、咸菜类等传统食品的包装。

（二）食品接触用搪瓷制品

食品接触用搪瓷制品是一种在金属表面涂一层或多层无机玻璃质的瓷釉，然后在高温（800~900℃）下烧制而成的金属与无机材料牢固结合的复合材料。搪瓷制品的瓷釉层可保护金属免于氧化和腐蚀，而金属的韧性增强了瓷釉层的弹性和机械强度，因此搪瓷产品具有易清洗、耐高温、表面光滑洁净、不易滋生细菌、隔热效果比金属制品好、比陶瓷和玻璃制品经久耐用等优点。食品用搪瓷制品按用途可分为：搪瓷烧器、搪瓷烤器和搪瓷食物器皿，其中搪瓷食物器皿是指用于盛放、贮存和接食物或食用用水的搪瓷制品，如杯、碟、碗、壶、罐等日常生活用品。

（三）食品接触用陶瓷制品和搪瓷制品的安全性及控制

1. 重金属迁移

研究表明，陶瓷和搪瓷制品主要安全问题是在坯体上的釉彩，釉料特别是各种彩釉中往往含有有毒的重金属元素，如铅、锌、镉、锑、钡、钛、铜、铬、镉、钴等多种金属氧化物及其盐类组成，其中铅和镉是陶瓷和搪瓷釉料的主要成分，且为世界各国陶瓷和搪瓷制品的限量重金属元素。当陶瓷容器或搪瓷容器盛装酸性食品（醋、果汁）和酒时，上述有害物质容易溶出而迁移入食品，从而危害消费者健康。

2. 其他危害

搪瓷产品使用过程中的空烧、骤冷、磕碰等会引起产品裂面、崩瓷、脱瓷等问题。上述情况一方面会造成釉面脱落露出金属基体后污染盛装的食品，另一方面是在温差急剧变化时，瓷面缺陷可能会导致搪瓷碎片崩裂飞溅并灼伤使用者。

我国对食品接触用陶瓷制品和搪瓷制品的检测分别依据《食品安全国家标准　陶瓷制品》（GB 4806.4—2016）和《食品安全国家标准　搪瓷制品》（GB 4806.3—2016），在标准中均对铅和镉元素的溶出量进行限制。

第三节　食品接触用涂料及涂层和印刷油墨对食品安全的影响

一、食品接触用涂料及涂层

食品接触用涂料及涂层是指涂覆在食品接触材料及制品与食品直接接触面上的涂料及其形成的涂层（膜）。为了防止食品对包装材料和容器内壁的腐蚀，以及包装材料和食品容器中的有害物质向食品中的迁移，常常在包装材料和食品容器的内壁涂上一层耐酸碱、抗腐蚀的薄膜，如食品罐头内涂、不粘锅的特富龙涂层等。食品接触用涂料和涂层主要用于避免食品与金属的直接接触、防止金属罐被食品原料所腐蚀、避免金属离子溶出、延长产品货架期等。另外，根据有些食品加工工艺的特殊要求，也需要在加工机械上涂有特殊材料。

（一）食品接触用涂料的种类

根据规定，我国允许使用在食品和农产品包装桶内壁上的食品级涂料主要有聚酰胺涂料、过氯乙烯涂料和有机氟涂料等，如环氧酚醛涂料、环氧氨基涂料、水基改性环氧树脂涂料、食品罐头内壁脱膜涂料、聚氯乙烯有机溶胶涂料等。根据《食品安全国家标准　食品接触用涂料及涂层》（GB 4806.10—2016），食品接触涂料及涂层中允许使用醋酸纤维素、过氯乙烯聚合物、环氧聚酰胺树脂等105种基础树脂。

（二）食品接触用涂料的安全性及控制

在有效防止内容物与金属直接接触的同时，涂料中所含有的一些化学污染物也会在加工和储藏过程中逐渐迁移溶出到食品内容物中，对食品造成污染并危害人体健康。环氧树脂（环氧酚醛树脂、环氧氨基涂料、环氧聚酰胺树脂和环氧酯涂料等）常作为马口铁金属罐及铝盒涂层的主要涂料，其中的双酚A及其衍生物等能够逐渐迁移到食品中，能够干扰机体的内分泌系统，危害人类健康。环氧酚醛树脂也可能也含有游离苯酚和甲醛等未聚合的单体和低分子化合物。游离苯酚会抑制中枢神经系统和损害肝肾功能，甲醛已被世界卫生组织确定为致癌和致畸形物质。针对原有食品接触用涂料标准存在的适用范围较窄，标准重复交叉，存在指标不一致的情况，我国于2016年颁布了《食品安全国家标准　食品接触用涂料和涂层》（GB 4806.10—2016），解决了整个标准体系协调一致的问题。

二、印刷油墨

印刷油墨是食品接触材料及制品的重要组成部分，在现代食品工业中广泛应用于食品包装。尽管油墨未与食品直接接触，但在食品包装与储存过程中，受温度、压力等外界环境条件的影响，本身的有害物质可能通过迁移、黏粘或脱落等方式转移到食品和环境中，造成食品污染。此外，污染物还可通过气相传质，和包材的印刷面与非印刷面接触进入内装食品。长期食用被印刷油墨污染的食品，将严重危害消费者的身体健康。

（一）印刷油墨的种类

油墨是由有色体（如颜料、染料等）、连接料和助剂（填料、附加剂）三大成分组成的均匀混合物；能进行印刷，并在被印刷体上干燥；是有颜色、具有一定流动度的浆状胶粘体。颜料可分为无机颜料和有机颜料两大类；前者常用的有铅铬黄、铁蓝、钛白、炭黑及金粉、白银粉等，多数是金属的化合物；后者则主要指人工合成的有机颜料，常用的有偶氮颜料、酞菁颜料（属于颜料性染料）以及色淀性耐晒颜料（属于沉淀性颜料）。连接料是油墨的液体成分，其作用是把有色体粘接在承印材料上。连接料由少量的天然树脂（沥青或松香）或合成树脂（酚醛、聚酰胺等）溶于干性油（亚麻仁油、桐油等）或溶剂中而制得；常用的溶剂包括芳香族烃类溶剂（苯、甲苯、二甲苯等）、脂肪族烃类溶剂（汽油、煤油等）、酯类溶剂、醇类溶剂等；助剂包括碳酸钙等填料和干燥剂、稀释剂、去粘剂、抗氧化剂等。

（二）印刷油墨的安全性及控制

油墨中有色颜料中含有的重金属（铅、镉、汞、铬等）、残留溶剂、有机挥发物以及多环芳烃等大量有毒有害化学物质，由于包装材料存在一定的透湿性、透氧性及油墨的化学迁移性，因此可能会发生包装袋上的印刷油墨中有毒有害成分向食品内部迁移的现象，对食品内容物造成污染并危害人体健康。

1. 重金属

印刷油墨中所使用的颜料、染料中所含有的重金属，主要包括汞、铅、砷、铬、镉、锑、钡等。重金属的溶出及迁移会对食用者的身体健康造成危害。

2. 溶剂残留

虽然我国已开始大力提倡使用醇溶性印刷油墨和水性印刷油墨，但因目前尚不能很好地解决成本、印刷工艺、印刷速度及印刷质量等问题，溶剂型印刷油墨仍然是我国食品包装的主流产品。溶剂型印刷油墨通常含有二氯乙烷、四氯乙烷、苯、甲苯、二甲苯、甲醇、丁酮、乙酸乙酯、正丙酯、正丁酯等有害溶剂。其中，苯类溶剂对人的危害最大，易引起癌症、血液系统疾病（如溶血性贫血、再生障碍性贫血和白血病）等。

3. 助剂残留

为提高附着牢度，通常还会在油墨中添加硅氧烷类物质等助剂，此类物质在一定的干燥温度下，基团因发生键的断裂而生成甲醇等物质，从而对人的神经系统产生危害。光引发剂是 UV 油墨的重要组成成分，广泛应用于食品纸质和塑料等包装材料，主要包括二苯甲酮、4-甲基二苯甲酮、异丙基硫杂蒽酮、Irgacure 184、Irgacure 907 等。近年来的研究发现，油墨中残留的光引发剂在一定的条件下可以通过化学迁移或者物理接触污染包装内的食品，从而对人体健康造成潜在危害。

目前，我国仅靠《食品安全国家标准　食品接触材料及制品用添加剂使用标准》（GB 9685—2016）对油墨中的添加剂类物质进行管理，并未建立油墨专有安全标准。GB 9685—2016 中并未明确其所规范的油墨是否可与食品直接接触。且其中列出的油墨添加剂物质名单一方面出于管理的需要而包含部分原料物质；另一方面数量较少，远远不能满足我国油墨行业的发展。因此，我国急需对 GB 9685—2016 管理的油墨种类予以明确，并建立食品接触材料及制品用油墨安全标准，进一步完善油墨安全性管理。

【本章小节】

（1）食品接触材料及制品是指在正常使用条件下，各种已经或预期可能与食品或食品添加剂接触，或其成分可能转移到食品中的材料和制品。

（2）食品接触材料的迁移是指食品接触材料中的化学物质通过接触材料进入食品的过程。食品接触材料中化学物质的迁移是一个遵循动力学和热力学的扩散过程。

（3）食品接触用纸和纸板材料、金属材料及制品、玻璃制品、橡胶材料及制品、陶瓷制品和搪瓷制品等，因其材质不同，存在不同的安全性问题及不同的控制措施。

（4）食品接触用涂料及涂层和印刷油墨是食品接触材料及制品的重要组成部分，其迁移溶出可对食品造成污染并危害人体健康。

【思考题】

（1）简述食品接触材料的定义及作用。
（2）简述食品接触用纸和纸板材料的安全性问题。
（3）简述食品接触用塑料材料及制品的分类及安全性问题。
（4）简述金属类食品接触材料对食品安全的影响。
（5）简述食品接触用玻璃制品的食品安全问题。
（6）简述食品接触用橡胶材料的食品安全问题。
（7）食品接触用涂料及涂层有哪些食品安全问题。

参考文献

［1］寇筱雪，黄华军，蔡汶静，等. 食品接触材料检测技术新进展［J］. 分析测试学报，2022，41（3）：409-417.

［2］李金凤，邵晨杰. 食品接触纸质包装材料中有害物质的迁移及潜在危害的研究进展［J］. 食品安全质量检测学报，2020，11（4）：1040-1047

［3］唐文靖. 食品接触塑料中化学成分迁移探讨［J］. 现代食品，2018（11）：69-71.

［4］金艳. 基于 RASFF 通报分析我国食品接触用金属材料及制品安全［J］. 食品界，2018（8）：26-27.

［5］李伟伟，廖文彬. 食品接触用陶瓷制品检测标准与实际应用案例［J］. 质量与认证，2021（S1）：115-117.

［6］蒲波. 食品接触用搪瓷制品工艺中重金属溶出的分析及对策［J］. 广州化工，2022，50（5）：154-155，162.

［7］朱丽萍，何渊井，卢明，等. 我国食品金属包装涂料食品安全国家标准的特点［J］. 食品科学技术学报，2014，32（6）：16-18，35.

思政小课堂

第十章　加工食品的安全性

受原材料、加工工艺等的影响，加工食品可能存在不安全因素。了解不安全因素的特性及产生机理，对改善加工工艺、提高食品的安全性具有重要意义。本章主要介绍了油炸食品、调味品、肉制品、乳制品等加工食品的安全问题及预防控制措施。

本章课件

【学习目标】

（1）掌握油脂及油炸食品、肉制品、蜂蜜等存在的安全问题及预防措施。
（2）了解乳制品、调味品、水产品等食品的不安全因素及防控措施。

第一节　油脂和油炸食品的安全问题

食用油脂根据其来源，可分为植物性油脂、动物性油脂和微生物油脂。油脂是人体能量的重要来源之一，可给人体提供必需的脂肪酸。在食品加工、烹饪过程中，合理使用油脂不但可丰富食品种类，提升食物营养，还有助于改善食品的质构和风味。油脂和油炸食品的安全性主要涉及两个方面：食用油本身可能含有有害物质（如菜籽油和棉籽油含有芥酸和棉酚）；食用油食用或储藏不当可能产生有害物质。

一、油脂酸败对健康的影响

（一）油脂酸败概述

油脂由于含有杂质或在不适宜条件下久藏而发生一系列化学变化和感官性状劣化，称为油脂酸败，其通常可分为水解酸败和氧化酸败2种类型。水解酸败主要是指甘油三酯在高温、酶或酸碱条件下水解成脂肪酸、甘油，并伴随产生单酰甘油酯和二酰甘油酯的过程。油脂中不饱和脂肪酸与氧气接触，双键被氧化形成不稳定的氢过氧化物，并进一步氧化、断裂产生一系列小分子物质并形成"哈喇味"，称为氧化酸败。氧化酸败的方式主要包括自动氧化、酶促氧化和光氧化3种类型，自动氧化是最重要也是最基本的油脂氧化反应类型。

（二）油脂酸败的危害
1. 感官性状变劣，产生不愉快气味

牛奶含有丁酸、己酸等物质，其水解后所产生的气味和滋味使牛奶在感官上让人难以接受；干酪中的油脂水解酸败后产生肥皂样和刺鼻气味等。这些感官性状的改变将影响油脂的食用价值，危害人体健康。

2. 破坏食品中的营养成分，降低食品营养价值

油脂氧化过程中形成高活性的自由基，这些自由基能破坏维生素，特别是脂溶性维生素如维生素 A、维生素 D、维生素 E，导致维生素缺乏。氧化酸败产物也可作用于蛋白质、赖氨酸及含硫氨基酸，降低食品营养价值。

3. 产生有毒有害物质，危害人体健康

油脂氧化的中间产物过氧化物，在发生分解的同时也可能聚合生成有害的大分子二聚物、多聚物。其被消化道吸收后，可迁移至肝脏及其他器官，影响人体健康。酸败的油脂中引起食物中毒的成分复杂，因油脂种类、加热方式、酸败过程、食品中其他成分的影响而存在差异。如长期摄入酸败油脂，过氧化脂类物质通过对人体组织细胞和酶的作用，而诱发癌症、动脉粥样硬化、细胞衰老等。

（三）油脂酸败的防控措施

延缓油脂酸败的主要措施包括：①完善生产工艺，提高油脂纯度。②防止微生物污染。③控制水分含量。④低温、避光保存。⑤防止金属污染。⑥加入抗氧化剂。⑦油脂微囊化、粉末化，使油脂因壁材的包被作用而与空气和水分隔绝，从而防止油脂的氧化酸败。

读懂预包装
食用植物油标签

二、反式脂肪酸对健康的影响

油脂中含有多种脂肪酸。脂肪酸分为饱和脂肪酸和不饱和脂肪酸，其中不饱和脂肪酸是指脂肪酸链上至少含有一个碳碳双键的脂肪酸。如果与双键上 2 个碳原子结合的 2 个氢原子在碳链的同侧，空间构象呈弯曲状，称为顺式不饱和脂肪酸，这也是自然界绝大多数不饱和脂肪酸的存在形式。反之，如果与双键上 2 个碳原子结合的 2 个氢原子分别在碳链的两侧，空间构象呈线性，称为反式不饱和脂肪酸（图 10-1）。

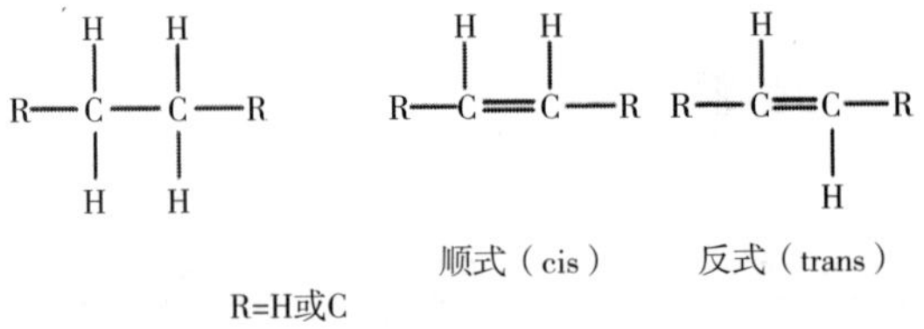

$$R-\overset{\overset{H}{|}}{\underset{\underset{H}{|}}{C}}-\overset{\overset{H}{|}}{\underset{\underset{H}{|}}{C}}-R \qquad R-\overset{\overset{H}{|}}{C}=\overset{\overset{H}{|}}{C}-R \qquad R-\overset{\overset{H}{|}}{C}=\overset{\overset{|}{C}}{\underset{\underset{H}{|}}{C}}-R$$

顺式（cis）　　反式（trans）

R=H或C

图 10-1　饱和脂肪酸（左）、顺式脂肪酸（中）和反式脂肪酸（右）的结构

顺式脂肪酸在室温下呈液态、油状，熔点较低；反式脂肪酸性质接近饱和脂肪酸，在室温下呈固态，多为固态或半固态，熔点较高。

（一）反式脂肪酸的来源

1. 反刍动物的脂肪组织、乳与乳制品

牛、羊等反刍动物肠腔中存在丁酸弧菌等微生物，可催化饲料中的不饱和脂肪酸发生酶促生物氢化作用，形成反式脂肪酸，其存在于机体组织或分泌入乳中。反刍动物体脂中反式脂肪酸占总脂肪酸的 4%~11%，牛奶和羊奶中反式脂肪酸占总脂肪酸的 3%~5%。

2. 油脂氢化加工

为满足食品生产用油脂的质量要求，将植物油脂（或动物油）进行部分氢化加工，以改

善油脂的物理性质（熔点、质地、加工性）和化学性质。油脂在氢化过程中可能会产生反式脂肪酸。传统的油脂氢化加工是在催化剂镍的作用下，将氢气直接加成到脂肪酸不饱和位点处，对植物油脂或动物油脂进行部分氢化。氢化过程中，油脂中不饱和双键转变为单键，同时部分油脂会发生异构化，产生反式脂肪酸。氢化后的油脂呈固态或半固态。人造奶油中反式脂肪酸含量为 7.1%～17.7%，最高可达 31.9%；起酥油中反式脂肪酸含量为 7.3%～38.4%。市售的人造黄油、起酥油、煎炸油等氢化油脂所制成的食品（如糕点、冰淇淋、炸鸡、薯条），虽以独特的风味受人喜爱，但却含有一定数量的反式脂肪酸。

3. 油脂精炼的脱臭工艺

大豆油、菜籽油等天然植物油脂通常由顺式不饱和脂肪酸构成，不含反式脂肪酸。但油脂在进行精炼脱臭时，不饱和脂肪酸会暴露在空气中，油脂中的二烯酸酯、三烯酸酯发生热聚合反应，更易发生异构化，生成反式脂肪酸。研究表明，高温脱臭后的油脂中反式脂肪酸含量增加了 1%～4%。

4. 不当的烹调习惯

许多消费者烹调时习惯将油加热到冒烟，导致反式脂肪酸的产生。一些反复煎炸食物的用油，其油温远远高出油发烟的温度，油中所含的反式脂肪酸也越积越多。

2009 年 1 月，原国家粮食局科学研究院调查了我国 204 个有代表性的烹调用大宗植物油中反式脂肪酸含量，结果发现，80% 以上油品中反式脂肪酸含量低于 2%，几乎全部油品中反式脂肪酸含量低于 5%。以上结果表明，我国烹调用油中反式脂肪酸含量总体上较低；只要每人每天食用油摄入量合适，就不会出现由于食用烹调油而超量摄入反式脂肪酸的情况，消费者可放心选择符合国家标准要求的食用烹调油产品。

（二）反式脂肪酸的健康危害

研究表明，食品中的反式脂肪酸对人体的危害大于饱和脂肪酸，摄入含有反式脂肪酸的食品对人类健康造成极大危害。

1. 促进动脉硬化和血栓形成

通过肝脏代谢，反式脂肪酸可引起血浆中总胆固醇、甘油三酯和血浆脂蛋白的升高，是动脉硬化、冠心病和血栓形成的重要危险因素。反式脂肪酸在一定程度上降低了细胞膜的通透性，使一些营养组分和信号分子难以通过细胞膜，降低细胞膜对胆固醇的利用，造成血液中胆固醇含量升高，不但加速心脏动脉和大脑动脉的硬化，还会造成大脑功能的衰退。研究发现，每增加 2% 总能量的反式脂肪酸，低密度脂蛋白-胆固醇与高密度脂蛋白-胆固醇的比值增加 0.1，患缺血性心脏病的风险增加 25%。

2. 增加患糖尿病的危险

反式脂肪酸会导致血糖不平衡，减少靶细胞对胰岛素的灵敏性，引发糖尿病。但并非所有的反式脂肪酸都有害。研究表明，具有反式结构的共轭亚油酸对人体有潜在的益处。对糖尿病患者，饱和脂肪酸摄入量不应超过饮食总能量的 7%，单不饱和脂肪最适宜食用，应尽量减少摄入反式脂肪酸。

3. 抑制正常生长发育

反式脂肪酸能经胎盘转运给胎儿；母亲摄入的反式脂肪酸可通过乳汁进入婴幼儿体内，对其生长发育产生不良影响。反式脂肪酸能干扰必需脂肪酸的代谢，提高机体对必需脂肪酸的需要量。胎儿和新生儿由于生长发育迅速，体内多不饱和脂肪酸储备有限，与成年人相比更易患必需脂肪酸缺乏症，干扰必需脂肪酸的代谢，影响其生长发育。反式脂肪酸能结合机体组织脂质中，特别是结合脑中脂质，抑制长链多不饱和脂肪酸合成，对中枢神经系统的发育产生不利影响。反式脂肪酸还会减少男性激素分泌，影响生殖。

4. 诱发阿尔茨海默病

阿尔茨海默病是一种神经系统退行性疾病。研究表明，摄入富含反式脂肪酸的食品会增加阿尔茨海默病等疾病的患病风险。研究证实，反式脂肪酸可导致脑内 β-淀粉样蛋白含量升高，引起脑神经细胞发生氧化损伤和内质网应激-线粒体损伤，促进炎症反应的发生，诱导内皮细胞功能紊乱、抑制 Na^+-K^+-ATP 酶活性、降低二十二碳六烯酸含量，减弱其对认知记忆的保护作用。

5. 导致必需脂肪酸缺乏

反式脂肪酸能干扰必需脂肪酸的代谢，抑制必需脂肪酸的功能。反式脂肪酸影响 n-6 脱饱和酶的功能，抑制亚油酸转变为花生四烯酸，甚至对类花生酸的生成有强烈的干涉作用；通过对脱氢酶的竞争性抑制能干扰顺式 γ-亚麻酸和 σ-亚麻酸在肝中的代谢，阻碍膳食中 n-3 脂肪酸向组织脂肪酸的转化，引起必需脂肪酸缺乏症。

（三）反式脂肪酸的防控措施

控制食品中反式脂肪酸的措施包括：①改进油脂氢化加工条件。②改善食用油脂的习惯。③利用新技术（如酶法酯交换技术、基因改良技术）生产零反式脂肪酸油脂。④对食品中反式脂肪酸进行法律规范和监督等。

三、芥子苷对健康的影响

1. 芥子苷概述

芥子苷又称硫代葡萄糖苷，存在于甘蓝、萝卜、油菜、卷心菜等十字花科植物和蔬菜中。菜籽中芥子苷含量为 5%~8%，预榨-浸出后，饼粕中芥子苷含量一般为 3%~8%（图10-2）。

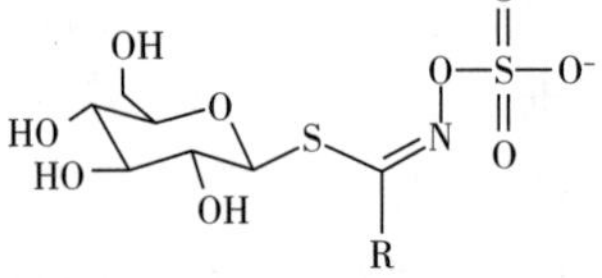

图 10-2　芥子苷基本结构

芥子苷中取代基团 R 为烃基，根据烃基的不同，可将芥子苷分为脂肪族硫苷、芳香族硫苷和杂环芳香族硫苷。芥子苷主要以钾盐形式存在于油菜籽及其饼粕中。正常情况下，芥子苷比较稳定；但在酸性溶液中，能变成羧酸；在碱性溶液中，能转变成氨基酸和其他产物；在高温条件下，可发生热分解。

2. 芥子苷的健康危害

芥子苷最主要的分解方式是酶促水解反应。菜籽皮壳中存在芥子酶，菜籽饼粕中存在水解酶。在芥子酶、水解酶或酸、碱和高热蒸汽处理下，芥子苷发生水解反应，产生异硫氰酸酯、噁唑烷硫酮、硫氰酸酯和腈类物质。芥子苷本身无毒，但在降解过程中产生的上述产物具有较强毒性，如进入人体或动物体内，会引起甲状腺肿大及功能改变。

（1）噁唑烷硫酮　噁唑烷硫酮（isothiocyanate）是抗营养因子之一，可引起人体甲状腺肿大。其机理为：通过抑制甲状腺过氧化酶的作用影响碘的有机化，阻碍三碘甲状腺原氨酸（T3）和四碘甲状腺原氨酸（T4）的合成，引起甲状腺肿大和碘的吸收率下降，严重影响其生长发育。据报道，一次口服 25mg 噁唑烷硫酮可降低人体对碘的吸收。欧洲一些山区的奶牛以甘蓝属蔬菜为饲料，牛奶中含有高达 100pg/L 的噁唑烷硫酮，这些地区居民甲状腺肿大较普遍。

（2）异硫氰酸酯　异硫氰酸酯（oxazolidinethione）具有辛辣、苦涩气味，可与机体内的氨基化合物形成硫脲类衍生物，导致甲状腺肿大，其作用机理为：与碘争相进入甲状腺，相应减少甲状腺对碘的吸收，引起甲状腺肿大。异硫氰酸酯在体内还可转化为 SCN^-。

（3）硫氰酸酯（SCN^-）　甲状腺通过碘泵主动摄取血浆中的碘。SCN^- 可与 I^- 竞争碘泵，从而抑制甲状腺对碘的吸收和摄取游离碘。碘缺乏又会增强硫氰酸盐对甲状腺肿大的作用，造成甲状腺肿大。

（4）腈类（RCN）　属于有机氰化物，在体内可代谢为 CN^-，毒性约是噁唑烷硫酮的 8 倍。在硫氰酸盐酶的作用下，CN^- 转化为 SCN^-，产生抗甲状腺的作用。人食用这类抑制甲状腺素合成的物质后，甲状腺素的分泌仍可继续进行。当组织中的碘源耗尽时，甲状腺素的分泌会因缺乏再合成物质而减慢，造成体内促甲状腺激素释放激素的分泌水平增高，刺激垂体合成和释放促甲状腺激素，造成甲状腺增生肿大。

3. 防控措施

采用热处理破坏菜籽饼中芥子酶的活性；采用微生物发酵法除去有毒物质；选育不含或仅含微量芥子苷的油菜品种。

四、油炸食品的安全问题

油炸食品的用油一般采用棕榈油含有反式脂肪酸，存在的安全问题可参考本章反式脂肪酸对健康的影响；油炸食品常用膨松剂、着色剂等食品添加剂来改善油炸食品的色、香、味，其安全性可参阅第八章的相关内容。油炸加工过程中温度相对较高，可使食品中的相关成分发生变化，产生如多环芳烃化合物、杂环胺类化合物、丙烯酰胺等有毒有害物质，这些物质对健康的影响可参阅第七章有害有机物与食品安全的相关内容。

第二节　调味品的安全问题

调味品是指能调节食品色、香、味等感官性状的食品，主要包括酱油、醋、食盐、味精等。

一、酱油的安全问题

（一）酱油概述

依据《食品安全国家标准　酱油》（GB 2717—2018），酱油是以大豆和/或脱脂大豆、小麦和/或小麦粉和/或麦麸为主要原料，经微生物发酵制成的具有特殊色、香、味的液体调味品。酱油生产应具有完整的发酵酿造工艺，不得使用酸水解植物蛋白调味液等原料配制生产酱油。近年来，在酱油加工中掺杂掺假、以假充真及使用非食品原料、发霉变质原料等违法行为屡禁不止，引起全社会的关注。

（二）酱油安全性

1. 霉菌污染问题

酱油一般以富含蛋白质的豆类和富含淀粉的谷类及其产品为主要原料。如果这些原料的存储条件不当，易污染黄曲霉、寄生曲霉等霉菌，在适宜条件下，生长繁殖并产生黄曲霉毒素等真菌毒素，对人体健康造成严重危害，详细内容参见第三章真菌及真菌毒素的内容。

2. 原料的转基因问题

大豆是酱油生产的主要原料，我国尚未种植转基因大豆。但从国外进口的大豆及豆粕属于转基因的可能性很大，详细内容参见第十一章转基因食品安全的相关内容。

由于转基因食品安全性尚无国际标准进行衡量，因此，酱油生产使用转基因大豆为原料的，应当标注"转基因大豆加工品"或"加工原料为转基因大豆"字样。

3. 防腐剂的添加问题

酱油是一种低酸性食品，pH 在 4.7~4.9，水分活性在 0.78~0.85。为防止被微生物污染，通常在灭菌后的酱油产品中添加一定量的防腐剂。目前，酱油产品一般使用苯甲酸及其钠盐、山梨酸及其钾盐作为防腐剂。关于防腐剂对食品安全的影响，详见第八章食品添加剂与食品安全的相关内容。

4. 铵盐的问题

酱油中的铵盐来源于以下 3 个方面。

（1）发酵过程中由于细菌污染使蛋白质异常发酵，即腐败，生成的氨基酸会继续降解并生成胺类或同时进行脱氨基和脱羧基反应，释放出游离的 NH_3 和 CO_2，导致酱油中游离氨及铵盐增加，产生异臭味。

（2）酱油中添加的着色剂焦糖。如果焦糖在生产过程中违法添加铵盐作为反应底物的催化剂，则不可避免会增加酱油中铵盐的含量。

（3）一些不法生产者为了提高酱油中氨基酸态氮和全氮的含量，非法添加低成本的铵盐。体内过高的铵盐在一定条件下可影响人体尤其是儿童的肝、肾功能，增加患肿瘤的危险，并可诱发心脏病。《食品安全国家标准　酱油》（GB 2717—2018）规定，铵盐的含量不得超过氨基酸态氮含量的 30%。

5. 氯丙醇

酱油中 3-氯-1，2-丙二醇（3-MCPD）的问题见第七章氯丙醇和氯丙醇酯对食品安全的影响相关内容。

（三）防控措施

建立并实施调味品安全标准体系；有效控制原辅材料使用安全；控制生产过程；严格使用包装材料。

二、食醋的安全问题

（一）食醋概述

1. 食醋概念

依据《食品安全国家标准　食醋》（GB 2719—2018），食醋指单独或混合使用各种含有淀粉、糖的物料、食用酒精，经微生物发酵酿制而成的液体酸性调味品。食醋生产应当具有完整的发酵酿造工艺，不得使用冰乙酸等原料配制生产食醋。

2. 食醋分类

食醋按照原料及加工工艺的不同，可分为米醋、陈醋、熏醋、水果醋等。米醋是以谷物如大米、谷糠等为原料经蒸煮冷却后，接种曲菌，再经淀粉糖化、酒精发酵后，利用醋酸杆菌进行有氧发酵，形成醋酸。普通米醋陈酿一年为陈醋。熏醋是在做成的醋中放入多种调味香料分次熏制，调香勾兑而成；比一般的醋味道浓厚。水果醋是用水果类物质通过微生物发酵酿造而成的食醋，具有独特的营养和风味。

（二）食醋的安全性及防控措施

耐酸微生物易在食醋中生长繁殖，形成霉膜或出现醋虱、醋鳗和醋蝇，影响产品质量。为抑制耐酸菌在食醋中生长，允许在食醋中添加一定量的防腐剂。合理添加防腐剂，以免对健康带来不利影响；如在正发酵或已发酵的醋中发现醋鳗或醋虱，可将醋加热至72℃并维持数分钟，过滤去除沉淀物。

为防止生产食醋的种曲发生霉变，应将其贮存于通风、干燥、低温、清洁的专用房间，对发酵菌种进行定期筛选、纯化及鉴定，防止它们在生产食醋的过程中产生黄曲霉毒素。

食醋具有一定腐蚀性，因此，不应用金属容器或不耐酸的塑料包装储藏食醋，以免将包装材料中的铅、砷等有害元素溶入醋中，影响食用者的身体健康。

三、酱的安全问题

（一）酱概述

酱按其制造方法分为天然发酵酱和人工发酵酱两类，按其原料分为黄豆酱、蚕豆酱、甜面酱和虾酱等。

（二）酱的安全性

如果原辅料污染大量的微生物，可导致其霉烂变质，引起致病菌和霉菌毒素（如黄曲霉毒素）的污染，将对消费者的健康造成极大的危害。生产环境不好，生产人员不按规范操作等，生产工艺设计不合理，都易造成微生物的大量繁殖。原料中的农药残留、有害元素污染及霉菌毒素及生产设备中的清洗消毒剂残留等均会引起化学性污染而影响消费者健康。如果原料中的泥沙、石子等混入产品中，也可能对消费者的健康产生危害。

调味品生产许可证
审查细则

（三）防控措施

改进发酵工艺；完善产品质量管理体系；生产过程的标准化、规范化。

四、盐及代盐制品的安全问题

（一）食盐概述

食盐的主要成分是氯化钠。食盐按照来源分为海盐、湖盐和地下矿物盐；按生产工艺，可分为精制盐、粉碎洗涤盐和日晒盐。

（二）食盐的安全性

食盐的安全问题主要是食盐中的杂质。

1. 矿盐和井盐

矿盐和井盐中硫酸钠含量通常较高，使盐有苦涩味，并在肠道内影响食物的吸收，通常采用冷冻法或加热法除去硫酸钙和硫酸钠。矿盐和井盐中还可能含有对健康有害的钡盐，长期少量食入可引起慢性中毒，表现为全身麻木刺痛、四肢乏力，严重时出现弛缓性瘫痪。

2. 精制盐中的抗结剂

食盐常因水分含量较高或遇潮而结块。目前食盐的抗结剂主要是亚铁氰化钾、硅铝酸钠、磷酸三钙、二氧化硅、微晶纤维素等，以亚铁氰化钾效果最好。合理使用抗结剂不会对人体健康造成危害。亚铁氰化钾属低毒类物质，大鼠经口 LD_{50} 为 1600~3200mg/kg。

（三）防控措施

企业应引进先进的生产管理理念和管理技术，构建食盐质量监控体系，提升食用盐监管水平；加大科研投入，充分了解食用盐中危险因素种类和存在规律，修订食用盐国家标准，提高食用盐的食品安全门槛。

第三节　肉制品的安全问题

我国是肉类生产和消费大国。随着我国经济的发展和人民生活水平的提高，肉制品安全问题受到广泛关注。

一、肉制品概述

肉制品是指以畜禽肉为主要原料，经调味制作的熟肉制成品或半成品，如香肠、火腿、酱卤肉、烧烤肉、肉脯、腌腊肉等。以重庆市为例，重庆市 2020 年共抽检肉制品 2955 批次，其中不合格样品 116 批次，总体不合格率为 3.93%，合格率为 96.07%。熟肉制品的合格率为 95.59%，预制肉制品合格率为 100%。熟肉制品不合格的主要原因是菌落总数和亚硝酸盐超标。

二、肉制品的安全性

影响肉制品安全性的因素贯穿于肉制品生产的全过程，主要有以下 4 个方面。

（一）污染寄生虫和微生物

寄生虫的幼虫通过带病的新鲜猪肉、牛肉等侵染人体。微生物超标是肉制品的主要问题。屠宰后的动物，失去先天的防御机能，微生物极易侵入组织并迅速繁殖；因含有丰富的蛋白质，动物性食品在加工过程中极易被微生物所污染。参与肉类腐败变质的主要是腐生微生物和病原微生物。腐生微生物包括细菌、酵母菌和霉菌，具有较强的分解蛋白质的能力。病畜、禽肉可能携带有各种致病菌，如沙门氏菌、金黄色葡萄球菌、炭疽杆菌和布氏杆菌等，在适宜的条件下可引起食物中毒。食源性致病菌引起的食物中毒详见第三章相关内容。

（二）食品添加剂的滥用

目前，肉制品中常用的添加剂有水分保持剂、护色剂、增稠剂、食用色素及香精等。正确使用食品添加剂不仅能改善肉制品的色、香、味、形，而且能够提高食品质量和降低产品成本。但是，过量使用食品添加剂将危害人体健康。国家市场监管总局公布的2018—2020年的肉制品检测数据显示，肉制品涉及防腐剂的超量使用（包括山梨酸及其钾盐、亚硝酸盐、脱氢乙酸及其钠盐等）和非法添加物（瘦肉精、胭脂红、一氧化碳及工业明胶等）等问题。

（三）新生动物疫病

随着养殖业高度集约化，动物疫病不断出现，严重制约了养殖业的发展，并危害到肉及肉制品的安全和人类健康。常见的动物疫病有疯牛病、禽流感、非洲猪瘟、猪流感等。

（四）瘦肉精

瘦肉精是一类药物的统称，常见的有盐酸克仑特罗、沙丁胺醇、莱克多巴胺、硫酸沙丁胺醇、盐酸多巴胺、西马特罗和硫酸特布他林等。猪吃了含有"瘦肉精"的饲料后，能改变营养代谢途径，重新分配脂肪与肌肉的比例，抑制脂肪的合成和积累，瘦肉率可提高10%以上。我国禁止将"瘦肉精"作为饲料添加剂，但一些不法养猪户为使猪肉不长肥膘，在饲料中非法掺入"瘦肉精"。人摄取一定量的"瘦肉精"会中毒，严重将会危及生命。

三、防控措施

确保肉制品安全的措施有：加工肉制品的原材料质量合格，无病肉、死禽肉；加工过程规范化，包括加工环境、加工工艺和过程等规范；合理使用食品添加剂；依法做好动物防疫；加大政府监管力度。

第四节　乳制品的安全问题

一、乳制品概述

乳制品是以生鲜牛（羊）乳及其制品为主要原料，经加工制成的产品，包括液体乳类（杀菌乳、灭菌乳、酸牛乳、配方乳）、乳粉类（全脂乳粉、脱脂乳粉、调味乳粉、婴幼儿配方乳粉）、炼乳类、乳脂肪类（奶油）和干酪类等。近年来，乳制品的安全问题已引起全社会的广泛关注。

二、乳制品的安全性

乳制品存在的安全问题主要有以下4个方面。

（一）致病微生物

乳制品含有丰富的营养成分，极易污染微生物。患乳房炎的乳牛所产乳中，微生物含量很高，尤其是金黄色葡萄球菌；致病或条件致病微生物（如沙门氏菌、单核增生李斯特菌）可能在挤奶前、挤奶后通过感染牛的乳腺、储奶容器、操作者等途径污染乳，并在其中生长繁殖；微生物能产生大量蛋白酶，分解乳中的蛋白质，影响产品品质并引发食物中毒。

（二）抗生素

抗生素在保证动物身体健康和提高动物源食品产量上发挥了重要作用。但抗生素不规范使用导致其在动物体内残留超标。原料乳中残留的抗生素不仅影响乳制品加工（如严重干扰酸奶的生产，影响干酪、黄油的起酵和后期风味的形成），如果长期摄入含抗生素残留的乳制品，还将严重威胁身体健康，参见第五章第四节兽药残留与食品安全的相关内容。

（三）过敏原

乳中有30种以上的蛋白质与过敏有关，如β-乳清蛋白等。婴幼儿和老年人是易对乳及乳制品产生过敏的人群，婴幼儿中有2%~6%对牛乳过敏，成年人为0.1%~0.5%。新生婴幼儿，特别是0~6个月婴儿，其消化系统和免疫系统未完全发育，体内抗过敏的抗体很少，当过敏原（牛奶）进入机体后，机体无能力清除过敏原，致使其刺激机体组织器官释放大量的5-羟色胺、缓激肽等物质，引起血管性水肿、荨麻疹等过敏症状，严重的伴有哮喘，甚至休克。由于消化能力下降，老年人不易消化相对分子质量较大的蛋白质，所以更易对乳制品过敏。

牛奶中含有大量的乳糖，由乳糖酶参与才能消化。如果体内缺少乳糖酶，停留在胃肠道中的牛奶被细菌分解，产生大量二氧化碳，引起肠内气体增多，使肠蠕动加快而发生腹泻、腹胀等乳糖不耐症。

（四）乳及乳制品的掺假

在利益的驱使下，一些商贩在原料乳中掺入如米汤、面粉、淀粉、糊精、植脂末、蛋白粉等物质。掺假主要发生在以下3个环节中：奶农交奶之前掺入；奶站收购各奶农的原料乳，在储罐混合时掺入；从奶站到交付乳制品加工厂的途中掺入。

液态乳掺假除使用奶粉外（我国巴氏杀菌奶不允许使用奶粉），主要是掺入淀粉、乳清粉、植脂末或牛奶香精。

奶粉掺假除掺入淀粉、蛋白粉、乳清粉外，更严重的是添加劣质水解蛋白或非蛋白成分（如三聚氰胺）来提高蛋白质含量。劣质水解动物蛋白的生产原料主要是制革工厂的边角废料，而制革时采用的重铬酸钾（钠）会被带入水解动物蛋白产品中，最后进入人体，对身体健康造成危害。

三、防控措施

解决乳制品安全问题的措施包括：加强奶源基地建设，规范操作；建立乳制品可追溯系统；建立追责制，让乳制品安全有源可寻、有法可依；

乳制品质量安全
提升行动方案

加大对违法商家的处罚和打击力度，严厉打击不法商贩和无良商家；提高全民的乳制品安全知识水平和安全意识。

第五节　水产品的安全问题

一、水产品概述

水产品指海产和淡水产的经济动植物及其加工品，可分为水产冷冻食品、水产盐腌制品、水产干制品、水产烟熏制品、水产罐头食品及冷冻鱼糜和鱼糜制品等。国家市场监督管理总局 2018 年共抽检水产品样品 1248 批次，检出不合格样品 58 批次，总体合格率为 95.4%，其中鱼类合格率为 96.8%，虾类和贝类合格率分别为 93.8% 和 91.1%，蟹类合格率仅为 81.3%。淡水鱼和海水鱼不合格原因主要是恩诺沙星残留超标，贝类不合格原因主要是检出禁用兽药氯霉素，海水虾和海水蟹不合格原因主要是镉超标。

二、水产品安全性

水产品的安全问题，主要有以下 2 个方面。

（一）环境因素

水产品的生物危害主要为细菌、病毒、寄生虫，其中致病细菌是水产品中最常见的生物危害。夏季海产品中副溶血性弧菌的带菌率平均高达 90% 以上，易引起食物中毒。滤食性贝类在滤水的同时也易富集病毒，1988 年上海 30 万人甲肝病大流行，就是由于感染者食用了被甲肝病毒污染而又没充分加热的毛蚶引起的。我国寄生虫感染以淡水产品为主，进食处理不当的福寿螺可能感染广州管圆线虫等。

（二）人为因素

1. 水体污染

人们的生产生活会产生废水，城市污水和工业废水未经处理直接排放入河入海，引起水体污染；雨水将农作物化肥、农药及城市地面的污染物冲刷进入水体，导致水产品中有毒有害污染物超标；填海造地工程引发淤泥积聚污染海底环境。水产养殖过程中大量投喂人工饲料后残饵引起养殖水体富营养化也会造成水体污染。

2. 鱼药残留

鱼药的使用在一定程度上有效防止了水产动物疾病的发生。但近年来，由于养殖户片面追求低投入、高回报，在水产品养殖过程中不按规定使用药物，或使用违禁药物，造成药物残留超标。2001 年 9 月，欧盟因氯霉素残留问题自 2002 年 2 月 1 日起全面暂停从中国进口动物制品，导致 2002 年上半年我国水产品出口下降了 70% 以上。上海市曾公布多宝鱼鱼药残留抽检结果，30 件样品中全部被检出含硝基呋喃类代谢物，部分样品还被检出环丙沙星、氯霉素、红霉素等多种禁用鱼药残留，部分样品土霉素超过国家标准限量要求。

3. 食品添加剂超标

为延长保质期，增加口感或制作起来更方便，成本更低，水产品加工企业可能会添加防腐剂、增味剂、着色剂等，过量使用这些食品添加剂会对人体造成伤害。

4. 加工不当所带来的安全问题

烟熏、油炸、焙烤、腌制等技术，在改善食品的外观和质地，增加风味，延长保存期，提高食品的可利用度等方面发挥了重要作用。但这些加工技术如果使用不当，将产生一些有毒有害物质，如 N-亚硝基化合物、多环芳烃、杂环胺和丙烯酰胺等，对人体健康产生危害。

三、防控措施

加强水产品的安全、质量管理，从养殖源头、加工过程到产品的销售等环节建立符合我国国情的水产品安全控制模式；将 HACCP 体系全面应用于水产品的养殖、加工、销售流通的全过程，推动水产品行业健康、有序和快速发展。

第六节　酒的安全问题

一、酒概述

酒的主要成分是乙醇。基本生产原理是：原料中的糖类在酶的催化作用下，先发酵分解为寡糖和单糖，然后在一定温度下，发酵菌种作用转化为乙醇，此过程称为酿造，该过程在有氧和无氧的条件下都可进行。酒的分类方法如下。

1. 按制造方法分类

按制造方法可分为蒸馏酒（如茅台酒、五粮液等）、酿造酒（如黄酒、葡萄酒等）和配制酒 3 大类。

（1）蒸馏酒　是以粮谷、薯类、水果、乳类等为主要原料，经发酵、蒸馏、勾兑而成的饮料酒，主要有白酒、白兰地、威士忌、伏特加等。按糖化发酵剂可分为大曲酒、小曲酒、麸曲酒和混合曲酒；按生产工艺可分为固态法白酒、液态法白酒和固液法白酒；按香型又可分为浓香型、清香型、米香型、酱香型等。

（2）酿造酒　是以粮谷、水果、乳类等为主要原料，经发酵或部分发酵酿制而成的饮料酒。根据原料和加工工艺的不同，分为啤酒、葡萄酒、果酒和黄酒等。

（3）配制酒　是以发酵酒、蒸馏酒或食用酒精为酒基，加入可食用或药食两用的辅料或食品添加剂，进行调配、混合或再加工制成的、已改变了其原酒基风格的饮料酒。

2. 按商品类型分类

按商品类型分为白酒、黄酒、啤酒、果酒、药酒和洋酒等。

（1）白酒　白酒是以粮谷为主要原料，以大曲、小曲、麸曲、酶制剂及酵母等为糖化剂，经蒸煮、糖化、发酵、蒸馏、陈酿、勾调而成的蒸馏酒。

（2）黄酒　黄酒是以稻米、黍米、玉米、水等为主要原料，经加曲/或部分酶制剂、酵母等糖化发酵剂酿制而成的发酵酒。

（3）啤酒　啤酒是以麦芽、水为主要原料，加啤酒花（包括酒花制品）经酵母发酵酿制而成的、含有二氧化碳、气泡的，低度酒精的发酵酒。按灭菌（除菌）处理方式，可分为熟啤酒、生啤酒和鲜啤酒；按色度可分为淡色啤酒、浓色啤酒和黑色啤酒；另有特种啤酒（干啤酒、低醇啤酒、无醇啤酒等）。

（4）果酒　果酒是以除葡萄以外的新鲜水果或果汁为原料，经全部或部分发酵酿制而成的发酵酒。果酒通常按原料水果名称命名，以区别于葡萄酒。当使用两种或两种以上水果为原料时，可按用量比例最大的水果名称来命名。

二、酒的安全问题

酒类生产的环节多，每个环节都有可能产生或带入有毒物质，如甲醛、杂醇油、铅等，对消费者健康造成危害。

（一）蒸馏酒与配制酒

1. 乙醇

酒中均含有乙醇，乙醇进入人体后除产生热量外无其他营养价值。血液中乙醇的浓度一般在饮酒后 1~1.5h 最高，但因其清除速率较慢，过量饮酒后 24h 也能检测出。乙醇对人体健康的影响有多方面，血液中乙醇浓度较低时，对人体具有一定的兴奋作用；血液中乙醇浓度过高时可引起急性中毒，如血中乙醇的含量为 4.4~21.5mmol/L 时，会出现肌肉运动不协调、感觉功能受损以及情绪和行为改变等；血液中乙醇浓度继续升高，则出现恶心、呕吐、复视、共济失调、体温降低、发音困难等，严重的可使人进入浅麻醉状态；当血液中乙醇含量达到 87.0~152.2mmol/L 时，可出现昏迷、呼吸衰竭，甚至死亡。乙醇的慢性毒性主要是损害肝脏，经常过量饮酒可引起肝功能异常；长期过量饮酒与脂肪肝、酒精性肝炎及肝硬化等密切相关。乙醇对不同发育阶段的胚胎均有毒性作用，孕妇饮酒会增加出现胎儿宫内发育迟缓、中枢神经系统发育异常、智力低下等不良妊娠后果的风险。

2. 甲醇

酒中的甲醇主要来源于薯干、马铃薯等自制酒原辅料中的果胶。在原料蒸煮过程中，果胶半乳糖醛酸甲酯中的甲氧基分解生成甲醇。甲醇在体内代谢可生成毒性更强的甲醛和甲酸。甲醇主要侵害视神经，导致视网膜受损、视神经萎缩、视力减退和双目失明。长期少量摄入可导致慢性中毒，其特征性的临床表现为视野缩小，发生不可校正的视力减退。《食品安全国家标准　蒸馏酒及其配制酒》（GB 2757—2012）规定，以 100% 酒精含量计，粮谷类为原料的蒸馏酒或其配制酒中甲醇含量应≤0.6g/L，以薯干等代用品为原料的蒸馏酒或其配制酒中甲醇含量应≤2.0g/L。

3. 杂醇油

杂醇油是碳链长于乙醇的多种高级醇的统称，包括正丙醇、异丁醇、异戊醇等，以异戊醇为主。由原料和酵母中的蛋白质、氨基酸及糖类分解和代谢产生。高级醇的毒性和麻醉力与碳链的长短有关，碳链越长则毒性越强。杂醇油中以异丁醇和异戊醇的毒性为主；在体内氧化分解缓慢，可使中枢神经系统充血。饮用杂醇油含量高的酒常使饮用者头痛及出现醉酒。

4. 醛类

醛类包括甲醛、乙醛、糖醛和丁醛等，其毒性大于醇类。醛类中以甲醛的毒性为最大，可使蛋白质变性和酶失活，当浓度在 30mg/100mL 时即可产生黏膜刺激症状，出现灼烧感和呕吐等。在蒸馏过程中只要采用低温排醛，就可以去除大部分醛类。因此，《食品安全国家

标准　蒸馏酒及其配制酒》（GB 2757—2012）对醛类未作限量规定。

5. 氰化物

以木薯或果核为原料制酒时，原料中的氰苷经水解后产生氢氰酸。氢氰酸经胃肠吸收后，氰离子可与细胞色素氧化酶中的铁结合，导致组织缺氧，使机体陷于窒息状态；还能使呼吸中枢及血管运动中枢麻痹，导致死亡。由于氢氰酸分子质量低，具有挥发性，极易进入酒中。《食品安全国家标准　蒸馏酒及其配制酒》（GB 2757—2012）规定，蒸馏酒与配制酒中氰化物含量（以 HCN 计）应≤8.0mg/L［按100%（体积分数）酒精度折算］。

6. 重金属

酒中的铅主要源于蒸馏器、冷凝导管和储酒容器。蒸馏酒在发酵过程中可产生少量的丙酸、丁酸、酒石酸等有机酸，含有机酸的高温酒蒸汽可使蒸馏器和冷凝管壁中的铅溶出。总酸含量高的酒，铅含量往往也高。由于饮酒而引起的急性铅中毒比较少见，但长期饮用含铅高的白酒可引起慢性中毒。针对发生铁混浊的酒以及采用非粮食原料（薯干、薯渣、糖蜜、椰枣等）制酒时产生的不良气味，常使用高锰酸钾-活性炭进行脱臭除杂处理。若使用方法不当或不经过复蒸馏，可使酒中残留较高的锰，长期过量摄入有可能引起慢性中毒。

（二）发酵酒

1. 展青霉素

在果酒生产过程中，若原料没有认真筛选且没有剔出腐烂、生霉、变质、变味的果实，展青霉素就容易转移到成品酒中。《食品安全国家标准　食品中真菌毒素限量》（GB 2761—2017）规定，苹果酒和山楂酒中展青霉素的含量应≤50μg/L。

2. 二氧化硫

在果酒和葡萄酒生产过程中，加入适量的二氧化硫，不仅对酒的澄清、净化和发酵具有良好的作用，还可起到促进色素类物质的溶解以及杀菌、增酸、抗氧化和护色等作用。正常情况下，二氧化硫在发酵过程中会自动消失。但若使用量超过标准或发酵时间过短，就会造成二氧化硫残留。我国《食品安全国家标准　食品添加剂使用标准》（GB 2760—2014）规定，在生产葡萄酒和果酒过程中二氧化硫的最大使用量（以 SO_2 残留量计）应≤0.25g/L（甜型葡萄酒及果酒系列产品生产过程中二氧化硫的最大使用量应≤0.4gL）。

3. 微生物污染

发酵酒从原料到成品的整个生产过程中均可能污染微生物。我国《食品安全国家标准　发酵酒及其配制酒》（GB 2758—2012）规定，啤酒中不得检出沙门氏菌和金黄色葡萄球菌。

4. 其他

在啤酒生产中，甲醛可作为稳定剂用来消除沉淀物。《食品安全国家标准　发酵酒及其配制酒》（GB 2758—2012）规定，啤酒中甲醛的含量应≤2.0mg/L。《食品安全国家标准　食品中污染物限量》（GB 2762—2017）规定，黄酒中铅的含量应≤0.5mg/L，其他发酵酒中铅的含量应≤0.2mg/L。

三、酒的安全管理

制定饮料酒国家安全标准。我国已颁布了蒸馏酒、发酵酒及其配制酒生产卫生规范及相关的食品安全标准，为酒的监督管理及生产企业的自身管理提供充分依据；建立健全酒生产经营者食品安全信用档案，政府相关部门不定期进行监督、抽查；饮料酒生产过程规范化、标准化。

第七节　蜂产品的安全问题

一、蜂产品概述

蜂蜜是蜜蜂采集植物的花蜜、分泌物或蜜露，与自身分泌物混合后，经充分酿造而成的天然甜味物质，具有复杂的化学成分和重要的药理作用，被广泛应用于食品、药品等领域，也是消费者青睐的保健食品。蜂蜜主要成分是糖类和水，还含有多种氨基酸、维生素、矿物质、酶类和生物活性物质等。

二、蜂产品安全性

（一）掺伪造假

蜂蜜为全球最易掺伪造假的食品，掺伪造假蜂蜜以极低的价格严重扰乱了蜂蜜的市场，影响整个蜂产品行业的健康发展。蜂蜜掺伪造假具有规模化、技术含量高等特点，主要掺加白糖、甘蔗糖浆、玉米糖浆、大米糖浆、甜菜糖浆、木薯糖浆、小麦糖浆等。

蜂蜜掺伪造假手段主要有 3 种方式：①直接使用糖浆类物质造假。直接使用玉米糖浆、大米糖浆、甜菜糖浆等、香精、色素等勾兑，生产符合《食品安全国家标准　蜂蜜》（GB 14963—2011）标准的"指标蜜"。淀粉糖浆的价格为 3000 元/吨左右，与 15000 元/吨左右的原料蜜相比，掺假造假利润空间极大。②使用糖浆类物质掺假。为降低成本，在蜂蜜中掺入一定比例的糖浆类物质。③用"低价蜜"冒充"高价蜜"或莫须有的蜂蜜品种：用价格较低的杂花蜜或单花蜜（如油菜蜜）掺入高价格的单花蜜（如洋槐蜜、枣花蜜）中，冒充高价蜜出售。

蜂蜜掺伪造假的主要环节在原料蜜供应及周转流通环节，也有少数生产企业和蜂农存在掺伪造假的问题。由于利益的驱使以及操作的便利，部分周转商/供应商会对蜂蜜进行掺伪造假，有时会出现根据企业不同收购价格，提供不同档次产品、不同造假程度产品的情况。

（二）兽药残留超标

2014—2019 年蜂蜜食品安全监督抽检结果显示，蜂蜜中禁用的兽药超标，尤其是氯霉素和诺氟沙星的问题较为严重，主要原因是蜜蜂养殖环节兽药使用不规范。

（三）未成熟蜜

由蜜蜂全程酿造好的蜂蜜称为成熟蜜，通常需要一周左右的时间进行酿造，蜂农等待蜂巢封盖后将其取出，通常酿造好的成熟蜜不需要再经过人为加工就可以将蜂蜜的水分控制在 21%以下。成熟蜜保留了蜂蜜特有的营养成分，包括人体不能合成的 8 种必需氨基酸和与人体血清所含比例几乎相等的 20 余种矿物质。但是，我国出口的蜂蜜一般全是经过后续浓缩加工处理的蜂蜜，因为在中国，蜂农们更重视采蜜的数量，而忽略了蜂蜜的质量。蜂农通常不到 30 个小时就取一次蜜，而在如此短的时间内蜜蜂根本不可能将蜂蜜完全酿造好，这样的蜂蜜水分将近 30%。我国收购的蜂蜜很大一部分都是未成熟蜜，为便于远途出口，一般需要将未成熟蜜的水分浓缩到 18% 以下再运输。因此，经人工浓缩的蜂蜜不但丢失了特有的营养成分和花香，蜂蜜的质量也大打折扣。不成熟蜜容易发酵变质，产生气泡、腐败，导致细菌超标；蜂蜜浓缩加工后，如果贮存于高温环境，还会产生大量的甘油及污染酵母菌。

三、防控措施

为保证蜂产品的安全性，采取的措施包括：①加强养蜂基地管理，建立养蜂管理制度（蜂农一户一档、统一发放养蜂日志等）。②蜂蜜企业应建立和完善食品安全追溯体系，实现蜂蜜产品全过程信息可记录、可追溯、可管控、可召回、可查询，全面落实企业主体责任，保障我国蜂蜜产品的质量安全。

售卖伪劣蜂蜜
可"刑"又可"拷"

【本章小节】

（1）本章分析了加工食品潜在的不安全因素，着重阐述了这些不安全因素对人体健康的影响。

（2）主要介绍了油脂、酒类、蜂产品、肉制品等食品的安全性问题及防控措施。

【思考题】

（1）简述反式脂肪酸对健康的影响。

（2）简述蒸馏酒酿造过程中可能存在的不安全因素及其对健康的影响。

（3）简述蜂产品的安全问题。

参考文献

[1] 丁晓雯，柳春红. 食品安全学［M］. 2 版. 北京：中国农业大学出版社，2016：143-161.

[2] 纵伟，郑坚强. 食品卫生学［M］. 2 版. 北京：中国轻工业出版社，2019：125-190.

[3] 黄玥，白晨. 食品安全与卫生学［M］. 2 版. 北京：中国轻工业出版社，2022：196-260.

[4] 黄昆仑，车会莲. 现代食品安全学［M］. 北京：科学出版社，2018：231-270.

[5] 王钰麒，江生，缪斯蔚，等. 重庆市肉制品质量安全专项抽检结果分析［J］. 食品安全导刊，2020（32）：71-74.

[6] 田洪芸，王冠群，任雪梅，等. 我国蜂蜜产品行业概况及主要质量安全风险分析［J］. 食品安全质量检测学报，2020，11（7）：2314-2318.

[7] 吕冰峰，刘敏，邢书霞. 2018 年水产品国家食品安全监督抽检结果分析［J］. 食品安全质量检测学报，2019，10（17）：5699-5705.

［8］相光明，蒋慧冷，佳蔚，等．蜂蜜全产业链质量安全控制探讨［J］.中国蜂业，2018，69（9）：58-61.

［9］汪孝东.1起油脂酸败食物中毒事件的流行病学调查［J］.安徽预防医学杂志，2011，17（1）：53，61.

［10］郭溪川.蜂蜜质量安全追溯系统研究［D］.北京：中国农业科学院，2009.

［11］崔云.食醋返浑机理的研究［D］.贵阳：贵州大学，2009.

［12］代汉慧，丁成翔，彭涛，等．蒸馏酒卫生及卫生管理［J］.中国酿造，2009（3）：187-189.

［13］陈征宇，王欣.2018—2020年全国肉类食品安全抽查情况、风险特征及控制对策分析［J］.食品安全导刊，2021（32）：82-88.

思政小课堂

第十一章　影响食品安全的其他因素

随着食品生物技术和新型加工技术的发展，近年来出现了一些新的食品安全问题。本章介绍了食品过敏、食物成瘾、转基因及辐照等新型食品加工技术对食品安全的影响。

【学习目标】

（1）了解常见致敏性食物，掌握食物过敏的预防控制措施和消减技术。

（2）掌握食物成瘾的概念、机制及预防控制措施。

（3）了解转基因食品的概念，掌握转基因食品安全性评价的原则和内容。

（4）了解辐照等食品加工新技术对食品安全的影响。

本章课件

第一节　食物过敏

一、食物过敏

（一）食物过敏概述

1. 食物过敏原

食物过敏原是指可由特定免疫细胞识别并引发产生特定症状的食物蛋白质，通常是水溶性或盐溶性糖蛋白。截至目前，经世界卫生组织（World Health Organization，WHO）和国际免疫学会联合会（International Union of Immunological Societies，IUIS）致敏原命名小组委员会命名的食物过敏原共有370多种，涵盖125种食物。据统计，90%以上食物过敏反应是由牛奶、鸡蛋、花生、大豆、小麦、坚果、鱼和水生贝壳类动物引起的。对婴幼儿而言，食物过敏反应主要由鸡蛋、牛奶、虾和鱼等引起。

2. 食物过敏的流行情况

食物过敏已成为全球性食品安全和公共卫生问题。据流行病学资料统计，目前在世界范围内有高达10%的人群患有食物过敏。与此同时，我国食物过敏的发病率总体呈上升趋势，且食物过敏存在城乡、地域和民族差异（表11-1）。

表11-1　中国人群食物过敏的流行病学调查数据

调查区域（调查时间）	调查人群信息	食物过敏发病率/%	最常见过敏食物
北京（2008年）	学龄段儿童（6~11岁；$n=$10672）	8.20~11.90（父母报告）	虾、芒果、蟹、桃、鸡蛋
浙江温州（2019年）	学龄前儿童（3~6岁；$n=4151$）	0.84~12.86（父母报告）	鸡蛋、鱼、虾

调查区域（调查时间）	调查人群信息	食物过敏发病率/%	最常见过敏食物
上海（2016 年）	婴幼儿（0~36 个月；$n=1100$）	9.82	鸡蛋、牛奶
上海（2013 年）	高中生（15~20 岁；$n=2626$）	21.13（自述）	—
重庆（1999、2009、2019 年）	婴幼儿（≤2 岁；$n=1228$）	3.5~18.0	牛奶
广州广东（2013 年）	学龄段儿童（7~12 岁；$n=5880$）	0.34~0.37	虾、蟹、鸡蛋、牛奶、桃
香港（2019 年）	儿童（≤14 岁；$n=7393$）	4.80（自述/父母报告）	虾、鸡蛋、牛奶

（二）食物过敏的临床症状和分类

1. 食物过敏的临床症状

食物过敏的症状和体征因过敏原、发病机制和患者年龄等的不同而异。食物过敏可危及皮肤、黏膜、呼吸系统、循环系统、消化系统、神经系统等多个器官/系统，严重时可导致过敏性休克甚至危及生命（表 11-2）。

表 11-2　常见的食物过敏症状

器官/系统	症状
皮肤	红斑、荨麻疹、血管性水肿、瘙痒、烧灼感、湿疹
黏液屏障	结膜充血、水肿、瘙痒、流泪、流涕、鼻塞、喷嚏、口咽、唇舌不适、肿胀
呼吸	咽喉不适、发痒、发憋、声音嘶哑、咳嗽、气喘、胸闷、呼吸困难、发绀
消化	恶心、呕吐、腹痛、腹泻、便血、吞咽困难
神经	头痛、乏力、不安、意识障碍、大小便失禁
循环	血压下降、心动过速、心动过缓、心律失常、四肢发冷、面色苍白（外周循环衰竭）

2. 食物过敏的反应机制及分型

一般可将食物过敏分为 IgE 介导型、非 IgE 介导型和混合型食物过敏反应。

（1）IgE 介导的食物过敏反应　发病机制明确，为Ⅰ型变态反应。发病迅速，通常在摄食后短时间内发作。常引起急性荨麻疹、血管性水肿、哮喘、过敏性休克等临床症状。常见于花生、坚果、贝类、鱼类、牛奶和鸡蛋等致敏性食物。

（2）非 IgE 介导的食物过敏反应　发病机制尚不完全明确，包括 IgG 介导的Ⅱ型过敏反应、补体介导的Ⅲ型过敏反应等。属免疫延迟反应，进食后出现症状的时间不固定且较长，多为胃肠道症状。如食物蛋白引起的胃肠病、乳糜泻等，多发生于婴儿和儿童。常见的食物有牛奶、大豆、鸡蛋等。

（3）混合型食物过敏反应　兼有以上 2 种类型食物过敏的发病机制，由 IgE 与免疫细胞共同介导，如特应性皮炎、嗜酸细胞性食管炎、嗜酸细胞性胃肠炎等。常见的食物有鸡蛋、牛奶等。

二、食物过敏的管理

（一）食物过敏的预防和治疗

1. 饮食和营养指导

严格回避过敏食物是预防和治疗食物过敏最有效的方法。在正确诊断食物过敏和确定过敏原后，进食前应仔细阅读食品标签，建议严格回避诱发过敏症状的食物及其成分，还应避免进食交叉反应性食物。同时应制订合理的饮食方案，避免营养不良。

2. 脱敏治疗

食物过敏的治疗方法主要包括口服脱敏治疗（oral immunotherapy，OIT）、经皮免疫治疗（epicutaneous immunotherapy，EPIT）等。OIT 的原理是通过有意地低剂量、长时间暴露于致敏原，不断刺激机体对致敏原的耐受能力，从而使机体逐渐达到对该抗原的耐受或持续无应答状态。还可使用一些辅助及替代治疗方法，如生物制剂、益生菌、益生元等。

（二）食品过敏原消减技术

食品过敏原的致敏性主要取决于抗原表位即抗原决定簇的空间结构。研究发现，食品在加工过程中会经历一系列物理、化学和生物学变化，通过改变蛋白质一级结构或构象结构等改变致敏原表位的结构或可及性，进而影响食物致敏性。

1. 热加工消减技术

热加工技术是食品加工过程中常规的工艺流程，也是目前消减食品致敏性最常用的方法之一，具有成本低、操作简单、易实现等优点。热加工处理会改变食物过敏原的化学结构、物理化学性质和构象，造成抗原表位被掩盖、破坏或重新形成，从而影响其致敏性。常用的食品热加工方法包括煮沸、微波、烘焙、油炸等。但研究表明，相同条件下的热处理会对不同食品过敏原产生不同甚至相反的影响；此外，热处理会引发非酶褐变反应，对食品的营养价值、理化性质和感官品质造成不良影响。

2. 非热加工消减技术

近年来，一些非热加工技术被广泛用于消减食物致敏性。相对于热加工技术，非热加工技术能够在相对较低的温度条件下处理食品，不仅能有效保留食物的营养价值和感官特性，也能通过改变过敏原的结构而影响食物的致敏性。目前广泛用于消减食物致敏性的非热加工技术主要包括超高压、冷等离子体、超声波、脉冲强光、辐照、脉冲电场等。

3. 其他消减技术

采用糖基化、水解等化学方法以及酶解、微生物发酵等生物方法也能有效降低食物的致敏性。蛋白酶酶解是广泛使用的食物过敏原消减方法。蛋白酶可通过水解作用使食物过敏原的肽链发生断裂，生成分子量更小的多肽或氨基酸，破坏线性表位或构象表位，从而降低其致敏性。例如，谷氨酰胺转氨酶等能催化蛋白质分子之间或之内的酰基发生转移反应，导致蛋白质发生链内/间交联反应，可在一定程度上改变蛋白质的构象并降低其致敏性。此外，多种食品加工技术联合使用可发挥协同或强化作用，如高压和加热相结合，具有方便、高效等特点，已被广泛应用于食物过敏原的消减。

（三）食物过敏标识管理

目前避免摄入过敏物质是防治食物过敏的有效途径，实施食品过敏物质标签制度是避免食物过敏的有效措施之一。目前，美国、欧盟、澳大利亚等已颁布强制性食品过敏原标识措施。我国《食品安全国家标准　预包装食品标签通则》（GB 7718—2011）增加了食品中可能含有过敏物质时的推荐标示要求，规定以含有麸质的谷物及其制品、甲壳纲类动物及其制品（如虾、龙虾、蟹等）、鱼类及其制品等八大类食物致敏原为食品配料，宜在配料表中使用易辨识的名称，或在配料表邻近位置加以提示，以便于消费者根据自身情况科学选择食品。2019 年 12 月，食品安全国家标准审评委员会发布了该标准的征求意见稿，沿用了 GB 7718—2011 版中规定的致敏物质类别名单，同时拟将其中致敏物质标识的相关条款由推荐性标识转为强制性标识，要求应在配料表中加以提示或在配料表邻近位置标示提示致敏物质相关信息，并给出了标示形式。

GB 7718 征求意见稿
给出的食品致敏物质
标示形式

第二节　食物成瘾

一、食物成瘾概述

随着全球城市化的推进和生活水平的不断提高，摄入美味食物逐渐成为一种寻求快乐的方式，而自制能力较差的人会出现不节制的过量进食行为。研究发现含有较高脂肪、糖、盐的美味食物能够激活大脑的多巴胺奖赏系统而导致成瘾。食物成瘾（food addiction）是目前营养和代谢性疾病的重要研究方向之一，在我国也越来越成为突出的健康和社会问题。

（一）食物成瘾的概念和诊断标准

1. 食物成瘾的概念

食物成瘾是指某些经过高度加工、含高热量的美味食物使食用者表现出成瘾性的暴饮暴食行为，一旦停止摄入该种食物，便会出现渴求、焦虑、沮丧等不良反应的一种心理行为现象。早在 1956 年，就有研究表明，人类会对一些食物产生依赖，如玉米、小麦、咖啡、牛奶、鸡蛋和土豆等。与其他形式的毒品成瘾类似，食物成瘾代表了对食物（特别是富含糖和脂肪的食物）的成瘾反应或易感个体自身进食的过程。食物成瘾作为一种精神疾病已被大量研究所证实。影像学检查发现，食物成瘾患者的大脑神经影像与海洛因依赖患者相似。

2. 食物成瘾的流行率

食物成瘾在不同体重、年龄、性别的人群中的发生率存在较大差异。在属于"正常"体重指数（body mass index，BMI）的人群中，食物成瘾的患病率约为 10%；在超重或肥胖的人群中，食物成瘾的患病率约为 25%。研究发现，在患有饮食障碍的人群中食物成瘾的发生率相对较高。暴饮暴食症（binge eating disorder，BED）是一种常见的饮食障碍疾病。BED 人群食物成瘾的发病率为 40%～60%。另一篇综述论文指出，食物成瘾的患病率为 2.6%～49.9%，且女性和超重人群食物成瘾的比例相对更高。

3. 成瘾食物的种类

（1）腌制食物　咸鱼、咸菜、腊肉等腌制食物中食盐含量非常高。盐会诱发多巴胺的释放，通过快乐犒赏机制让人感觉快乐；也会逐步发展到其他食物的过度摄入、日常消耗的热量增加、超重、久坐的生活方式、肥胖和由肥胖引起的慢性疾病。

（2）精制食物成瘾　一些研究表明，高度加工的食品含有成瘾类食物成分（高浓度糖、咖啡因、高脂肪、盐、精制碳水化合物、精制甜味剂等）能够增强奖赏效应并造成类似上瘾的饮食行为，最终导致食物成瘾，且未成年人比成人更易受到成瘾类食物成分的负面影响。

4. 食物成瘾的临床表现和诊断标准

成人食物成瘾具有 3 个典型症状：一是对食物有着极强而持久的渴望，并且在尝试减少摄入时重复失败；二是不管摄入过多食物的危害后果而持续摄入；三是将很多时间花在减少食物的摄入上，但是同样又有很多时间花在重新暴食上。

目前主要采用耶鲁食物成瘾评估表（Yale food addiction scale，YFAS）对食物成瘾现象进行标准化测量和诊断。该评估表是由耶鲁大学 Gearhardt 等在 2009 年根据《美国精神疾病诊断与统计手册（第四版）》(Diagnostic and Statistical Manual of Mental Disorders，DSM-V) 中的物质依赖症状标准改编而成，并于 2016 年正式修订出版了新的耶鲁食物成瘾量表（即YFAS2.0）。YFAS2.0 共包括 11 项诊断标准和 2 项用来评估成瘾性进食是否具有临床意义的条目。如果在 11 项诊断标准中满足 2 项以上并符合最后 2 项临床严重程度条目中的任意 1项，即可被诊断为食物成瘾。此外，Gearhardt 等学者编制了耶鲁儿童食物成瘾量表（the Yale Food Addiction Scale for children，YFAS-C)，用于未成年人食物成瘾行为的诊断和评估。由于不同的国家的饮食存在很大的差异，因此每个国家多在原版 YFAS 的基础上编制了更具有针对性的食物成瘾评估表。

（二）食物成瘾的机制

食物成瘾是多因素、长期作用的结果，原因错综复杂。目前普遍认为遗传机制决定食物成瘾发生的易感性，神经生物学机制调控食物成瘾，而各种环境机制则促进食物成瘾的发生。

1. 神经生物学机制

研究发现，人类食物成瘾与药物滥用具有类似的表现。食物成瘾和药物成瘾的机制有着相似之处，且具有某些相同的神经生物学基础。与成瘾性药物类似，一些食物能激活大脑奖赏回路中多巴胺的连接反应。对于进食，人体内存在两个平行调节系统，即能量动态平衡调节系统和大脑奖赏系统，彼此影响着食物的摄入。

（1）能量动态平衡调节系统　机体主要通过外周饱腹感网络和下丘脑来调控通过食物摄入的能量和身体代谢需求之间的平衡状态。若该系统功能障碍，如先天瘦素不足或下丘脑受损，可能会导致正能量平衡的持久失衡状态和肥胖的发展。研究表明，下丘脑背内侧核（dorsomedial hypothalamus，DMH）可接受一氧化氮刺激，进而增加高脂食物摄入。瘦素、脂联素、胰岛素、胆囊收缩素、生长素等外周激素也影响下丘脑能量平衡。例如，瘦素是由白色脂肪组织产生和释放的一种厌食激素。研究发现，瘦素或瘦素受体缺乏会导致人类表现出嗜食、高血糖、高血脂和能量消耗减少等病理状态。胃促生长素（即乙酰化生长素）是第一个被发现的可以促进食欲的激素，可通过自分泌或旁分泌作用于其受体的方式发挥促进食欲、增强胃肠动力、刺激胃酸分泌、调节糖代谢、能量代谢等作用。

（2）大脑奖赏系统　大脑奖赏系统是大脑中产生快感的系统。研究发现，进食会激活大脑中的奖赏系统相关区域。即使机体不处于饥饿状态（已满足机体的能量需求），摄入美味食物时也会通过中枢和外周信号传入大脑奖赏系统，然后通过奖赏效应促进机体继续摄入食物。进食奖赏主要依赖于中脑多巴胺奖赏系统，伏隔核和前额叶皮层受到来自腹侧被盖区的多巴胺神经元投射，对多巴胺浓度进行调控，从而调节机体的进食行为。研究证实，含糖食物等能通过激发多巴胺神经元，导致多巴胺释放到伏隔核中并影响中脑边缘，从而激活大脑奖赏系统。当反复强烈刺激奖赏机制时，多巴胺 D2 受体的数量会下降，此时进食量会增加，以便获得以前通过较低摄入量获得的相同程度的快感。

2. 社会心理学机制

食物是生存的物质基础，部分个体出现食物成瘾现象与其所处社会环境和自身心理变化有一定关系。研究发现，高盐、高糖、高脂等食物最容易造成人体食物成瘾；功能核磁共振成像显示，在健康的年轻女性中，观看美味食物或饮料的图片也会激活奖赏回路的大脑区域。此外，食物成瘾与个体特有的某些心理特质（抑郁、自卑感和孤独感等）也有一定关系。研究发现，与正常人相比，患有食物成瘾的人具有较差的自主能力、更强的消极紧迫感，并且难以确立长远的目标和缺乏持之以恒的精神。在日常生活中，许多人会情绪化进食，即利用进食来宣泄情感和压力等负面情绪或经常在有压力的情况下进食，从而使负性情绪得到缓解。具有情绪化进食的个体在负性情绪状态下会增加食欲且对高糖、高脂食物表现出强烈的渴求感。

二、食物成瘾的健康危害及预防控制措施

（一）食物成瘾的健康危害

研究发现，食物成瘾与肥胖、Ⅱ型糖尿病等代谢疾病的发生密切相关。例如，食物成瘾会引起未成年人暴饮暴食，进而导致肥胖。更为严重的是，食物成瘾对未成年人健康的危害将延续到成年期，增加了成年后患糖尿病、高血压、冠心病等疾病的风险，同时也增加了个人和社会的经济负担。

1. 肥胖

肥胖是一种复杂的多因素疾病，同时与心血管疾病、Ⅱ型糖尿病、癌症等疾病密切相关，对人类健康构成严重威胁。研究发现，超重或肥胖人群的食物成瘾患病率高于正常体重人群，表明肥胖可能与食物成瘾有关。此外，食物成瘾与肥胖在神经生物学效应方面有某些相似之处，食物成瘾易引起暴饮暴食，进而导致肥胖。研究证实，食物成瘾的比例都随着肥胖程度的增加而升高，食物成瘾者的肥胖症多于对照组。

2. Ⅱ型糖尿病

目前，有关Ⅱ型糖尿病患者食物成瘾的研究也开始受到关注。2016 年我国东北地区 312 例初发Ⅱ型糖尿病患者食物成瘾的患病率为 8.6%，而正常人群仅为 1.3%，Logistic 回归分析结果显示食物成瘾与 BMI 呈正相关。我国上海地区初发Ⅱ型糖尿病患者食物成瘾的患病率为 20.5%，其中女性食物成瘾患病率为 25.2%，男性食物成瘾患病率为 17.2%。因此，具有食物成瘾倾向的Ⅱ型糖尿病患者需制定干预措施，定期筛查食物成瘾症状，并做好风险管控。

（二）食物成瘾的预防控制措施

食物成瘾是一种病因极为复杂的疾病，涉及神经生物学、生理学和社会等多方面的机制。因此，一般需要饮食控制、药物治疗、心理治疗等多方面的综合治疗措施。

1. 养成良好的饮食习惯和生活方式

从自身做起，养成良好的饮食习惯和生活方式。例如，应尽量避免食用高盐、高糖、高脂三高食物；饮食要营养均衡、合理搭配，在膳食中应补充足够量的果蔬、奶制品、粗粮等；学会通过适量运动等其他途径来释放压力、缓解焦虑；运动不仅可以帮助消耗多余的脂肪，而且有助于缓解焦虑和释放压力，甚至有时可以帮助转移对食物的注意力。还应制订合理的进食时间，两餐之间应间隔 4~5h。

2. 在医生指导下进行药物治疗

药物治疗是控制食物成瘾的有效手段之一。5-羟色胺、多巴胺等被认为是参与饮食行为失调的主要神经递质，因此针对这些系统的药物可望用于治疗食物成瘾，但需在专业医生的指导下进行。研究发现，纳曲酮（一种阿片受体拮抗剂）、安非他酮（一种多巴胺和去甲肾上腺素再摄取抑制剂）等抗抑郁药可用于治疗食物成瘾，对患有暴食症的肥胖患者有良好的疗效。新型减肥药氯卡色林（lorcaserin）是一种选择性的中枢神经系统 5-羟色胺亚型 2C 受体（5-HT$_{2C}$）的激动剂，可减少服药者的食物摄入和热量吸收，从而达到减肥的目的。研究发现，氯卡色林也可望用于治疗食物成瘾。

3. 进行相关的专项治疗

鉴于食物成瘾的反复性，其治疗需要花费大量时间，目前针对食物成瘾的专项治疗方法主要包括情绪脑训练和热量限制。情绪脑训练能够有效调整人体的大脑状态，使其大脑情绪恢复到愉悦状态；应用在食物成瘾患者身上可以帮助他们重新认识进食行为，有效改变个人的饮食习惯、生活方式和减轻食物成瘾症状。热量限制是指在充分保证生物体营养成分（如必需氨基酸、维生素和各种微量元素）的情况下限制生物体每天只摄入少量有限的能量，被证实具有降低全身氧化应激、改善健康状况和延长寿命等功效。研究发现，热量限制采用热量低、纤维含量高和饱腹感强的食物应对饥饿，使得食欲刺激素下调，调节进食结构和食物摄入量，进而减轻食物成瘾症状。

4. 构建适宜饮食环境

一些国家出台了针对食物成瘾的相关政策，主要通过构建适宜饮食环境让人们做出健康决策。2016 年，中华预防医学会发布《健康生活行为指导建议-减少儿童青少年含糖饮料摄入》，倡导儿童每天足量饮用白开水，家长不主动给孩子提供含糖饮料，更不以含糖饮品奖励孩子；校园内不售卖、不提供含糖饮料，不张贴含糖饮料广告，杜绝各种形式的含糖饮料宣传和推销等。《中国学龄儿童膳食指南（2022）》建议儿童不喝或少喝含糖饮料，更不能用含糖饮料代替水；少吃高盐、高糖和高脂肪的食物；做到一日三餐，定时定量、饮食规律。

5. 认知行为疗法

认知行为疗法对饮食障碍问题具有良好的效果。应加强食物成瘾的宣传教育，让更多的人了解到食物成瘾的概念，使人们意识到自己是在与成瘾作斗争，意识到食物成瘾和酒瘾、药物成瘾有着同等的危害性，会更加关注自己的饮食。研究表明，提高对食物成瘾的意识，会让人们更加重视自己的饮食情况，潜意识地减少面对具有诱惑力的食物的机会，能够一定程度上减少食物成瘾的发生。

第三节　转基因食品安全

一、转基因技术概述

从 1987 年第一例转基因作物田间试验到 1996 年开始推广，转基因已成为人类科技史上发展最快的技术之一。作为全球发展最成熟、应用最广泛的生物育种技术，转基因技术在提高粮食产量、减少农药使用、提高食物食用价值等方面有着巨大潜力。随着转基因技术的快速发展，转基因农产品和食品逐渐进入人们的生活，但转基因食品的安全性问题受到了广泛关注。

1. 转基因技术的原理

转基因技术又称重组 DNA 技术、遗传工程或基因工程，是从分子水平上对遗传物质 DNA 在体外进行剪接，然后导入另一种生物体的基因组中进行无性扩增或表达出相应的基因产物的过程。

2. 转基因技术的基本步骤和方法

（1）获取目的基因　通常把要转化到载体内的非自身 DNA 片段称为外源基因、目的基因或靶基因。目前主要通过鸟枪法、cDNA 文库、基因组 DNA 文库、聚合酶链式反应（PCR）、人工化学合成等方法获得带有目的基因的 DNA 片段。

（2）目的基因与载体的体外重组　将带有目的基因的外源 DNA 片段连接到能够自我复制并具有选择性标记的载体分子上，形成重组 DNA 分子。目前常用的载体主要包括质粒、噬菌体、腺病毒载体、逆转录病毒载体、人工染色体等。

（3）受体细胞的转化　将重组 DNA 分子转移到合适的受体细胞（动植物、微生物细胞等），使其在细胞中复制与扩增。常用的受体细胞转化方法包括 $CaCl_2$ 诱导转化、电穿孔、PEG 介导转化、人工体外包装等。

（4）重组体的筛选与鉴定　利用载体上提供的选择标记基因进行筛选，获得具有重组 DNA 分子的阳性克隆，或通过植株再生、胚移植等手段获得转基因植株或转基因动物。还需对所获得的转化细胞、转基因植株或转基因动物进行分子鉴定。

（5）重外源基因表达效应分析与开发应用　将经筛选和鉴定出来的受体细胞进行大量扩大繁殖，对外源基因的表达蛋白进行分离与纯化并进行后续结构与功能的研究。

3. 转基因技术的优势

（1）为新品种培育提供一条新途径　相对于传统杂交育种，转基因技术能够克服物种间的生殖隔离，实现基因的跨界转移。转基因技术可以拓宽遗传资源利用范围，实现跨物种的基因发掘和利用，使物种可以获得另物种的优势特性，为新品种培育提供一条新途径。

（2）提高农作物产量　转基因技术可以有效提高农作物产量，保障粮食安全。例如，美国种植的转基因大豆平均单产已达 3200 千克/公顷，国内非转基因大豆平均产量只有 1800 千克/公顷。据统计，1996—2018 年，转基因作物的种植使作物产量增加了 8.22 亿吨，价值

2249 亿美元。

（3）减轻农药对环境和人类健康的危害　转基因作物可减少农药等农业化学品的使用，克服大量使用化学农药带来的害虫抗性问题，同时有效保护环境和人类健康。例如，我国已育成转基因抗虫棉新品种 147 个，减少农药用量 40 万吨，增收节支 450 亿元。转基因大豆可降低除草成本 50%，增产 12%。转基因玉米对草地贪夜蛾的防治效果可达 95%，大幅减少了防虫成本。

（4）增加食品多样性　转基因技术能够改善食品的营养性状和感官品质，使食物营养成分构成更合理，提高营养素生物利用率。例如，黄金大米是一种转基因稻米品种，通过基因工程使得稻米的食用部分胚乳含有维生素 A 的前体物质 β-胡萝卜素。胡萝卜素使大米呈现金黄色，因而得名"黄金大米"。β-胡萝卜素在人体内会转化成维生素 A，因此食用黄金大米可以有效防治维生素 A 缺乏症。

（5）减少二氧化碳排放　种植转基因作物不需要大面积野外田间耕作，使土壤中保留更多的残留物，从而使土壤能够捕获更多的二氧化碳，降低温室气体排放量。此外，较少的田间作业也必然降低燃料消耗和随之产生的二氧化碳排放。据统计，2018 年转基因作物的种植效果相当于使二氧化碳排放减少了 230 亿千克。

（6）保护生物多样性　据统计，1996—2018 年，转基因作物的种植节省了相当于 2.31 亿公顷土地，仅 2018 年就节省了相当于 2430 万公顷土地，从而有效保护耕地和生物多样性。

4. 转基因技术发展现状

自 1996 年转基因作物大规模商业化种植以来，转基因技术在全球普及速度非常快。截至 2018 年全球转基因作物种植面积增加了约 113 倍，累计面积达 25 亿公顷。据国际农业生物技术应用服务组织统计，2019 年 29 个国家种植了 1.904 亿公顷的转基因作物；转基因作物种植面积比 1996 年增加了约 112 倍，累计种植面积达 27 亿公顷，种植面积最多的转基因作物分别是大豆（9190 万公顷，占比 48%）、玉米、棉花和油菜，也包括苜蓿、甜菜、甘蔗、木瓜、红花、土豆、茄子、南瓜、苹果和菠萝等（表 11-3）。

表 11-3　2019 年全球转基因作物种植面积前 10 的国家

排名	国家	种植面积/百万公顷	转基因作物
1	美国	71.5	玉米、大豆、棉花、苜蓿、油菜、甜菜、马铃薯、木瓜、南瓜、苹果
2	巴西	52.8	大豆、玉米、棉花、甘蔗
3	阿根廷	24.0	大豆、玉米、棉花、苜蓿
4	加拿大	12.5	油菜、大豆、玉米、甜菜、苜蓿、马铃薯
5	印度	11.9	棉花
6	巴拉圭	4.1	大豆、玉米、棉花
7	中国	3.2	棉花、木瓜
8	南非	2.7	玉米、大豆、棉花
9	巴基斯坦	2.5	棉花
10	玻利维亚	1.4	大豆

作为现代生物工程的一个重要手段,许多发达国家和发展中国家都在大力研究、开发和推广转基因技术。我国于20世纪80年代开始转基因作物研究,是开展转基因技术研发最早的国家之一。2008年中央一号文件首次提出,启动转基因生物新品种培育科技重大专项。目前,我国批准种植的转基因作物有抗虫棉和抗病番木瓜。我国还批准了转基因大豆、玉米、油菜、棉花、甜菜5种国外研发的转基因农产品作为加工原料进入国内市场。目前,我国已建立起涵盖基因克隆、遗传转化、品种培育、安全评价等全链条的转基因技术体系。

二、转基因食品的安全性

(一)转基因食品

1. 转基因食品的概念

转基因食品又称基因修饰食品(genetically modified food,GMF),是指利用基因工程技术改变基因组构成的动物、植物和微生物生产的食品和食品添加剂,包括:①转基因动植物、微生物产品。②转基因动植物、微生物直接加工品。③以转基因动植物、微生物或者其直接加工品为原料生产的食品和食品添加剂。这一定义涵盖了供人们食用的所有加工、半加工和未加工过的各种转基因成分,以及所有在食品生产、加工、制作、处理、包装、运输或存放过程中由于工艺原因加入食品中的各种转基因成分。

2. 转基因食品的分类

根据不同的食物来源,转基因食品可分为转基因植物食品、转基因动物食品和转基因微生物食品三大类。

(1)转基因植物食品 如转基因水稻、玉米、大豆、木瓜等。利用转基因技术,可定向改变植物的遗传性状,获得具有抗虫、耐除草剂、抗逆、抗病、优质、高产等优良品种,不仅可以改善农作物品质,还能明显增加产能,也能减少施用农药的次数和数量,降低了农药残留量,提高了食品安全性。转基因大豆是主要的转基因作物,当前种植面积较大的是抗草甘膦除草剂的转基因大豆,能够有效提高农田杂草防治效率、降低防除成本和推动免耕少耕等新型耕作方式的推广。

(2)转基因动物食品 如转基因鱼、肉类等。2015年,美国食品药品监督管理局批准转基因三文鱼进行上市销售,这是全世界第一例食用转基因动物获准上市。在导入生长激素基因和抗冻蛋白基因后,转基因大西洋鲑只需要16~18个月,体重就能达到上市规格,而普通大西洋鲑则需要3年以上,同时,所需饲料总量也减少了25%。

(3)转基因微生物食品 如用转基因微生物发酵生产氨基酸、有机酸、维生素、酶制剂、啤酒、酱油等产品。例如,双乙酰是酿酒酵母在啤酒发酵过程中产生的一种重要副产物,是影响啤酒质量的重要风味物质。但当含量过高时,双乙酰就会产生一种"馊饭味",直接影响啤酒的感官品质。可通过转基因技术改造啤酒酵母,降低发酵过程中双乙酰的生物合成;此外,通过转基因技术也可以加速啤酒酵母发酵过程,缩短生产周期。

(二)转基因食品的潜在安全问题

转基因食品的食用安全性主要涉及营养成分和抗营养素、重组DNA、抗生素抗性基因、外源基因编码蛋白的安全性、食品过敏性、非期望效应产物等。

1. 营养成分和抗营养素

第一代转基因作物主要目的是提高其抗虫害和抗杂草性能，第二代转基因作物主要目的是提高营养价值或改善其营养特性。然而，对营养成分评价是转基因食品安全性评价的重要组成部分，也是开展试验的基础。许多研究结果证明，抗虫害、抗除草剂基因修饰的食品中营养成分具有实质等同性。研究发现，抗草甘膦转基因大豆与其亲本大豆在主要营养成分（蛋白、脂肪、纤维、碳水化合物等）、抗营养因子（凝集素、植酸、胰蛋白酶抑制剂等）、脂肪酸和氨基酸组成方面相当，并且都在参考文献提供的自然变异范围内。

2. 重组 DNA 的安全性

目前的研究普遍认为，重组 DNA（外源基因）与传统食品的 DNA 化学成分无差异，在食品中的含量很低，同时与传统食品的 DNA 以同样的方式在体内进行降解，食品加工过程与胃肠道对 DNA 的裂解均降低了编码外源蛋白质的完整基因转移到肠黏膜的可能性。因此，转基因食品中的外源基因本身不会对人体产生直接毒害作用。

3. 抗生素抗性基因的安全性

在转基因生物构建过程中，抗生素抗性基因广泛用于两个方面：一是用于修复和跟踪载体，以确保目的基因能够成功克隆进入载体；二是在没有直接的筛选特征时，用于筛选阳性的转化生物细胞。抗生素抗性标记基因本身并无安全性问题，有争议的问题其可能有发生基因水平转移的可能性。转基因生物携带的抗生素抗性基因可能水平转移到肠道并被肠道微生物所利用，降低抗生素在临床治疗中的有效性，从而对人类健康造成潜在健康风险。然而，现有相关研究证实，抗生素抗性基因从转基因植物进入细菌的可能性非常微小。

4. 外源基因编码蛋白的安全性

外源基因插入会产生新蛋白质，或改变代谢途径产生新蛋白质，进而造成潜在安全隐患。因此，应对外源基因编码蛋白的安全性进行系统评价。目前各国政府对转基因食品的审批程序中对外源基因编码蛋白的毒性评价都有严格的标准。因此，通过严格审查后被批准商业化生产的转基因食品中的外源基因编码蛋白对人体均无直接毒性。

5. 食品过敏性

食品过敏是一个世界性的公共卫生问题。转基因作物通常插入特定的基因片断来表达特定的蛋白，特别是当所表达的蛋白如果是已知过敏原时，则极有可能引起人类的不良反应。因此，对转基因作物中新表达蛋白质的潜在过敏性的评价是转基因作物安全性评估的一部分。转基因生物在批准商业化生产前，需要进行转基因食品进行过敏性评价。一般不主张用有可能过敏的食品作为基因供体。即使所表达蛋白为非已知过敏原，但只要是在转基因作物的食用部分表达，则也需对其进行评估。我国目前批准的转基因水稻和玉米均对外源基因表达产物进行过敏性检测和评价。试验证明，我国批准的转基因水稻和玉米转入的外源基因不会带来新的过敏原，不会增加消费者发生食物过敏的风险。

6. 非期望效应产物的安全性

非期望效应产物的安全性是转基因食品安全性检验和评价中一个特殊的问题。在受体生物中插入外源基因，可能导致受体原有基因的失活或表达改变，进而可能表达具有毒性的非期望效应产物，导致食品成分包括营养成分、抗营养因子和天然毒素的变化，进而降低食品的营养价值，使其营养结构失衡。

农业转基因生物
安全评价管理办法

三、转基因食品的安全性评价和监管

（一）转基因食品安全性评价

转基因食品的安全性评价是安全管理的核心和基础。为了充分保障转基因食品的安全性，也为了消除社会公众的担忧，国际组织和世界各国普遍要求对转基因食品进行安全评价。

1. 转基因食品安全性评价的基本原则

转基因食品安全性评价是加强对转基因食品安全管理的核心和基础。目前国际上对转基因食品安全评价遵循科学性原则、实质等同性原则、预先防范原则、个案评估原则、逐步评估原则、风险效益平衡原则和熟悉性原则等。

（1）科学性原则　对转基因食品进行安全评价必须基于严谨的态度和科学的方法，充分利用最先进科学的方法和技术，认真实施和进行评价。对有关外源基因供体、载体、受体的背景信息和收集到的试验数据等进行科学的统计分析，得出可验证的评估和监测结果，并对评估和监测结果进行科学的解释。

（2）实质等同性原则　实质等同性的评价原则，是目前世界各国评价转基因食品安全最主要也是最基本的原则。在1996年联合国粮食及农业组织（Food and Agriculture Organization of the United Nations，FAO）/WHO召开的第二次生物技术安全性评价专家咨询会议，提出了实质等同的评价原则：①转基因食品与现有的传统食品具有实质等同性。②除某些特定的差异外，与传统食品具有实质等同性。③与传统食品没有实质等同性。

（3）预先防范原则　预先防范原则是联合国《卡塔赫纳生物安全议定书》的基本原则之一。根据该原则，为确保转基因食品的安全，即使目前缺乏其产生安全风险的充分科学证据，也应该对其进行风险评估，并采取适当措施预防可能出现的潜在安全问题。

（4）个案评估原则　转基因食品非热安全性评价应遵循个案评估原则。由于不同转基因食品所涉及外源基因及其来源、载体、受体生物、预期目标及基因操作方法等方面存在一定的差异性，不同转基因食品产生的安全风险也不可能完全相同。因此，应针对某一具体的转基因食品进行安全性评价。目前世界各国大多数国家采取个案评估原则进行转基因食品安全性评价。

（5）逐步评估原则　在我国，转基因生物及其产品的开发过程需要实验室研究、中间试验、环境释放、生产性试验和申请安全证书5个环节。转基因生物及其产品在每个环节对人类健康所造成的风险是不同的。逐步评估原则要求在每个环节上对转基因生物及其产品进行风险评估，并且强调转基因生物及其产品的开发进程应以前一阶段的实验以及经验和其他相关来源的数据和信息作为继续评估的基础。我国对转基因农产品的安全评价按5个阶段进行，在任何一个阶段发现任何一个对健康和环境不安全的问题，都将立即中止。

（6）风险效益平衡原则　除了科学因素外，应综合诸如社会、经济和政治等因素对转基因生物及其产品的效益及其可能造成的健康风险进行权衡，从而确定是否继续开发相关产品。在对转基因食品进行评估时，应该采用风险和效益平衡的原则，综合进行评估，在获得最大利益的同时，将风险降至最低。

（7）熟悉性原则　转基因食品的风险评价工作既可以在短期内完成，也可能需要长期监测。必须对转基因生物及其产品的有关性状、同其他生物或环境的相互作用、预定用途等背景知识非常熟悉和了解。这样才能对其可能带来的生物安全问题给予科学的判断。但是，熟悉并不表示所评估的转基因生物安全无害，而仅意味着可以采用已知的管理策略和措施对其进行有效的管理；不熟悉也并不表示所评估的转基因生物有害，仅意味着在对该转基因生物熟悉之前，需要逐步对其所涉及的各种风险进行评估。

2. 转基因食品安全性评价的内容

转基因食品安全性评价主要包括营养学、毒理学和致敏性评价等内容。

（1）营养学评价　营养学评价是转基因食品安全性评价的重要组成部分，主要对转基因食品的营养物质、抗营养因子、天然毒素和有害成分等进行检测分析，以判断其是否存在统计学意义上的差异。营养物质主要包括蛋白质及氨基酸组成、脂肪及脂肪酸、碳水化合物、维生素、常量元素及微量元素等；抗营养因子主要包括凝集素、脂肪氧化酶、植酸、胰蛋白酶抑制剂等。此外，对某些特定的转基因食品，需要评价其天然毒素和有害物质，如油菜籽中的硫代葡萄糖苷和芥酸、棉籽中的棉酚等。按照个案分析的原则，如果是以营养改良为目标的转基因食品，还需要对其营养改良的有效性进行评价。

（2）毒理学评价　主要包括对外源基因表达产物以及全食品的毒理学评价。主要采用急性经口毒性试验、免疫毒性检测等方法评价外源基因表达产物是否具有毒性，并系统评价全转基因全食品毒性，涉及毒物代谢动力学、遗传毒性、亚慢性毒性、慢性毒性、致癌性、生殖发育毒性等方面。具体需进行哪些毒理学试验，应该采取个案分析的原则。

（3）致敏性评价　转基因食品是否具有致敏性一直是安全性评价中的关键问题。2001年，FAO/WHO提出了转基因产品过敏评价程序和方法。该方法首先对基因的来源进行判断，根据基因是否来源于已知对人体致敏的物种而采取不同的分析步骤；其次是进行氨基酸序列相似比较；再次进行血清学试验，然后进行模拟胃肠液消化试验；最后进行动物模型试验。根据各阶段测试结果，综合判断该外源蛋白的潜在致敏性。

（二）我国对转基因食品的监督管理

鉴于转基因技术在农业和食品中的应用给人类健康带来了新的新问题，世界各国均采取措施加强对转基因生物和转基因食品的监督管理。

1. 监管部门和法规

（1）监管部门　我国对于转基因食品的监管主要分为对转基因食品原料（即转基因生物）的管理和对转基因食品标识的管理。目前，由农业农村部门负责全国农业转基因生物安全的监督管理工作，设立农业转基因生物安全管理办公室，负责农业转基因生物安全评价管理工作；设立国家农业转基因生物安全委员会，负责农业转基因生物的安全评价工作。另外，海关总署负责全国进出境转基因产品的检验检疫管理工作，对过境转移的农业转基因产品实行许可制度；主管海关负责所辖地区进出境转基因产品的检验检疫以及监督管理工作。此外，科技部门、发展和改革委员会、市场监管部门等在相关环节都会参与转基因产品的监督管理。

（2）监管法规　随着转基因技术的发展，我国也先后出台了一系列相关的监管法规。

1993 年原国家科学技术委员会颁布了《基因工程安全办法》，2001 年原农业部颁布了《农业转基因生物安全管理条例》。2002 年 3 月原农业部正式实施《农业转基因生物安全评价管理办法》和《农业转基因生物标识管理办法》，出台了一系列配套管理程序并进行了多次修订。2018 年 11 月，海关总署颁布了修订后的《进出境转基因产品检验检疫管理办法》。另外，《食品安全法》等也规定了转基因食品的相关内容。

农业转基因生物
安全管理条例

2. 监管措施

（1）安全评价制度　凡在我国境内从事农业转基因生物的研究、试验、生产、加工、经营和进出口活动，都必须进行安全评价。安全评价工作按照植物、动物和微生物 3 个类别，以科学为依据，以个案审查为原则，实行分级分阶段管理。

（2）生产许可证的管理　凡在我国从事生产转基因植物种子、种畜禽、水产苗种等，应取得农业转基因生物安全证书，通过品种审定并取得国务院农业行政主管部门颁发的种子、种畜禽和水产苗种生产许可证。

（3）经营许可证的管理　经营转基因植物种子、种畜禽、水产苗种的单位和个人，应当取得国务院农业行政主管部门颁发的种子、种畜禽和水产苗种经营许可证。

（4）标识制度管理　根据《农业转基因生物安全管理条例》和《农业转基因生物标识管理办法》，我国对转基因食品实行强制标识制度。实施标识管理的农业转基因生物目录，由国务院农业行政主管部门商国务院有关部门制定、调整并公布。依据《农业转基因生物标识管理办法》，转基因食品标识方法有以下 3 种：①转基因动植物（含种子、种畜禽、水产苗种）和微生物，转基因动植物、微生物产品，含有转基因动植物、微生物或者其产品成分的种子、种畜禽、水产苗种、农药、兽药、肥料和添加剂等产品，直接标注"转基因××"。②转基因农产品的直接加工品，标注为"转基因××加工品（制成品）"或者"加工原料为转基因××"。③用农业转基因生物或用含有农业转基因生物成分的产品加工制成的产品，但最终销售产品中已不再含有或检测不出转基因成分的产品，标注为"本产品为转基因××加工制成，但本产品中已不再含有转基因成分"或者标注为"本产品加工原料中有转基因××，但本产品中已不再含有转基因成分"。

此外，凡是列入标识管理目录并用于销售的农业转基因生物，应当进行标识。不在农业转基因生物目录中的，不得进行"非转基因"宣传、标识。对我国未批准进口用作加工原料、未批准在国内进行商业化种植，市场上并不存在该转基因作物及其加工品的，禁止使用非转基因标识及广告词。

农业转基因生物标识管理办法

进出境转基因产品检验检疫管理办法

（5）进出口管理　从境外引进农业转基因生物用于研究、试验的，引进单位应当向国务院农业行政主管部门提出申请。境外公司向我国出口农业转基因生物，首先应向国务院农业行政主管部门提出申请，经安全评价合格、取得《农业转基因生物安全证书》且经转基因检测合格后，方可办理入境手续。

第四节　食品高新技术与食品安全

一、食品辐照技术

（一）食品辐照技术概述

食品辐照技术是 20 世纪发展起来的一种灭菌保鲜技术，以辐射加工技术为基础，运用 X 射线、γ 射线或高速电子束等电离辐射产生的高能射线对食品进行加工处理，达到杀虫、杀菌、抑制生理过程、提高食品卫生质量、保持营养品质及风味、延长货架期的目的。用于食品加工的电离辐射主要包括：放射性同位素钴-60（^{60}Co）或铯-137（^{137}Cs）产生的 γ 射线、电子加速器产生的能量不高于 10MeV 的电子束和电子加速器产生的能量不高于 5MeV 的 X 射线。

1. 辐照技术的应用

辐照技术在食品行业中，主要应用于食品的灭菌和杀虫、鲜活食品保鲜、延迟成熟或生长、抑制发芽等，从而有效提高食品安全质量、保持营养品质及风味和延长货架期。此外，辐照技术还可应用于诱变育种、促进农作物生长等。目前，中国允许辐照处理的食品包括豆类、谷物及其制品、新鲜水果蔬菜、冷冻包装畜禽肉、熟畜禽肉、冷冻包装鱼虾、香辛料、脱水蔬菜、干果果脯和花粉，不允许对其他食品进行辐照处理。食品在辐照过程中，通过辐射区域所吸收的能量称为辐照剂量。辐照剂量的单位为戈瑞（Gray），符号为"Gy"。1 戈瑞（Gy）表示质量 1 千克的物质吸收了 1 焦耳的电离辐射能量（$1Gy=1J/kg$）。我国规定辐照食品的最高剂量为 10kGy。

2. 食品辐照加工的优势

与传统食品加工方法相比，辐照技术具有以下优点：①杀灭效果好，并可通过控制剂量和辐照工艺达到对各类食品杀菌的要求。②属于"冷加工"，不会引起食品温度的明显升高，对食品色、香、味、质地等影响较小，能更好地保持食品固有的营养价值和感官品质。③绿色环保，无任何化学物质或辐射残留，无"三废"产生，不污染环境。④射线穿透力强，可用于带包装食品中微生物和害虫的杀灭处理。⑤无须接触食品，快捷方便，也能避免生产过程中可能出现的交叉污染问题。⑥与热处理、干燥和冷冻保藏等技术相比，处理过程只需消耗电能且处理时间较短，能耗和运行成本相对较低。⑦适当的辐照处理可改进某些食品的品质指标。例如辐照的牛肉更嫩滑，辐照酒可提高陈酿度，辐照处理的大豆更容易被消化吸收。

（二）辐照食品的安全问题

1. 辐照食品的放射性问题

核辐照采用的是封闭放射源，在辐照处理时食品不会直接接触放射源，只是获得射线释放的能量；此外，辐照食品所用的射线能量相对较低，不会激发食品中的物质产生感生放射性。联合国粮农组织、国际原子能机构、世界卫生组织共同组成的国际食品辐照卫生安全评价联合专家委员会于 1980 年宣布，用 10kGy 以下剂量辐照的食品不会有放射性残留的感生放射性，辐照后营养成分和营养价值与其他加工方法没有区别，因此是安全的，可不再进行毒理学评价试验。

2. 辐照对微生物的影响

辐照可破坏微生物 DNA、RNA 等遗传物质，如 DNA 双链断裂、单链断裂、碱基损伤和各种交联反应等。长期辐照处理可能诱导微生物发生变异，进而影响其生物学性状和功能，如增强微生物对辐照的抗性、影响其致病性、耐药性或产生新的毒素。因此，需高度关注辐照处理对微生物安全性的影响。

3. 辐照对食品营养成分的影响

（1）辐照对水分的影响　水分是各类食品的重要组成成分。在辐照处理过程中，食品中的水分易在射线的作用下发生电离或激发生成大量的过氧化氢、水合电子、羟基自由基、氢自由基等，造成食品水分含量降低。此外，上述产物具有很强的氧化还原性，可通过氧化、加成、解离等多种机制与食物中的蛋白质、糖类、脂类、维生素等营养物质发生化学反应，从而降低其营养价值。

（2）辐照对蛋白质与氨基酸的影响　辐照对蛋白质的影响主要是通过射线的直接作用和水所产生自由基的间接作用表现的。辐照处理过程中，射线可直接作用于蛋白质，造成化学键断裂和氨基酸残基修饰（如脱氨基、氧化和脱羧反应等），进而改变其结构和功能并降低营养价值。此外，辐照过程中水分子形成的羟基自由基等可造成蛋白质肽键断裂和氨基酸残基发生修饰，并改变其结构和营养价值。经辐照处理后，氨基酸可形成一些挥发性氨气、硫化氢、酰胺等不良气味的化合物。大量研究证实，采用商业允许的剂量辐照处理，食品中蛋白质和氨基酸均无明显变化。

（3）辐照对糖类的影响　一般来说，糖类对辐照处理相对稳定。研究证实 20~50kGy 的剂量不会使糖类食品的质量和营养价值发生变化。在高剂量辐照处理时，糖类物质会发生氧化和分解，造成分子量、黏度、旋光性、熔点等理化性质发生变化。一般情况下，采用杀菌剂量的辐照，对糖的消化率和营养价值几乎没有影响。

（4）辐照对脂类的影响　辐照处理促进了食品中脂质的自氧化过程，导致令人不快的感官变化和必需脂肪酸的减少。例如，脂质氧化会产生一些醛类、烯烃类、烷烃类化合物，产生异味。脂质氧化程度受脂质类型、不饱和程度、处理剂量、环境条件（如是否存在氧气、辐照后贮藏时间和温度）等因素的影响。因此，在采用辐照处理食品时，可通过真空包装、添加抗氧化剂等方式抑制脂质氧化。

（5）辐照对维生素的影响　水溶性维生素（维生素 B_1、维生素 C、维生素 B_6、叶酸等）和脂溶性维生素（维生素 E、维生素 A、维生素 K、维生素 D 等）对辐照均很敏感，其损失程度受辐照剂量、温度、氧气和食物种类等因素的影响。

4. 辐照处理新产物的安全问题

食品在辐照处理过程中会形成一些新的产物，其中 2-烷基环丁酮类化合物和呋喃的安全性最令人关注。辐照处理可导致食品中甘油三酯和脂肪酸发生分解，产生 2-烷基环丁酮类化合物，其中最为常见的是 2-十二烷基环丁酮（2-dodecylcyclobutanone，2-DCB）和 2-十四烷基环丁酮（2-tetradecylcyclobutanone，2-TCB）。大量研究表明，2-烷基环丁酮类化合物仅存在于辐照处理的含脂食品中（表11-4）。目前对2-烷基环丁酮类化合物的毒性尚存在争论，有待进一步研究。呋喃是一种可能致癌的杂环化合物。食品中呋喃含量随辐照剂量的增加而升高，同时受食品酸碱度、底物浓度等因素的影响。也有研究发现，辐照食品中呋喃含量远低于一些热加工食品。

表 11-4　环丁酮类辐照标志物与相应的前体脂肪酸

前体脂肪酸	碳原子数	辐照降解产物
癸酸	C10：0	2-己基环丁酮（2-hexylcyclobutanone）
月桂酸	C12：0	2-辛基环丁酮（2-octylcyclobutanone）
肉豆蔻酸	C14：0	2-十烷基环丁酮（2-decylcyclobutanone）
棕榈酸	C16：0	2-十二烷基环丁酮（2-dodecylcyclobutanone）
棕榈油酸	C16：1	顺-2-十二-5′-烯基环丁酮（cis-2-dodec-5′-enylcyclobutanone）
硬脂酸	C18：0	2-十四烷基环丁酮（2-tetradecylcyclobutanone）
油酸	C18：1	顺-2-十四-5-烯基环丁酮（cis-2-tetradec-5′-enylcyclobutanone）
亚油酸	C18：2	顺5,顺8-2-十四二烯基环丁酮（Cis, cis-2-tetradecyl-5′,8′-dienylcyclo butanone）
亚麻酸	C18：3	顺5,顺8,顺11-2-十四三烯基环丁酮（all-cis-2-tetradecyl-5′,8′,11′-trienylcyclobu-tanone）

（三）我国对辐照食品的监督管理

1. 法规标准体系

我国先后出台了一系列法规，加强对辐照食品的监管。1996年原卫生部颁布了《辐照食品卫生管理办法》（现已废止）。2016年12月23日，《食品安全国家标准　食品辐照加工卫生规范》（GB 18524—2016）发布并于2017年12月23日正式实施。

2. 现行标准及限量要求

我国目前发布的跟辐照相关的食品安全国家标准是《食品安全国家标准　食品辐照加工卫生规范》（GB 18524—2016）。该标准规定，辐照食品种类应在《食品安全国家标准　辐照食品》（GB 14891）规定的范围内，不允许对其他食品进行辐照处理（见表11-5）。

表 11-5　各类食品的辐照剂量

食品	辐照处理目的	总平均吸收剂量/kGy
豆类、谷物及其制品	杀虫	
豆类≤		0.2
谷物≤		0.6
新鲜水果、蔬菜≤	抑芽、推迟后熟、延长货架期	1.5
冷冻包装畜禽肉≤	控制微生物	2.5

续表

食品	辐照处理目的	总平均吸收剂量/kGy
熟畜禽肉≤	控制微生物、延长货架期	8
冷冻包装鱼、虾≤	控制微生物	2.5
香辛料、脱水蔬菜≤	杀虫、杀菌、防霉	10
干果果脯≤	杀虫、延长货架期	1.0
花粉≤	保鲜、防霉、延长货架期	8

3. 辐照食品标识管理

关于辐照食品的标识，《食品安全国家标准 食品辐照加工卫生规范》（GB 18524—2016）规定辐照食品的标识应符合《食品安全国家标准 预包装食品标签通则》（GB 7718—2011）和《食品安全国家标准 辐照食品》（GB 14891）的规定。《食品安全国家标准 预包装食品标签通则》（GB 7718—2011）规定经电离辐射线或电离能量处理过的食品，应在食品名称附近标示"辐照食品"；经电离辐射线或电离能量处理过的任何配料，应在配料表中标明。

二、食品纳米技术

（一）食品纳米技术概述

纳米技术一般是指在纳米尺度（1~100nm）上研究原子、分子等物质的特性和相互作用，以及利用这些特性的多学科交叉的科学和技术。纳米材料尺寸微小，具有全新的电学、磁学、光学、热学、化学或力学性能，在食品、农业、生物、医药等领域具有广阔的应用空间。

1. 纳米技术在食品工业中的应用

目前，纳米科技在食品领域的应用主要包括食品加工、食品包装、食品检测等。

（1）食品加工 可采用物理方法等将食品加工为纳米尺度，显著改善其理化性质和活性。例如，纳米囊化技术可有效解决营养物质（如类胡萝卜素、二十二碳六烯酸、维生素等）存在的化学性质不稳定、溶解度低等问题，实现营养物质的靶向递送并提高其生物利用度。

（2）食品包装 主要集中于纳米保鲜材料、纳米抗菌材料和纳米阻隔材料3个方面。相对于普通食品包装材料，用于食品包装的纳米复合材料具有更好的机械、光学、催化和抗菌特性，可以有效保持食品的新鲜度并延长产品货架期。目前，常用于食品包装的纳米材料主要有纳米银、纳米氧化锌、纳米二氧化钛、纳米氧化铜、纳米石墨烯等。

（3）食品检测 纳米材料具有生物兼容性好，量子产率高，增强效应强，识别能力好等特点，在食品质量安全快速检测领域具有广泛的应用前景。目前。石墨烯、量子点、碳纳米管、纳米酶等纳米材料已广泛应用于微生物、重金属、真菌毒素、农药、兽药、食品添加剂、非法添加物和抗生素等的检测，具有操作简便、灵敏度高、特异性强和成本低等优点。

2. 纳米食品

目前并没有国际公认的纳米食品的定义。纳米食品一般是指在食品的加工、生产、安全和包装过程中使用食品高新技术，对食品成分进行纳米尺度的处理和加工改造而得到的纳米级食品。常见的纳米食品包括纳米结构的食物配料、食物添加剂和功能性纳米食品等，如纳米淀粉、纳米大豆纤维、涂酱、雪糕、乳酪、蛋黄酱等。制造纳米结构食品常用的方法包括纳米乳化法、双层乳化法和反胶束法等。

（二）纳米食品的潜在安全问题及监督管理

虽然纳米技术能有效提高食品的营养价值和安全性，但其安全性和潜在风险也受到广泛关注。

1. 纳米粒子的潜在安全问题

纳米粒子表面活性较高，加上在机体内的代谢动力作用可能有所改变，其毒性作用可能与尺寸较大的粒子存在较大差异。纳米粒子主要经两种途径进入食品中，一是在食品工业中进行人为添加，如由传统食品加工的纳米粒子或由食品包装材料迁移到食品中的纳米粒子（如纳米银、纳米铜等）。二是食物本身存在的纳米级粒子，如牛奶中含有一种粒径介于 10～100nm 的天然纳米材料–酪蛋白胶束，能够有效促进微量元素的运输和吸收。纳米粒子尺寸小并具有特殊的物理化学性能，极易通过生物屏障，在体内组织和器官积聚，甚至可被个别细胞吸收，从而带来潜在危害。

此外，与天然食品配料相比，加工处理至纳米尺寸的食品配料较容易穿过肠壁，而且吸收率和生物可用性较高，因此人体内的暴露量或于血浆的浓度也较高。一方面，食物中的纳米颗粒可能影响基质中原有营养元素的吸收和细胞运行机制；另一方面，纳米加工食品的一些特性发生明显改变，可能会影响其在机体内的消化和吸收过程。动物研究表明，纳米粒子可通过诱导氧化应激、炎症反应等对肝脏、肾脏等各种器官和免疫系统造成损伤，但纳米粒子对人类健康的影响仍有待进一步研究。

2. 监督管理

目前，纳米技术已广泛应用于食品加工、包装、检测、消费等各个环节，但其潜在毒性和安全性问题受到广泛关注。2021 年 8 月，欧洲食品安全局发布了《确定存在包括纳米颗粒在内的小颗粒的受监管食品和饲料产品应用技术要求指南》，定义了评估小颗粒存在的标准，并规定了受监管的食品和饲料产品领域（如新型食品、食品/饲料添加剂、食品接触材料和农药）应用的信息要求。目前，我国尚未批准纳米级新食品原料，也没有制定相关的标准法规。

鉴于纳米食品的健康安全性风险存在一定的不确定性，纳米食品标识是保障消费者知情权和选择权的基本制度。例如，欧盟制定的第 1169/2011 号规例于 2014 年 12 月 13 日生效，要求食品标签必须在成分清单内标明纳米物料，并在物料名称后以括号注明"纳米"一词，旨在更清晰地向消费者呈现食品中纳米材料信息。应进一步深入研究食品纳米颗粒和纳米技术的潜在危害，完善毒理学评价规范和方法，制定有关纳米食品的标准和法规，尽可能降低其对人体健康的不良影响，促进食品产业健康发展。

三、其他食品高新技术的安全性

（一）微波加热技术

微波是指波长介于红外线和无线电波之间的电磁波，频率范围在 300MHz 到 300GHz。微波加热是一种新型物理场热加工方式，其原理是基于物质对微波的吸收作用而产生的热效应。

当微波作用于食品时产生高频电场，食品中的极性分子（如水、蛋白质、脂肪、碳水化合物）等会随着高频交变的电磁场方向发生高频振荡，相互碰撞摩擦，从而产生热量。微波加热具有加热速度快、加热均匀、节能、高效、易于控制、无污染、投资小、能够有效保持食品营养和感官品质、便于控制等优点。目前，微波已广泛应用于食品和农产品的干燥、杀菌、解冻、发酵、焙烤及食品中功能成分的提取等。

研究证实，微波加热会对食品营养成分和风味造成不良影响。微波处理会破坏食品中维生素等部分营养成分，其破坏程度低于传统加工方法。与蒸、煮等加工方法相比，微波处理可促进食品中脂质发生氧化并产生一些毒性物质，从而导致食品营养和感官品质发生恶化。高强度微波处理能诱导食品中的糖类物质发生美拉德反应、脱水变为焦糖等一系列的变化，从而失去营养价值。随着加热功率的升高和加热时间的延长，微波处理可能促进食品接触材料中有害物质向食品中的迁移，进而造成一定安全隐患。因此，应避免对食品进行长时间微波处理或反复微波处理，以减少或防止微波加工带来的危害。

（二）欧姆加热技术

欧姆加热又称电阻加热、焦耳加热或电子加热，是一种利用物料本身的电阻特性直接把电能转化为热能的加热方式。多数食品物料含有可电离的酸或盐，从而表现出一定的电阻或电阻抗特性。当在食品物料的两端施加电场时，可直接利用原料对电流的抵抗作用而将电能转化为热量，使物料得以加热。与传统加热相比，欧姆加热具有加热速度快、加热均匀、容易控制、能量利用率高、无污染、环境友好等优点。目前，欧姆加热主要用于食品的杀菌、漂烫、灭酶、解冻、果蔬脱皮、植物活性成分等提取等。与传统加热方法相比，欧姆加热更适合于处理黏度较高的流体和半流体物料并能最大限度地保持食品的营养价值和感官品质。

（三）射频加热技术

射频是一种高频交流电磁波，其频率范围介于 10~300MHz。目前射频加热主要采用 13.56MHz、27.12MHz 和 40.68MHz 3 个频率，其中应用最常用的频率是 27.12MHz。将食品置于两个电极板之间的交变电场中时，食品中的极性分子会发生空间电荷极化和旋转，导致离子和极性分子摩擦产生热能，从而引起其表面与内部温度升高。与依靠内部传导、表面对流和辐射的传统加热方法相比，射频能量可以深入物料内部，产生整体加热效应，使物料内外同步受热；与微波或红外加热相比，射频加热具有穿透深度大、设备投资小、产品温度控制更稳定等优点，对大尺寸物料具有更为均匀的加热效果；此外，射频属于非接触式加热，可穿透纸或塑料等常规食品包装材料，避免包装时产生二次污染。因其加热迅速、具有体积加热效应、能量穿透深度大等优点，射频技术已广泛应用于农产品和食品的储藏与加工，如干燥、解冻、烘焙、杀虫、灭菌、钝酶等。

（四）冷等离子体技术

等离子体（plasma）是一种宏观呈电中性的电离气体，主要由电子、正负离子、自由基、基态或激发态分子和电磁辐射量子（光子）等组成，被认为是继固态、液态和气态之后物质存在的第 4 种状态。冷等离子体一般在大气压（常压）条件下产生，温度接近室温，主要通过气体放电产生。冷等离子体技术具有处理效率高、温度低、能耗低、无二次污染、操作简便等优点，在食品杀菌保鲜、杀虫、降解农药残留和真菌毒素、失活食品内源酶等领域具有很好的应用前景。研究发现，冷等离子体处理可造成蛋白质、糖类等食品成分的结构和理化性质发生变化，并可能破坏维生素等营养物质；此外，冷等离子体处理能够造成肉制品、乳品、水产品等中脂质发生氧化，并对其营养和感官品质造成不良影响。

（五）脉冲电场技术

脉冲电场（pulsed electric field，PEF）是一种利用高电压振幅的电磁脉冲对物料进行处理的物理方法。研究普遍认为，PEF 的作用机理主要涉及细胞膜穿孔效应、电崩溃模型、电磁机制理论、黏弹极性形成模型、电解产物效应、电流体效应、臭氧效应等。作为一种新兴的非热加工技术，PEF 具有处理温度低、低能耗、加工时间短、无污染等优点，并能最大限度地保持食品原有的色、香、味和营养价值。研究发现，PEF 技术可有效地提高食品质量与食品的安全性。目前，PEF 主要应用于天然活性成分提取、食品杀菌保鲜、干燥预处理、农药残留降解、内源酶失活、酒类催陈、辅助冷冻/解冻等多个方面。

【本章小节】

（1）食物过敏已成为全球性食品安全和公共卫生问题，严重时可导致过敏性休克甚至危及生命。可通过饮食和营养指导、消减技术等预防食物过敏。

（2）食物成瘾是目前营养和代谢性疾病的重要研究方向之一，已被认为是引发肥胖、Ⅱ型糖尿病等代谢性疾病发病率的重要因素。一般需要饮食控制、药物治疗、心理治疗等多方面的综合治疗。

（3）转基因技术在提高粮食产量、减少农药使用、提高食物营养价值等方面有着巨大潜力。然而，转基因食品仍存在一定的潜在安全问题。应根据遵循实质等同性原则、个案评估原则等对转基因食品进行安全性评价，并加强转基因食品的标识管理。

（4）纳米技术、辐照、微波加热等高新技术在有效提高食品营养价值和安全性的同时，也可能引发一些潜在的食品安全问题。应系统评价食品高新技术对食品安全的影响，完善毒理学评价规范和方法，降低其对人体健康的不良影响。

【思考题】

（1）简述食物过敏的机制及预防控制措施。
（2）简述食物成瘾的机制和预防控制措施。
（3）简述转基因食品安全性评价的原则和内容。
（4）简述我国对转基因食品监督管理的主要内容。
（5）简述常见食品加工新技术可能造成的食品安全风险。

参考文献

［1］傅玲琳，王彦波. 食物过敏：从致敏机理到控制策略［J］. 食品科学，2021，42（19）：1-19.

［2］田春雨，熊实秋，刘传合. 日本食物过敏指南（2020）解读［J］. 中华实用儿科临床杂志，2022，37（9）：660-664.

［3］周薇，赵京，车会莲，等. 中国儿童食物过敏循证指南［J］. 中华实用儿科临床杂志，2022，37（8）：572-583.

［4］周圆媛，伏天雨，钟灵毓，等．食物成瘾的研究进展［J］．中国食物与营养，2022，28（2）：44-51．

［5］杨帆，刘爱华，李咏泽，等．中国东北地区初发2型糖尿病患者存在食物成瘾［J］．中华糖尿病杂志，2016，8（4）：205-209．

［6］刘亚，严翠丽，汤春燕，等．2型糖尿病患者食物成瘾率的现状调查及影响因素分析［J］．护士进修杂志，2021，36（22）：2023-2028．

［7］郑明静，郭泽镔，郑宝东，等．食物成瘾的研究进展及启示［J］．食品科学，2015，36（9）：271-278．

［8］2019年全球生物技术/转基因作物商业化发展态势［J］．中国生物工程杂志，2021，41（1）：114-119．

［9］GB 18524—2016 食品安全国家标准　食品辐照加工卫生规范．

［10］张海伟，张雨露，费晨，等．含脂食品辐照标志物2-烷基环丁酮检测技术研究进展［J］．辐射研究与辐射工艺学报，2016，34（4）：11-18．

［11］陈榕钦，孙潇鹏，刘灿灿．纳米食品的研究进展［J］．包装与食品机械，2018，36（4）：49-53．

［12］张洁，穆莉，胡献刚．纳米材料的食品暴露及其毒性研究进展［J］．环境化学，2018，37（8）：1770-1779．

［13］刘晓庚，曹崇江，周逸婧．微波加工对食品安全性的影响［J］．食品科学，2008，（5）：484-488．

［14］朱经楠，彭健，辜青青，等．射频加热技术及其在果蔬干制中的研究应用进展［J］．食品工业科技，2022，43（16）：432-441．

［15］郑哲，李昌．低温等离子体在农产品加工保藏中应用的研究进展［J］．食品工业科技，2021，42（11）：390-396．

［16］熊强，董智勤，朱芳州．脉冲电场技术在食品工业上的应用进展［J］．现代食品科技，2022，38（2）：326-339，255．

思政小课堂

第十二章　食品安全管理和保障体系

近年来食品安全事件频发，食品安全已成为国人共同关注的热点问题，各级政府都明显加大了对食品安全的监督和管理力度。本章介绍了食品安全监管体系有关的法规标准、GMP 等食品安全管理体系以及食品安全溯源预警与区块链技术。

本章课件

【学习目标】

（1）了解食品基本的法律法规，掌握食品安全标准体系的作用和监管体制各部门的职责。

（2）掌握 GMP、SSOP、HACCP 和 ISO 2200 的特点、原理和内容。

（3）了解食品安全溯源预警与区块链技术基本内容。

第一节　食品安全监管体系

一、食品安全法规体系

食品安全法规指的是由国家制定的适用于食品从农田到餐桌各个环节的一整套法律规定，其中食品法律和由职能部门制订的规章是食品生产、销售企业必须强制执行的，而有些标准、规范为推荐内容。食品法律法规是国家对食品进行有效监督管理的基础，可以保证食品安全、提高人民生活质量和促进公共健康，同时，也是我国食品工业发展和参与国际食品贸易的需要。中国目前已基本形成了由国家基本法律、行政法规和部门规章构成的食品法律法规体系。

（一）食品基本法规概述

目前世界上大多数国家食品基本立法主要有两种模式：制定专门的食品安全法律法规，例如美国有《联邦食品、药品和化妆品法案》以及更具针对性的《联邦肉类检验法》《禽类产品检验法》等。有的国家没有专门制定以食品命名的法律法规，但是将食品安全的内容包含在一些相关的法律中。中国食品安全基本法是以《中华人民共和国食品安全法》为主导，辅之以《中华人民共和国农产品质量安全法》《中华人民共和国传染病防治法》《中华人民共和国进出口商品检验法》《中华人民共和国标准化法》等法律中有关食品质量安全的相关规定构成的集合法群。

1.《中华人民共和国食品安全法》

《中华人民共和国食品安全法》简称《食品安全法》，于 2009 年 2 月 28 日第十一届全国人民代表大会常务委员会第七次会议通过，并以第五十九号主席令公布，自 2009 年 6 月

1 日起实行，并分别在 2018 年和 2021 年进行了两次修订。《食品安全法》是专门针对保障食品安全的法律，是一部综合性的法律，涉及食品安全的方方面面，其主要内容包括以下几点：

（1）建立了统一而且权威的负责食品安全工作的监管机关　在法律层面上规定了应当通过食药监管部门实施统一管理。

（2）建立以食品安全风险评估为基础的科学管理制度　明确食品安全风险评估结果应当成为制定、修订食品安全标准和对食品安全实施监督管理的科学依据。

新版《食品安全法》
的特点

（3）坚持预防为主　遵循食品安全监管规律，对食品的生产、加工、包装、运输、储藏和销售等各个环节，对食品生产经营过程中涉及的食品添加剂、食品相关产品、运输工具等各有关事项，有针对性地确定有关制度，并建立良好生产规范、危害分析和关键控制点体系认证等机制，做到防患于未然。同时，建立食品安全事故预防和处置机制，提高应急处理能力。

（4）强化生产经营者作为保证食品安全责任第一人的责任　通过确立制度，引导生产经营者在食品生产经营活动中重质量、重服务、重信誉、重自律，以形成确保食品安全的长效机制。

（5）既要加强行政管理，又重视行政责任　既加强行政处罚又重视民事赔偿，建立通畅、便利的消费者权益救济赔偿渠道，任何组织或个人有权检举、控告违反食品安全法的行为，有权向有关部门了解食品安全信息，对监管工作提出意见。因食品、食品添加剂或者食品相关产品遭受人身、财产损害的，有依法获得赔偿的权利。

2.《中华人民共和国农产品质量安全法》

《中华人民共和国农产品质量安全法》经 2006 年 4 月 29 日第十届全国人民代表大会常务委员会第二十一次会议通过，中华人民共和国主席令（第四十九号）公布，历经 2018 年修正和 2022 年修订，共八章节八十一条。本法主要为了为保障农产品质量安全，维护公众健康，促进农业和农村经济发展，其内容包括以下几点。

实施《中华人民
共和国农产品质量
安全法》的意义

（1）制定农产品质量安全风险管理和标准　建立农产品质量安全风险监测制度和农产品质量安全风险评估制度，健全农产品质量安全标准体系，依照法律、行政法规的规定严格执行，由农业农村主管部门及有关部门推进实施。

（2）健全农产品产地监测制度　加强农产品基地建设，推进农业标准化示范建设，改善农产品的生产条件，农业生产用水和用作肥料的固体废物等应当符合要求，防止对农产品产地造成污染。

（3）制定保障农产品质量安全的生产技术要求和操作规程　建立和实施危害分析和关键控制点体系，实施良好农业规范，提高农产品质量安全管理水平，加强对农业投入品使用的监督管理和指导，同时支持农产品产地冷链物流基础设施建设，健全有关农产品冷链物流标准。

（4）建立农产品质量安全追溯协作机制　对具备信息化条件的农产品生产经营者采用现代信息技术手段采集、留存生产记录、购销记录等生产经营信息。

（5）建立健全农产品质量安全全程监督管理协作机制　确保农产品从生产到消费各环节的质量安全。

3.《中华人民共和国进出口商品检验法》

《中华人民共和国进出口商品检验法》简称《商检法》，于 1989 年 2 月 21 日第七届全国人民代表大会常务委员会第六次会议通过，并进行了五次修订。《商检法》明确了进出口商品检验工作应当根据保护人类健康和安全、保护环境、防止欺诈行为、维护国家安全的原则进行，规定了进出口商品检验和监督管理办法，若出口属于掺杂掺假、以假充真、以次充好的商品或者以不合格进出口商品冒充合格进出口商品的，由商检机构责令停止进口或者出口，并承担相应的法律责任。

4. 其他法规

为加强管理，保证农副产品质量，维护人民身体健康，国务院分别于 1997 年、1999 年、2004 年发布《农药管理条例》《饲料和饲料添加剂管理条例》和《兽药管理条例》等，使农药、饲料和兽药的管理纳入法治化轨道。规定中国实施对农药、饲料、兽药实行生产许可制度和登记制度，就其生产、经营和使用也做出了具体规定，并制定相关监督细则，对违反农药管理规定者予以严惩。

（二）行政法规和部门规章

行政法规是由权力机构制定的具有法律效力的文件。行政法规和部门规章是由食品管理职能部门根据食品基本法律制定、必须强制执行的食品管理文件，包括管理办法、实施条例、工作程序等。食品卫生法颁布以来，国务院以及各食品管理职能部门制定一系列行政法规和部门规章，按照管理的对象分为如下几类：食品卫生类，包括食品及食品原料的卫生管理、食品生产经营过程卫生管理、食品容器、包装材料、工具与设备卫生管理、食品卫生监督与行政处罚规定、食品卫生检验管理规定等；食品质量与安全类，如《食品生产加工企业质量安全监督管理办法》《水产养殖质量安全管理规定》等；食品标签、广告，如《农业转基因生物标识管理办法》《食品标识管理规定》等；进出口食品类，如《中华人民共和国进出口商品检验法实施条例》《中华人民共和国进出境动植物检疫法实施条例》等；农产品类，如《绿色食品标志管理办法》《无公害农产品管理办法》《农作物种质资源管理办法》等；保健食品类，如《保健食品管理办法》《保健食品评审技术规程》《保健食品标识规定》等；食品添加剂类，如《食品添加剂卫生管理办法》《食品添加剂生产监督管理规定》等；以及其他法规等，如《γ 辐照加工装置放射卫生防护管理规定》《母乳代用品销售管理办法》。

二、食品安全标准体系

（一）食品安全标准概述

1. 食品安全标准的作用

食品安全标准是食品行业的技术规范，在食品生产经营中具有极其重要的作用，具体体现在以下几个方面。

（1）保证食品的卫生质量　近些年食品安全问题频见于报端，既损害消费者的健康，也阻碍市场经济的健康有序发展。为规范食品生产，需要完善的食品安全标准制度。只有以食品安全标准为依据，生产出的食品才是质量合格的食品，才可投入市场流通环节。

（2）国家管理食品行业的依据　国家为了保证食品质量、宏观调控食品行业的产业结构和发展方向、规范稳定食品市场，就要对食品企业进行有效管理，如对生产设施、卫生状况、产品质量进行检查等，这些检查就是以相关的食品标准为依据。

（3）食品企业科学管理的基础　满足食品企业只有通过试验方法、检验规则、操作程序、工作方法、工艺规程等各类标准，才能统一生产和运输的程序和要求，使生产技术和过程保持一致性、规范性，保证每项工作的质量，使有关生产、经营、管理工作走上低耗高效的轨道，使企业获得最大经济效益和社会效益。

（4）促进交流合作，推动食品贸易　通过标准可在企业间、地区间或国家间传播技术信息，促进科学技术的交流与合作，加速新技术、新成果的应用和推广，并推动食品贸易的健康发展。

2. 食品安全标准的分类和内容

中国食品标准按照标准的具体对象分为很多类型，包括食品、食品添加剂、食品相关产品中的致病性微生物、农药残留、兽药残留、生物毒素、重金属等污染物质以及其他危害人体健康物质的限量规定；食品添加剂的品种、使用范围、用量；专供婴幼儿和其他特定人群的主辅食品的营养成分要求；对与卫生、营养等食品安全要求有关的标签、标志、说明书的要求；食品生产经营过程的卫生要求；与食品安全有关的质量要求；与食品安全有关的食品检验方法与规程等，大致分为以下几类（表12-1）。

（1）食品卫生标准　食品生产车间、设备、环境、人员等生产设施的卫生标准，食品原料、产品的卫生标准等，这些卫生指标主要通过目视、鼻闻和品尝检查环境感官指标、消杀灭虫等控制理化指标以及车间清洁度的管理。

（2）食品产品标准　内容较多，主要包括原辅材料要求、感官要求色、香、味、形、性状等，食品的理化指标（物理性状、有效成分、杂质以及有毒、有害物质等），食品中寄生和繁殖各种微生物指标控制等。

（3）食品检验标准　常规食品检测项目有水分、灰分、酸价和过氧化值等，其他检测项目很多，比如食品添加剂、食品毒害物质检测、食品重金属生物、农药残留检测等。

（4）食品包装材料和容器标准　用于运输食品容器、包装材料的运输工具（如车辆、集装箱等）应清洁、干燥，不应与有毒有害或有异味的物品混运。

（5）其他食品标准　食品工业基础标准、质量管理、标志包装储运、食品机械设备等。

表12-1　食品安全国家标准类别分布

标准类别	有效标准数量/项	占比/%
通用标准	11	0.9
食品产品标准	70	5.9
特殊膳食食品标准	9	0.8
食品添加剂质量规格及相关标准	591	49.6
食品营养强化剂质量规格标准	40	3.4
食品相关产品标准	15	1.3

续表

标准类别	有效标准数量/项	占比/%
生产经营规范标准	29	2.4
理化检验方法标准	225	18.9
微生物检验方法标准	30	2.5
毒理学检验方法与规程标准	26	2.2
兽医残留检测方法标准	29	2.4
农药残留检测方法	116	9.7
合计	1191	100.0

（二）国际食品安全标准体系

涉及食品及相关产品标准化的国际组织主要包括联合国粮食和农业组织（Food and Agriculture Organization of the United Nations，FAO）、世界卫生组织（World Health Organization，WHO）、食品法典委员会、国际标准化组织等。

1. 食品法典委员会标准体系

（1）概述 1962年，FAO和WHO共同创建了FAO/WHO食品法典委员会（CAC），并使其成为一个促进消费者健康和维护消费者经济利益，以及鼓励公平的国际食品贸易的国际性组织。CAC《食品卫生总则》的主要内容结构为：目标；范围、使用和定义；初级生产；工厂：设计和设施；生产控制；工厂：维护与卫生；工厂：个人卫生；运输；产品信息和消费者的意识；培训。除《食品卫生总则》外，CAC还制定了特殊膳食食品、特殊加工食品、食品辅料、水果和蔬菜、肉制品、奶制品、蛋制品、渔业产品、水、运输、零售、食品安全危害特定法典和指南、控制措施特殊法典和导则等多项食品GMP及相关卫生规范。

（2）CAC的作用 通过建立国际协调一致的食品标准体系，保护消费者的健康，促进公平的食品贸易和协调所有食品标准的制定工作。主要作用包括：保护消费者健康和确保公正的食品贸易；促进国际组织、政府和非政府机构在制定食品标准方面的协调一致；通过或与适宜的组织一起决定、发起和指导食品标准的制定工作；将那些由其他组织制定的国际标准纳入CAC标准体系；制定并修订农药、食品添加剂等相关标准。

2. ISO国际标准化组织体系

（1）概述 1946年10月14~26日，25个国家的64名代表在伦敦召开会议，决定成立一个新的国际标准化组织（International Organization for Standardization，ISO），以促进国际的合作和工业标准的统一。1947年2月23日，ISO章程得到15个国家标准化机构的认可，国际标准化组织宣告正式成立，总部设在瑞士的日内瓦。它是一个全球性的非政府组织，是国际标准化领域中一个十分重要的组织。目前和ISO建立联系的有400多个国际组织，其中包括所有有关的联合国专门机构。ISO是联合国经济和社会理事会的甲级咨询组织和贸易发展理事会最高级的咨询组织，也是联合国系几乎所有其他团体和专门机构的甲级咨询组织。

（2）ISO的作用 在全世界范围内促进标准化工作及其有关活动的开展，以利于国际的物资交流和相互服务，并扩大在知识界、科学界、技术界和经济活动方面的合作。ISO的主要活动是制定国际标准，协调世界范围内的标准化工作，组织各成员国和各技术委员会进行情报交流，以及与其他国际组织合作，共同研究有关标准化问题。检验方法的标准化是评价产品性能的基础，是买卖双方都能接受的国际标准规定的质量要求、试验方法、检验规则和抽样方法，公平、公正。另外，ISO设立了标准物质委员会，负责研究国际标准中采用标准物质问题。

（三）中国食品安全标准体系

2009年，国务院卫生行政部门对现行的食用农产品质量安全标准、食品卫生标准、食品质量标准和有关食品的行业标准中强制执行的标准予以整合，统一公布为食品安全国家标准。中国食品工业标准化经过发展，已经基本形成以国家标准为主导，以行业、地方、企业标准为补充的门类齐全、结构合理、水平较高的食品工业标准化体系，基本覆盖食品生产经营各个环节。截至2022年8月，与食品有关的国家标准1455项，食品行业标准1145项，产品类别涉及谷物、食用油脂、乳及乳制品、水产品、调味品、饮料酒茶叶、功能食品、新型食品等门类。

三、食品安全监管体制

（一）我国食品安全监管体制

食品安全监管是指对食品质量和安全的检测与监督管理。联合国粮农组织将"食品安全监管"定义为"为了给消费者提供安全食品的保护，由国家或相关机构实施的，目的是保证食品从生产、加工、销售一系列过程中安全的强制性管理活动"。食品安全监管体制是关于食品安全管理职责和权利分配的组织方式，其要解决的是由谁来对食品安全监管机构、食品市场和食品业务进行监管，按照何种方式进行监管以及由谁来对监管效果负责和如何负责的问题。中国食品安全行政管理依据《中华人民共和国食品安全法》第五条第二款、第三款的规定，我国食品监管部门职责如下。

1. 国务院食品安全委员会

2010年2月6日，设立国务院食品安全委员会，作为国务院食品安全工作的高层次议事协调机构。国务院食品安全委员会的主要职责是：分析食品安全形势，研究部署、统筹指导食品安全工作；提出食品安全监管的重大政策措施；督促落实食品安全监管责任。国务院食品安全委员会办公室设在市场监管总局，承担国务院食品安全委员会日常工作。

2. 国家卫生健康委员会

国家卫生健康委员会负责食品安全风险评估，依法制定并公布食品安全标准。由国家市场监督管理总局等部门制定、实施食品安全风险监测计划。国家卫生健康委员会对通过食品安全风险监测或者接到举报发现食品可能存在安全隐患的，应立即组织进行检验和食品安全风险评估，并及时向国家市场监督管理总局等部门通报食品安全风险评估结果，对得出不安全结论的食品，国家市场监督管理总局等部门应当立即采取措施。国家市场监督管理总局等部门在监督管理工作中发现需要进行食品安全风险评估的，应当及时向国家卫生健康委员会提出建议。另外，国家卫生健康委员会设内设机构包括食品安全标准与监测评估司，负责组织拟订食品安全国家标准，开展食品安全风险监测、评估和交流，承担新食品原料、食品添加剂新品种、食品相关产品新品种的安全性审查。

3. 国家市场监督管理总局

国家市场监督管理总局负责食品安全监督管理综合协调，组织制定食品安全重大政策并组织实施；负责食品安全应急体系建设，组织指导重大食品安全事件应急处置和调查处理工作；建立健全食品安全重要信息举报制度；承担国务院食品安全委员会日常工作。同时负责食品安全监督管理，建立覆盖食品生产、流通、消费全过程的监督检查制度和隐患排查治理机制并组织实施，防范区域性、系统性食品安全风险；推动建立食品生产经营者落实主体责任的机制，健全食品安全追溯体系；组织开展食品安全监督抽检、风险监测、核查处置和风险预警、风险交流工作；组织实施特殊食品注册、备案和监督管理等。国家市场监督管理总局在总局机关和直属单位下分别设有以下机构。

（1）食品安全协调司 拟订推进食品安全战略的重大政策措施并组织实施；承担统筹协调食品全过程监管中的重大问题，推动健全食品安全跨地区跨部门协调联动机制工作；承办国务院食品安全委员会日常工作。

（2）食品生产安全监督管理司 分析掌握生产领域食品安全形势，拟订食品生产监督管理和食品生产者落实主体责任的制度措施并组织实施；组织食盐生产质量安全监督管理工作；组织开展食品生产企业监督检查，组织查处相关重大违法行为；指导企业建立健全食品安全可追溯体系。

（3）食品经营安全监督管理司 分析掌握流通和餐饮服务领域食品安全形势，拟订食品流通、餐饮服务、市场销售食用农产品监督管理和食品经营者落实主体责任的制度措施，组织实施并指导开展监督检查工作；组织食盐经营质量安全监督管理工作；组织实施餐饮质量安全提升行动；指导重大活动食品安全保障工作；组织查处相关重大违法行为。

（4）食品安全抽检监测司 拟订全国食品安全监督抽检计划并组织实施，定期公布相关信息；督促指导不合格食品核查、处置、召回；组织开展食品安全评价性抽检、风险预警和风险交流；参与制定食品安全标准、食品安全风险监测计划，承担风险监测工作，组织排查风险隐患。

（5）特殊食品安全监督管理司 分析掌握保健食品、特殊医学用途配方食品和婴幼儿配方乳粉等特殊食品领域安全形势，拟订特殊食品注册、备案和监督管理的制度措施并组织实施；组织查处相关重大违法行为。

（6）国家市场监督管理总局食品审评中心 为国家市场监督管理总局直属正局级公益一类事业单位，主要职责为：承担特殊食品和中药品种保护注册、备案的受理、技术审评以及进口保健食品备案等工作；组织开展保健食品原料目录保健功能目录研究和上市后技术评价、特殊食品境内外注册现场核查以及食品生产企业检查相关工作；承担特殊食品注册备案专业档案及品种档案的建立和管理工作；受总局委托，承担国家级食品检查队伍、注册现场核查队伍以及技术审评、食品许可等业务相关专家队伍的建设管理工作；组织开展业务相关的技术培训、咨询服务、国际交流合作等。

4. 国家食品安全风险评估中心

该中心成立于 2011 年 10 月 13 日，是经中央机构编制委员会办公室批准，直属于国家卫生健康委员会的公共卫生事业单位。作为唯一的国家级食品安全风险评估技术机构，食品评估中心负责食品安全风险监测、风险评估、标准管理、国民营养计划四大核心业务。

5. 海关总署

2018 年 3 月，国务院机构改革，将国家质量监督检验检疫总局的出入境检验检疫管理职责和队伍划入海关总署，负责进口食品检验检疫和监督管理，依据多双边协议实施出口食品相关工作。其下设有以下机构：

（1）进出口食品安全局　负责拟订进出口食品、化妆品安全和检验检疫的工作制度，依法承担进口食品企业备案注册和进口食品、化妆品的检验检疫、监督管理工作，按分工组织实施风险分析和紧急预防措施工作。依据多双边协议承担出口食品相关工作。

（2）商品检验司　负责拟订进出口商品法定检验和监督管理的工作制度，承担进口商品安全风险评估、风险预警和快速反应工作。承担国家实行许可制度的进口商品验证工作，监督管理法定检验商品的数量、重量鉴定。依据多双边协议承担出口商品检验相关工作。

6. 农业农村部

农业农村部主要指导乡村特色产业、农产品加工业、休闲农业和乡镇企业发展工作；提出促进大宗农产品流通的建议，培育、保护农业品牌；发布农业农村经济信息，监测分析农业农村经济运行；承担农业统计和农业农村信息化有关工作；负责种植业、畜牧业、渔业、农垦、农业机械化等农业各产业的监督管理；指导粮食等农产品生产。组织构建现代农业产业体系、生产体系、经营体系，指导农业标准化生产；负责双多边渔业谈判和履约工作；负责远洋渔业管理和渔政渔港监督管理；负责农产品质量安全监督管理；组织开展农产品质量安全监测、追溯、风险评估；提出技术性贸易措施建议；参与制定农产品质量安全国家标准并会同有关部门组织实施；指导农业检验检测体系建设；组织农业资源区划工作；指导农用地、渔业水域以及农业生物物种资源的保护与管理，负责水生野生动植物保护、耕地及永久基本农田质量保护工作；指导农产品产地环境管理和农业清洁生产；指导设施农业、生态循环农业、节水农业发展以及农村可再生能源综合开发利用、农业生物质产业发展；牵头管理外来物种。具体机构分工为：

（1）农产品质量安全监管司　组织实施农产品质量安全监督管理有关工作。指导农产品质量安全监管体系、检验检测体系和信用体系建设。承担农产品质量安全标准、监测、追溯、风险评估等相关工作。

（2）畜牧兽医局　起草畜牧业、饲料业、畜禽屠宰行业、兽医事业发展政策和规划；监督管理兽医医政、兽药及兽医器械；指导畜禽粪污资源化利用；监督管理畜禽屠宰、饲料及其添加剂、生鲜乳生产收购环节质量安全；组织实施国内动物防疫检疫；承担兽医国际事务、兽用生物制品安全管理和出入境动物检疫有关工作。

（3）科技教育司　承担推动农业科技体制改革及相关体系建设、科研、技术引进、成果转化和技术推广工作；监督管理农业转基因生物安全；指导农用地，农业生物物种资源及农产品产地环境保护和管理；指导农村可再生能源开发利用、节能减排、农业清洁生产和生态循环农业建设；承担外来物种管理相关工作。指导农业教育和职业农民培育。

（二）国外食品安全监管体制

国外发达国家的食品安全监管制度完善，大多建立了涵盖所有食品类别和食物链各环节的法律法规体系，但其食品安全监管部门设置存在显著差异，具体可分为多部门监管模式和单部门监管模式。之前有很多发达国家采用多个政府部门监管食品安全的体制。这种体制由于多头监管，部门分割，职能交叉重复，互相推诿，很难实现对日益复杂的食品供应链的全程管理。近年来，发达国家的政府都在下大力气加强食品安全监管工作，并把这项工作作为构建服务型、责任型政府的重要内容。食品安全监管已从过去多头监管向集中统一监管，从过去重视食物链的重点环节监管向加强食物链的全过程监管，从以政府部门监管为主，向重视发挥全社会共同监管等方向发展。

1. 美国

美国的食品安全管理职能由农业部（United States Department of Agriculture，USDA）、卫生与公众服务部（United States Department of Health and Human Services，HHS）和环境保护署（Environmental Protection Agency，EPA）等机构分别承担。农业部下属的食品安全检验局（Food Safety and Inspection Service，FSIS）管理肉、禽、蛋等食品安全危险性较高的产品，包括生产、流通、包装等环节的安全控制；卫生与公众服务部下属的食品药品监督管理局（Food and Drug Administration，FDA）负责除肉、禽等以外80%的食品，以及部分化妆品的安全管理；环境保护署则负责农药、水土环境相关的食品安全控制。此外，美国商务部（United States Department of Commerce，USDC）下属的国家海洋渔业局（National Marine Fisheries Service，NMFS）负责海产品的检查、评估和分级；财政部下属的酒精、烟草、火器和爆炸物管理局负责烟酒制品配方的管理；海关、司法部、联邦贸易委员会等机构也不同程度地承担了对食品物流安全的监管职能。

美国联邦法律法规具有覆盖全面、内容具体的特点。有关食品安全方面的法律条例多达35种，大致可分为四个层次：第一个层次，综合性法律，如《联邦食品、药品和化妆品法案》。美国有关食品安全法令均是以《联邦食品、药品和化妆品法案》为核心，它为食品安全的管理提供了基本原则和框架，赋予了相关方相应的职责与权限。该法自1938年颁布以来，经过无数次修改后，已成为美国关于食品的基本法；第二个层次，针对不同产品制订的法律，如《联邦肉品检查法》等；第三个层次，针对食品流通环节制订的法律，如《卫生食品运输法》等；第四个层次，与生产投入相关的法律，如针对农药的《食品质量保护法》。除此之外，作为法律执行中的补充，一系列更为详细的机构和部门法规也明确地阐明了与食品安全相关方面的内容，并进行及时更新。

2. 日本

日本食品安全监管由消费者厅、食品安全委员会、厚生劳动省、农林水产省等部门负责，构成日本食品安全监管的框架。日本国内的食品安全主要依靠都、道、府、县地方行政管理部门监管，地方政府设立有500多个监管点，厚生劳动省也在地方设有地方厚生局以及检疫所，农林水产省在地方设有地方农政局，进口食品的监管工作主要依靠厚生劳动省。

2009年日本成立消费者厅。消费者厅隶属于内阁，不受其他监管机构领导和指挥，独立地实行食品安全的相关监管工作。真正以消费者的态度参与食品监督工作，同时还有权对其他部门职责行使进行监督。消费者厅的主要职责是满足消费者的要求，对有关机构提供建议，对食物有关标准进行提案并修改，做到了最贴近消费者的监管，真正从消费者的立场实施监督，其监管标准比其他三个机构都要高。消费者厅还有关键性的过渡作用，它直接上承内阁，对评估机构和食品政策都可以进行监管，下启由消费者建议而成的食品安全相关政策。

厚生劳动省的设立经历了漫长的过程，1938 年日本政府设置厚生省，1947 年根据《劳动省设置法》设置劳动省，在 2001 年依法两机构合并成立厚生劳动省，并把前两个机构撤销。厚生劳动省设有安全科、进口食物政策科、标准审核科、计划信息科等，进口食物政策科对日本国内进口食物具体情况进行严格调查，标准审核科和计划信息科主要对各类食物情况相关规格的制定进行审核调查。

1987 年日本成立农林水产省。随着发展的要求，农林水产省制定食品安全相关标准等职责被转移到厚生劳动省。农林水产省的职责是：农药等在食品各环节使用的监管，对进出口农产品的监督，食品在流通环节所流经的场所生产条件的监管等工作。农林水产省还负责指导各级地方政府辖区对农产品使用情况进行监督，各级政府还建立保健所对农业用药和病害防治进行指导监督。每个部门都有自己的主要责任，也需要同其他部门合作才能完成的任务。同时，日本严厉的责任追究体系使得每个部门不得不尽本部门最大的努力完成本职工作，并相互配合完成机构权限范围内的工作。

日本食品安全监管的法律法规有《食品安全基本法》《食品卫生法》《农药管理法》《农林物质规格及品质表示合理化法》《农药法》《家畜传染病预防法》《健康增进法》《屠宰厂法》等多部法律。其中多数法律法规都是针对食品安全具体领域过程实施监管，《食品安全基本法》是实施食品安全监管的法律，使部门法律和基础法相互配合，充分发挥在食品安全监管中的职责。

第二节　食品安全管理体系

一、良好操作规范

(一) 良好操作规范概述

良好操作规范 (good manufacturing practice，GMP) 是为生产制造安全、质优的产品，包括生产场地和设施从原材料采购到生产、包装、出货、销售为止，贯穿于全过程的关于生产及品质管理的体系标准，是生产企业应遵循的规范。GMP 的本质是以预防为主的质量管理，GMP 的重点是制定操作规范和检验制度，确保生产过程的安全性，防止产品质量安全事故的发生。GMP 在食品中的应用即食品良好操作规范。

(二) 良好操作规范主要内容

GMP 实际上是一种包括 4M 管理要素的质量保证制度，即选用规定要求的原料 (material)，以合乎标准的厂房设备 (machines)，由胜任的人员 (man)，按照既定的方法 (methods)，制造出品质既稳定又安全卫生的产品的一种质量保证制度。因此，食品 GMP 也是从这四个方面提出具体要求，其内容包括硬件和软件两部分。硬件是食品企业的环境、厂房、设备、卫生设施等方面的要求，软件是指食品生产工艺、生产行为、人员要求以及管理制度等。具体有以下几方面。

1. 先决条件

包括适合的加工环境、工厂建筑、道路、地表水供水系统、废物处理等。

2. 设施

包括制作空间、储藏空间、冷藏空间的设置；排风、供水、排水、排污、照明等设施条件；适宜的人员组成等。

3. 加工、储藏、操作

包括物料购买和储藏；机器、机器配件、配料、包装材料、添加剂、加工辅助品的使用及合理性；成品外观、包装、标签和成品保存；成品仓库、运输和分配；成品的再加工；成品抽样、检验和良好的实验室操作等。

4. 食品安全措施

包括特殊工艺条件，如热处理、冷藏、冷冻、脱水和化学保藏等的卫生措施；清洗计划、清洗操作、污水管理、虫害控制；个人卫生的保障；外来物的控制、残存金属检测、碎玻璃检测以及化学物质检测等。

5. 管理职责

包括管理程序、管理标准、质量保证体系；技术人员能力建设、人员培训周期及预期目标。

（三）GMP 基本原则

食品生产企业必须有足够的资历，合格的生产食品相适应的技术人员，承担食品生产和质量管理，并清楚地了解自己职责。确保生产厂房、环境、生产设备符合卫生要求，并保持良好的生产状态。具备合适的贮藏、运输等设备条件，按照批准的质量标准进行生产和控制。操作者应进行培训，以便正确按照规程操作。符合规定的物料、包装容器和标签。全生产过程严密并进行有效的质检和管理。合格的质量检验人员、设备和实验室。应对生产加工的关键步骤和加工发生的重要变化进行验证。生产中使用手工或记录仪进行生产记录，以证明所有生产步骤是按确定的规程和指令要求进行的，产品达到预期的数量和质量要求，出现的任何偏差都应记录并做好检查。保存生产记录及销售记录，以便根据这些记录追溯各批产品的全部历史。将产品储存和销售中影响质量的危险性降至最低限度。建立由销售和供应渠道收回任何一批产品的有效系统。了解市售产品的用户意见，调查出现质量问题的原因，提出处理意见。

（四）实施 GMP 的意义

GMP 能有效提高食品行业的整体素质，确保食品的卫生质量，保障消费者的利益。GMP 要求食品企业必须具备良好的生产设备，科学合理的生产工艺，完善先进的检测手段，高水平的人员素质，严格的管理体系和制度。因此，食品企业在推广和实施 GMP 的过程中必然要对原有的落后的生产工艺、设备进行改造，对操作人员、管理人员和领导干部进行重新培训，这对食品企业整体素质的提高有极大的推动作用。食品良好操作规范充分体现了保障消费者权利的观念，保证食品安全也就是保障消费者的安全权利。实施 GMP 也有利于政府和行业对食品企业的监管，强制性和指导性 GMP 中确定的操作规程和要求可以作为评价、考核食品企业的科学标准。另外，由于推广和实施 GMP 在国际食品贸易中是必备条件，因此实施 GMP 能提高食品产品在全球贸易的竞争力。

二、卫生标准操作程序

(一) SSOP 概述

卫生标准操作程序（sanitation standard operation procedures，SSOP）是食品企业在卫生环境和加工要求等方面所需实施的具体程序，是食品企业明确在食品生产中如何做到清洗、消毒、卫生保持的指导性文件。SSOP 强调食品生产车间、环境、人员及与食品接触的器具、设备中可能存在的危害的预防以及清洗（洁）的措施。SSOP 和 GMP 是进行 HACCP 认证的基础。

(二) SSOP 主要内容

与食品或食品表面接触的水的安全性或生产用冰的安全。食品接触表面，包括设备、手套和外衣等的卫生情况和清洁度。防止不卫生物品对食品、食品包装和其他与食品接触表面的污染及未加工产品和熟制品的交叉污染。洗手间、消毒设施和厕所设施的卫生保持情况。防止食品、食品包装材料和食品接触表面掺杂润滑剂、燃料、杀虫剂、清洁剂、消毒剂、冷凝剂及其他化学、物理或生物污染物外来物的污染。规范地标识标签、存储和使用有毒化合物和员工个人卫生的控制，这些卫生条件可能对食品、食品包装材料和食品接触面产生微生物污染。工厂内昆虫与鼠类的灭除及控制。加工者根据以上方面加以实施，以消除与卫生有关的危害。实施过程中还必须有检查、监控，如果实施不力，不仅要进行纠正，且要保持记录。这些卫生方面的措施适用于所有种类的食品零售商、批发商、仓库和生产操作。

(三) SSOP 基本原则

描述在工厂中使用的卫生程序；提供这些卫生程序的时间计划；提供一个支持日常监测计划的基础；鼓励提前做好计划，以保证必要时采取纠正措施；辨别卫生事件发生趋势，防止同样问题再次发生；确保每个人，从管理层到生产工人都理解卫生概念；为从业者提供一种连续培训的工具；显示企业涉及卫生管理方面对外的承诺；引导厂内的卫生操作和卫生状况得以完善提高。

在建立 SSOP 之后，企业还必须设定监控程序，实施检查、记录和纠正措施。食品企业在实施 SSOP 时，对 SSOP 文件中要求的各项卫生操作，都应记录其操作方式、场所、由谁负责实施等；另外还应考虑卫生控制程序的监测方式、记录方式，怎样纠正。遵守 SSOP 是必要的，SSOP 能极大地提高 HACCP 计划的效力，也是实施 ISO 22000 食品安全管理体系的前提基础。

三、危害分析与关键控制点体系

(一) HACCP 概述

危险分析与关键控制点（hazard analysis critical control point，HACCP）是一个以预防食品安全为基础的食品安全管理体系。CAC 对 HACCP 的定义是：一个确定、评估和控制那些重要的食品安全危害的系统。它由食品的危害分析（hazard analysis，HA）和关键控制点（critical control points，CCPs）两部分组成，首先运用食品工艺学、食品微生物学、质量管理和危险性评价等有关原理和方法，对食品原料、加工直至最终食用产品等过程实际存在和潜在性的危害进行分析判定，找出与最终产品质量有影响的关键控制环节，然后针对每一关键控制点采取相应预防、控制以及纠正措施，使食品的危险性减少到最低限度，达到最终产品有较高安全性的目的。

HACCP 体系是一种建立在 GMP 和 SSOP 基础之上的控制危害的预防性体系，它比 GMP 前进了一步，包括了从原材料到餐桌整个过程的危害控制。另外，与其他的质量管理体系相比，HACCP 可以将主要精力放在影响食品安全的关键加工点上，而不是在每一个环节都放上很多精力，这样在实施中更为有效。目前，HACCP 被国际权威机构认可为控制食源性疾病、确保食品安全最有效的方法，被世界上越来越多的国家所采用。

（二）HACCP 体系的基本原理

HACCP 体系是鉴别特定的危害并规定控制危害措施的体系，对质量的控制不是在最终检验，而是在生产过程各环节。从 HACCP 名称可以明确看出，它主要包括危害分析（HA）和 CCPs。HACCP 体系经过实际应用与完善，已被 CAC 所确认，由以下 7 个基本原理组成。

1. 危害分析

危害是指引起食品不安全的各种因素。显著危害是指一旦发生对消费者产生不可接受的健康风险的因素。危害分析是确定与食品生产各阶段（从原料生产到消费）有关的潜在危害性及其程度，并制定具体有效的控制措施。危害分析是建立 HACCP 的基础。

2. 确定关键控制点

CCP 是指能对一个或多个危害因素实施控制措施的点、步骤或工序，它们可能是食品生产加工过程中的某一操作方法或流程，也可能是食品生产加工的某一场所或设备。如原料生产加工、产品配方、设备清洗、储运、雇员与环境卫生等都可能是 CCP。通过危害分析确定的每一个危害，必然有一个或多个关键控制点来控制，使潜在的食品危害被预防、消除或减少到可以接受的水平。

3. 建立关键限值

关键限值（critical limit，CL）是与一个 CCP 相联系的每个预防措施所必须满足的标准，是确保食品安全的界限。安全水平有数量的内涵，包括温度、时间、物理尺寸、湿度、水活度、pH、有效氯、细菌总数等。每个 CCP 必须有一个或多个 CL 值用于显著危害，一旦操作中偏离了 CL 值，可能导致产品的不安全，因此必须采取相应的纠正措施使之达到极限要求。

4. 关键控制点的监控

监控是指实施一系列有计划的测量或观察措施，用以评估 CCP 是否处于控制之下，并为将来验证程序时的应用做好精确记录。监控计划包括监控对象、监控方法、监控频率、监控记录和负责人等内容。

5. 建立纠偏措施

当控制过程发现某一特定 CCP 正超出控制范围时应采取纠偏措施。在制订 HACCP 计划时，就要有预见性地制定纠偏措施，便于现场纠正偏离，以确保 CCP 处于控制之下。

6. 记录保持程序

建立有效的记录程序对 HACCP 体系加以记录。

7. 验证程序

验证是除监控方法外用来确定 HACCP 体系是否按计划运作或计划是否需要修改所使用的方法、程序或检测。验证程序的正确制定和执行是 HACCP 计划成功实施的基础，验证的目的是提高置信水平。

（三）实施 HACCP 体系的必备条件

1. 必备程序

实施 HACCP 体系的目的是预防和控制所有与食品相关的危害，它不是一个独立的程序，而是全面质量管理体系的一部分，它要求食品企业应首先具备在卫生环境下对食品进行加工的生产条件以及为符合国家现有法律法规规定而建立的食品质量管理基础，包括 GMP、良好卫生操作或 SSOP 以及完善的设备维护保养计划、员工教育培训计划等，其中，GMP 和 SSOP 是 HACCP 的必备程序，实施 HACCP 的基础，离开了 GMP 和 SSOP 的 HACCP 将起不到预防和控制食品安全的作用。

2. 人员的素质要求

人员是 HACCP 体系成功实施的重要条件，HACCP 对人员的要求主要体现在以下几点。

（1）HACCP 计划的制定需要各类人员的通力合作。负责制订 HACCP 计划以及实施和验证 HACCP 体系的 HACCP 小组其人员构成应包括企业具体管理 HACCP 计划实施的领导、生产技术人员、工程技术人员、质量管理人员以及其他必要人员。

（2）人员应具备所需的相关专业知识和经验，必须经过 HACCP 原理、食品生产原理与技术、GMP、SSOP 等相关知识的全面培训，以胜任各自的工作。

（3）所有人员应具有较强的责任心和认真的、实事求是的工作态度，在操作中严格执行 HACCP 计划中的操作程序，如实记录工作中的差错。

3. 产品的标志和可追溯性

产品必须有标志，不仅能使消费者知道有关产品的信息，还能减少错误或不正确发运和使用产品的可能性。

可追溯性是保障产品安全的关键要求之一。在可能发生某种危险时，风险管理人员应当能够认定有关食品、迅速准确地禁售禁用危险产品、通知消费者或负责监测食品的单位和个人，必要时沿整个食物链追溯问题的起源，并加以纠正。就此而言，通过可追溯性研究，风险管理人员可以明确认定有危害的产品，以此限制风险对消费者的影响范围，从而限制有关措施的经济影响。

产品的可追溯性包括以下两个基本要素。

（1）能够确定生产过程的输入（原料、包装、设备等）以及这些输入的来源。

（2）能够确定产品已发往的位置。

4. 建立产品回收程序

建立产品回收程序的目的是保证产品在任何时候都能在市场上进行回收，能有效、快速和完全地进入调查程序。因此，企业建立产品回收程序后，还要定期对回收程序的有效性进行验证。

四、ISO 22000 体系

（一）概述

ISO 22000 是以 CAC 在《食品卫生通则》附件中《危害分析与关键控制点（HACCP）体系及实施指南》为原理的食品安全管理标准。主要内容是针对食品链中的任何组织的要求，适用于从饲料生产者、初级食物生产者、食品制造商、储运经营者、储运经营者、转包商到零售商和食品服务端的任何组织，以及相关的组织如设备、包装材料、清洁设备、添加剂等的生产者。2006 年 3 月 1 日，ISO 22000：2005 等同转换版中国国家标准 GB/T 22000—2006 正式发布，并于 2006 年 7 月 1 日正式实施。ISO 22000 标准的开发要达到的主要目标：符合 CAC 的 HACCP 原理；协调自愿性的国际标准；提供一个用于审核（内审、第二方审核、第三方审核）的标准；架构与 ISO 9001：2000 和 ISO 14001：1996 相一致；提供一个关于 HAC-CP 概念的国际交流平台。

（二）ISO 22000 的特点

ISO 22000 体系强调的是对"从农田到餐桌"这一整个过程进行安全性管理，被用来保证食品的所有阶段的安全。该体系的准则主要体现了下面几个方面的特点。

1. 食品安全管理范围延伸至整个食品链

标准的要求可适用于食品链内的各类组织，如饲料生产者、食品制造者、运输和仓储经营者、分包者、零售分包商、餐饮经营者，以及相关组织，如设备生产、包装材料、清洁剂、添加剂和辅料的生产组织。因而包装、贮存、运输类企业同样可获得证书支持。ISO 22000 作为提升世界食品综合水平的新标准，将降低食品行业在公众面前因严重的污染丑闻而造成的行业形象受损的风险。对于生产、制造、处理或供应食品的所有组织，ISO 22000 是保障食品安全的首要要求，这些组织都应该能够充分证实其识别影响食品安全的诸多因素和控制食品安全风险的能力。由于在食品链的任何阶段都可能引入食品安全危害，因此通过整个食品链进行充分控制是必需的。所以食品安全是基于通过食品链的所有参与者共同努力而保证的连带责任，认识到组织在食品链所处的角色和地位，可确保在食品链内有效地沟通，以供给终端消费者安全的食品。

2. 先进管理理念与 HACCP 原理的有效融合

过程控制、体系管理及持续改进是现代管理领域先进理念的核心内容。组织为了能有效地运作，必须识别并管理许多相互关联的过程。一个过程的输出会直接成为下一个过程的输入。组织系统地识别并管理过程以及过程之间的相互作用，称为过程控制。而体系管理，即针对设定的目标，识别、理解并管理一个由相互关联的过程所组成的体系，有助于提高组织的有效性和效率。持续改进的最终目标是通过实施不断地 PDCA（计划、实施、检查、改进）循环提高管理水平和效率，这是 ISO 19001 体系的重要内容。以上核心内容在 ISO 22000 标准中主要体现在以下五个方面。

（1）食品安全目标导向建立一个系统，以最有效方法实现组织食品安全方针和目标。由组织的最高管理者制定食品安全方针，并进行相关的沟通。最高管理者应确保组织的食品安全方针与其组织在食品链中的位置相对应，确保符合与客户商定的食品安全要求和法律法规要求，确保在组织的各个层次上得到沟通、实施和保持，并对其持续适宜性进行评审，同时确保沟通在食品安全方针中充分体现。食品安全方针应由测量的目标支持。

（2）过程的识别和危害分析。在实施前提方案，包括基础设施与维护方案、操作性前提方案的基础上，对食品危害造成不良后果的严重程度及其发生的可能性进行危害分析并确定显著危害，作为 HACCP 计划和操作性前提方案组合控制的对象。

（3）要求组织整合不同类型的前提性操作方案和详细的 HACCP 计划，以确保体系有效运行并确保食品安全。基础设施和维护方案用于阐述食品卫生的基本要求和可接受、更具永久特性的良好操作、农业、卫生、分销、贸易等规范，而操作性前提方案则用于控制或降低产品在加工环境中确定的食品安全危害的影响。HACCP 计划用于管理危害分析中确定的关键控制，以消除、防止或降低产品中特定的食品安全危害。组织采用的适当的策略通过组合前提方案和 HACCP 计划确保进行危害分析。

（4）体系的监视和测量　监视测量除了 HACCP 原理包含的关键控制点的监控外，还包含危害分析输入的持续更新，操作性前提方案和 HACCP 计划中要素的实施和有效性，体系进行后危害水平降低的程度、内部审核等。对以上内容的验证结果再进行评价和分析，对操作性前提方案和 HACCP 计划的组合控制的有效性进行确认，将验证和确认的结果输入持续改进。监视和测量建立在基于事实的决策方法的基础上，或按照准确的数据和信息进行逻辑推理分析，或依据信息作出直觉判断。

（5）持续改进体系　持续改进是组织的一个永恒目标。组织应通过满足有关安全食品的策划和现实的要求，持续改进食品安全管理体系。持续改进的输入包括内部外部的沟通、管理评审、内部审核、验证结果的评价、验证活动结果的分析、控制措施组合的确认和食品安全管理体系的更新。

3. 强调交互式沟通的重要性

相互沟通是食品安全管理体系的关键要素。包括在食品链中与其上游和下游组织的沟通是必需的，以确保在食品链中环节中的所有相关食品危害都得到识别和充分控制。

（1）在食品链范围内沟通与其安全有关的适宜信息；在组织内就有关食品安全管理体系建立、实施和更新的信息进行必要沟通，以确保在必要程度上满足本标准要求的食品安全。

（2）为确保整个食品链获得充足的食品安全的信息，外部沟通相关方包括：供方与承包方、顾客或消费者，特别是在产品信息（如保质期的说明等）、问询、合同或订单处理及其修改，以及顾客反馈信息（包括抱怨）、立法和执法部门、对食品安全管理系统的有效性或更新具有影响的其他组织等。内部沟通应确保食品安全小组及时获得变更信息，包括新产品的开发和投放、原料和辅料、生产系统和设备、法律法规、清洁和消毒程序、人员资格水平和（或）职责及权限分配、顾客等的变更信息，以及影响食品安全的其他因素等。组织应确保将内外信息沟通作为食品安全管理体系更新和管理评审的输入。

（3）在人力资源方面，组织应确保影响食品安全的人员意识到有效进行内外部沟通的必要性。组织应确定各种产品和过程种类的使用者和消费者，并应考虑消费群体中的易感人群，应识别非预期但可能出现的产品不正确的使用和操作方法。危害识别和可接受水平的确定包括外部信息，如产品的流行病学和其他历史数据；来自食品链，可能与最终产品、中间产品和食品链终端（消费阶段）相关的食品安全危害信息。

4. 满足法律法规要求

在 GB/T 22000—2006/ISO 22000：2005 标准的"引言"中指出："本标准旨在为满足食品链内经营与贸易活动的需要，协调全球范围内关于食品安全管理的要求，尤其是适用于寻求一套重点突出、连贯且完整的食品安全体系，而不仅是满足通常意义上的法规要求。本标准要求组织通过食品安全管理体系以满足与食品安全相关的法律法规要求。"

5. 前提方法（PRPs）的设计

ISO 22000 标准明确提出方案 PRPs（prerequisite program）应满足的四个条件，既要与组织在食品安全方面的需求及与运行的产品性质相适宜，能够在整个生产系统实施并得到食品安全小组的批准。并且以"前提方案"的概念代替了良好操作规范（GMP）和卫生标准操作程序（SSOP）概念。前提方案是一个可替代词，组织在选择或指定前提方案 PRPs 时应该考虑和利用适当的信息（如法律法规要求、公认的指南、国际食品法典委员会的法典原则，国家、国际或行业标准）。例如，根据食品经营组织在食品链中所处的位置和食品安全管理的需要，可包括以下一个或几个环节：GMP、良好农业规范（GAP）、良好卫生规范（GHP）、良好销售规范（GDP）、良好兽医规范（GVP）、良好贸易规范（GTP）、基础设施和维护方案，以及操作性必备方案（SSOP 和其他 SOP）。

第三节　食品安全溯源预警与区块链技术

一、食品安全溯源

（一）概念

食品溯源是指在食品产、供、销的各个环节，包括种植、养殖、生产、流通，以及销售与餐饮服务等中，食品质量安全及其相关信息能够被顺向追踪（生产源头到消费终端）或者逆向回溯（消费终端到生产源头），使食品的整个生产经营活动始终处于有效监控之中。该体系能够厘清职责，明晰管理主体和被管理主体各自的责任，并能有效处置不符合安全标准的食品，保证食品质量安全。食品溯源是一种以信息为基础的先行介入措施，即在食品质量和安全管理过程中正确而完整地收集溯源信息。食品溯源本身不能提高食品的安全性，但它有助于发现问题、查明原因、采取行政措施及追究责任。广东揭阳市来县河粉中毒事件发生后，当地政府组织卫生健康局、公安局等部门，全力做好疑似食物中毒人员治疗，病例搜索，事件原因调查，相关人员控制等工作，加强涉事食材追踪溯源等工作。

（二）基本内容

1. 在各个阶段记录和储存信息

食品生产经营者在食物链的各个环节应当明确食品及原料供货商、购买者，以及相互之间的关系，并记录和储存这些信息。

2. 食品身份的管理

食品身份的管理是建立溯源的基础。食品身份管理工作包括以下内容：确定产品溯源的身份单位和生产原料；对每一个身份单位的食品和原料分隔管理；确定产品及生产原料的身份单位与其供应商、买卖者之间的关系，并记录相关信息；确立生产原料的身份单位与其半成品和成品之间的关系，并记录相关信息；如果生产原料被混合或被分割，应在混合或分割前确立与其身份之间的关系，并记录相关信息。

3. 企业的内部检查

开展企业内部联网检查，对保证溯源系统的可靠性和提升其能力至关重要。企业内部检查的内容有：根据既定程序，检查其工作是否到位；检查食品及其信息是否得到追踪和回溯；检查食品的质量和数量的变化情况。

4. 第三方的监督检查

第三方的监督检查包括政府食品安全监管部门的检查和中介机构的检查，它有利于保持食品溯源系统有效运转，及时发现和解决问题，增加消费者的信任度。

5. 向消费者提供信息

一般而言，向消费者提供的信息有两个方面：食品溯源系统所收集的即时信息，包括食品的身份编号、联系方式等；既往信息，包括食品生产经营者的活动及其产品的以往声誉等信息。其中，在各个阶段记录和储存信息是食品溯源的基本要求。通过技术规范食品生产、加工、流通、消费四大主要环节的数据记录、存储、上传、传输工作，实现食品生产过程全方位的监管和数据溯源，保障食品安全。目前采用的常用技术有条形码、二维码和 RFID 电子标签。

二、食品安全预警

（一）概述

食品安全预警是指对食品中有毒、有害物质的扩散与传播进行早期警示和积极防范的过程。通过对食品生产、加工、配送和销售过程中的安全隐患进行监测、跟踪和分析，建立一整套有针对性的预测和预报体系，对潜在的食品风险及时发出警报，以便及时有效预防和控制食品安全事件，最大限度地降低损失，避免对消费者的健康造成不利影响。食品安全预警系统就是一套为保障食品安全而进行风险预警的信息系统，能实现预警信息的快速传递和及时发布，类似于欧盟食品和饲料快速预警系统。食品安全预警系统具有发布信息、沟通、预测、控制和避险等功能，是实现食品安全控制管理的有效手段。

（二）我国食品安全预警体系建设

1. 食品安全系统建设

食品安全系统用户主要是由食品安全检测中心、监管部门，还有该领域的专家、教授以及最广大的群众所组成。如果要登录食品安全信息安全体系，首先要进行身份认证，每人对应一个账号，该系统中各用户可以相互交流讨论，收集各方面的食品安全信息，目的是搭建一个公众自由参与、信息互动的平台，一旦出现警情，随时可以发布信息，确保该信息平台的时效性和共享性；当然，如果出现了一些人为恶意的危害公众的信息，也会受到各监管部门及社会群众的监督，可以屏蔽有害的造谣虚假信息，并追究相关人员的责任，确保该系统的权威性。一方面相关的专家和管理部门会为公众辨别是非，另一方面公众可把预警效果反馈给该系统的管理者，真正做到"食品安全，人人有责"。

2. 食品安全数据库建设

该数据库包括技术标准、法律法规、疫情信息等食品安全基本信息。它就像是一本食品安全的百科全书，用来指导人们的食品生产与消费。如当食品生产企业不清楚自己的行业标准及产品可能出现的危害因素时，可及时地参考学习。公众也可进入数据库查阅食品安全相关的知识。同时，数据库中的信息要及时更新，数据库应该随着生产水平的提高、经济的发展及环境的变化而不断更新变化。它是整个食品安全预警体系的数据基础，所包含的数据必须和当前的预警状况相适应，数据库直接影响到食品安全预警的效果，数据库的建设要非常的谨慎严密。

3. 食品安全子系统建设

子系统建设分为三块：为应急响应子系统、预警分析子系统和评价指标子系统。这三个子系统之间可进行信息传递，其中评价指标子系统是其余系统的基础资源，它对食品安全出现的危害因素提出合理的评价依据，用来供其作为分析判断标准；预警分析子系统起到了承上启下的作用，通过模型预警和专家预警对食品中存在的危害因素进行警情分析，为应急响应子系统做出合理的警情判断，根据危害程度做出相适应的应急响应，最后给出总结评价。

人们可以根据评价结果，来对食品安全预警工作做出科学的决策，例如，使食品安全的技术标准更加明确统一，相关的法律法规可操作性更强，疫情信息更具有时效性。根据这些评价结果，来分析影响食品安全的有利因素与不利因素，从中总结归纳，改进或完善一些不合理的预警方法，从而提高食品安全预警的效率。

三、食品安全区块链

（一）区块链概念

区块链就是一个又一个区块组成的链条。区块上主要承载了商品进行交易的数据，然后其又按照数据上传的时间顺序进行连接。区块是构成区块链的基本组成部分。这个链条被保存在所有的服务器中，只要整个系统中有一台服务器可以工作，整条区块链就安全。这些服务器在区块链系统中被称为节点，它们为整个区块链系统提供存储空间和算力支持。区块链技术的应用主要是对于数据进行保护，无论是在哪一个节点上面，一旦发生数据被篡改的现象，就会在下一个环节被察觉出来，进而追根溯源，找到数据被篡改的位置。因此，区块链技术的使用大大加强数据在流通的过程中的安全性与可靠性，使数据的信息更加透明。在农产品的质量安全中使用区块链技术，农产品从种植、生产、运输以及到最后的销售阶段，对数据进行及时的上传与更新。根据区块链的保证数据真实的特性，为当地相关的农产品质量安全的监管部门提供真实可靠的数据分析。由于区块链技术的使用，消费者在购买商品的过程中，可根据一定的平台网站对农产品的质量安全问题进行查询，通过了解农产品的整个流通过程，增强消费者对产品的信赖。

（二）区块链技术在食品安全管理中的应用

随着食品供应链上的新技术、新工艺的广泛应用，区块链技术开创了食品供应链溯源的新时代。将其引入政府部门可以及时、全面掌握食品供给链上的信息，快速锁定食品安全问题发生后责任人，也为政府在问题出现之前实时监控，及时排除安全隐患提供有力的工具。其不可篡改和去中心化的特性还能迅速锁定是谁在监管中渎职，从而对行政人员起到震慑作用。政府通过授权大众，任何人都可对数据系统中的公有信息进行查询，以保证消费者的知情权和监督权，也保证了政府治理及公共服务更加透明合理化。因此，公共管理部门有必要探索"区块链+"在食品安全等领域的运用，来保障和改善食品安全状况，高效追溯到问题源头，塑造一种新型的"服务—治理"关系。目前，区块链技术在食品安全管理中的应用主要有以下 3 个方面。

1. 市场监管

区块链技术可显著提高监管效率。监管机构可以随时进行抽样检查，以了解产品的数据和来源，减少人力、物力投入，并降低监管成本。在发生安全事件时，主管可快速、准确地访问高度准确和有效的信息，并达到理想的监管效果。

2. 生产流通

在区块链技术的支持下，食品生产流通过程中的参与者可确保上传过程中产生的信息数据包括在数据库中，并及时反馈商品的状态，是提高供应链透明度和可追溯性水平的有效手段。由于食物链的复杂性和特殊性，传统的跟踪方法耗时长且易出现错误，不仅增加工作人员的工作量，对他们的工作态度也提出了更高的要求。此外，出于隐私原因，一些公司无法将其可追溯性数据库应用于其他参与者，导致利益相关者之间缺乏沟通与合作，从而降低了产品的可追溯性。区块链技术将存储在区块链网络中链的所有环节的相关信息数字化，大大提高了可追溯性的及时性和准确性。

3. 消费者

通过将区块链技术应用于食品行业，消费者可通过扫描包装上的二维码了解产品生产流通的全过程，信息真实可靠，防止假冒伪劣产品造成的恐慌和食品安全问题造成的危害。这也加强公司与消费者间的联系，增强消费者对公司的信任，并确保消费者可以安全购买和食用食品。

【本章小节】

（1）食品安全监管体系是一种用来对食品质量监管的管理办法。它是由国家或相关机构实施的，为给消费者提供安全食品的保护，保证食品从生产、加工、销售一系列过程中安全的强制性管理活动。

（2）GMP、SSOP 是制定和实施 HACCP 计划的基础和前提，GMP、SSOP 控制的是一般的食品卫生方面的危害，HACCP 重点控制食品安全方面的显著性的危害。

（3）作为一种新兴技术，区块链技术开创了食品供应链溯源的新时代。

【思考题】

（1）简述食品安全标准和监管的作用。
（2）简述 GMP 和 SSOP 的原则、特点和内容。
（3）简述 HACCP 体系的基本原理。
（4）简述食品安全溯源和食品安全预警的基本概念。
（5）浅谈区块链技术与食品安全。

参考文献

［1］夏玮屿. 论我国食品安全标准制度的完善［D］. 南京：南京大学，2014.
［2］鲁曦，邓希妍，丁凡，等. 食品安全标准化现状及对策研究［J］. 中国标准化，2021（3）：106-111.
［3］康俊生. 我国与CAC、美国、欧盟食品GMP标准法规对比分析研究［J］. 农业质量

标准，2007（3）：11-14.

［4］中华人民共和国农产品质量安全法［N］．农民日报，2022-09-03（2）.

［5］舒卫．我国食品安全监管体制研究［J］．法制与经济，2014（14）：73-75.

［6］刘晓萌，张晓娴．如何完善我国食品安全监管体制［J］．中国食品工业，2022，（2）：69，97.

［7］张登沥，沙德银．HACCP 与 GMP、SSOP 的相互关系［J］．上海水产大学学报，2004（3）：261-265.

［8］龙红，梅灿辉．我国食品安全预警体系和溯源体系发展现状及建议［J］．现代食品科技，2012，28（9）：1256-1261.

［9］赵林度，钱娟．食品溯源与召回［M］．北京：科学出版社，2009.

［10］马建雄．我国食品安全预警体系研究［D］．石家庄：河北师范大学，2013.

［11］杨天和，褚保金．我国食品安全保障体系中的预警技术与危险性评估技术研究［J］．食品科学，2005，26（5）：260-264.

［12］杨彦，廖洪波．国内外食品追溯标准化工作现状分析与建议［J］．西南农业大学学报（社会科学版），2009，7（5）：27-29.

［13］任悦林．基于区块链的广西农产品质量安全追溯体系构建［J］．合作经济与科技，2022（21）：80-83.

［14］黄彦斌．区块链技术在食品安全管理中的应用研究［J］．食品安全导刊，2022（18）：48-50.

［15］李文静，白虹．区块链技术在食品安全治理中的应用研究［J］．商场现代化，2020（16）：25-27.

［16］王娜．中日食品安全监管体制比较研究［D］．北京：首都经济贸易大学，2015.

思政小课堂